高职高专教育"十三五"规划建设教材

中央财政支持高等职业教育动物医学专业建设项目成果教材

动物诊疗技术

（动物医学类专业用）

康程周　王治仓　主编

U0344061

中国农业大学出版社

·北京·

内 容 简 介

　　本教材是以"技术技能人才培养"为目标,以动物医学类专业疾病诊治方面的岗位能力需求为导向,坚持适度、够用、实用及学生认知规律和同质化原则,以过程性知识为主、陈述性知识为辅;以实际应用知识和实践操作为主,依据教学内容的同质性和技术技能的相似性,将动物的接近和保定、临床检查的基本方法与程序、一般检查、分系统检查、建立诊断、治疗技术等知识和技能列出,进行归类和教学设计。其内容体系分为模块、项目和任务三级结构,每一项目又设"学习目标""学习内容""知识拓展""考核评价"等教学组织单元,并以任务的形式展开叙述,明确学生通过学习应达到的识记、理解和应用等方面的基本要求;有些项目的相关理论知识或实践技能,可通过扫描二维码、技能训练、知识拓展或知识链接等形式学习,为实现课程的教学目标、提高学生学习的效果,为临床课程的学习奠定良好的基础。

　　教材力求文字精练、图文并茂、通俗易懂,并运用新媒体技术——扫描二维码,使得教材现代职教特色鲜明,突出"教、学、做"一体化,既可作为教师和学生开展"校企合作、工学结合"人才培养模式的特色教材,又可作为企业技术人员的培训教材,还可作为广大畜牧兽医工作者短期培训、技术服务和继续学习的参考用书。

图书在版编目(CIP)数据

动物诊疗技术/康程周,王治仓主编. —北京:中国农业大学出版社,2016.8
ISBN 978-7-5655-1684-9

Ⅰ.①动…　Ⅱ.①康…　②王…　Ⅲ.①动物疾病-诊疗　Ⅳ.①S858

中国版本图书馆 CIP 数据核字(2016)第 187881 号

书　　名	动物诊疗技术		
作　　者	康程周　王治仓　主编		
策划编辑	康昊婷	责任编辑	王艳欣
封面设计	郑　川	责任校对	王晓凤
出版发行	中国农业大学出版社		
社　　址	北京市海淀区圆明园西路 2 号	邮政编码	100193
电　　话	发行部 010-62818525,8625	读者服务部	010-62732336
	编辑部 010-62732617,2618	出 版 部	010-62733440
网　　址	http://www.cau.edu.cn/caup	E-mail	cbsszs @ cau.edu.cn
经　　销	新华书店		
印　　刷	北京时代华都印刷有限公司		
版　　次	2016 年 8 月第 1 版　2016 年 8 月第 1 次印刷		
规　　格	787×1 092　16 开本　13.75 印张　340 千字		
定　　价	30.00 元		

图书如有质量问题本社发行部负责调换

C 编审人员
CONTRIBUTORS

主　编　康程周（甘肃畜牧工程职业技术学院）

　　　　王治仓（甘肃畜牧工程职业技术学院）

参　编　（以姓氏笔画为序）

　　　　车清明（甘肃畜牧工程职业技术学院）

　　　　李宗财（甘肃畜牧工程职业技术学院）

　　　　加春生（黑龙江农业工程职业学院）

审　稿　杨孝朴（甘肃农业大学）

　　　　王登临（甘肃省动物卫生监督所）

P 前言
REFACE

　　为了认真贯彻落实国发[2014]19号《国务院关于加快发展现代职业教育的决定》、教职成[2015]6号《教育部关于深化职业教育教学改革全面提高人才培养质量的若干意见》、《高等职业教育创新发展行动计划(2015—2018)》等文件精神,切实做到专业设置与产业需求对接、课程内容与职业标准对接、教学过程与生产过程对接、毕业证书与职业资格证书对接、职业教育与终身学习对接,自2012年以来,甘肃畜牧工程职业技术学院动物医学专业在中央财政支持的基础上,积极开展提升专业服务产业发展能力项目研究。项目组在大量理论研究和实践探索的基础上,制定了动物医学专业人才培养方案和课程标准,开发了动物医学专业群职业岗位培训教材和相关教学资源库。其中,高等职业学校提升专业服务产业发展能力项目——动物医学省级特色专业建设于2014年3月由甘肃畜牧工程职业技术学院学术委员会鉴定验收,此项目旨在创新人才培养模式与体制机制,推进专业与课程建设,加强师资队伍建设和实验实训条件建设,推进招生就业和继续教育工作,提升科技创新与社会服务水平,加强教材建设,全面提高人才培养质量,完善高职院校"产教融合、校企合作、工学结合、知行合一"人才培养机制。为了充分发挥该项目成果的示范带动作用,甘肃畜牧工程职业技术学院委托中国农业大学出版社,依据国家教育部《高等职业学校专业教学标准(试行)》,以项目研究成果为基础,组织学校专业教师和企业技术专家,并联系相关兄弟院校教师参与,编写了动物医学专业建设项目成果系列教材,期望为技术技能人才培养提供支撑。

　　本套教材专业基础课以技术技能人才培养为目标,以动物医学专业群的岗位能力需求为导向,坚持适度、够用、实用及学生认知规律和同质化原则,以模块→项目→任务为主线,设"学习目标"、"学习内容"、"考核评价"三个教学组织单元,并以任务的形式展开叙述,明确学生通过学习应达到的识记、理解和应用等方面的基本要求。其中,识记是指学习后应当记住的内容,包括概念、原则、方法等,这是最低层次的要求;理解是指在识记的基础上,全面把握基本概念、基本原则、基本方法,并能以自己的语言阐述,能够说明与相关问题的区别及联系,这是较高层次的要求;应用是指能够运用所学的知识分析、解决涉及动物生产中的一般问题,包括简单应用和综合应用。有些项目的相关理论知识或实践技能,可通过扫描二维码、技能训练、知识拓展或知识链接等形式学习,为实现课程的教学目标和提高学生的学习效果奠定基础。

　　本套教材专业课以"职业岗位所遵循的行业标准和技术规范"为原则,以生产过程和岗位任务为主线,设计学习目标、学习内容、案例分析、考核评价和知识拓展等教学组织单元,尽可能开展"教、学、做"一体化教学,以体现"教学内容职业化、能力训练岗位化、教学环境企业化"特色。

　　本套教材建设由甘肃畜牧工程职业技术学院王治仓教授和康程周副教授主持,其中尚学俭、敬淑燕担任《动物解剖生理》主编;黄爱芳、祝艳华担任《动物病理》主编;冯志华、黄文峰担任《动物药理与毒理》主编;杨红梅担任《动物微生物》主编;康程周、王治仓担任《动物诊疗技术》主编;李宗财、宋世斌担任《牛内科病》主编;王延寿担任《猪内科病》主编;张忠、李勇生担任《禽内科病》主编;高敬贤、王立斌担任《动物外产科病》主编;贾志江担任《动物传染病》主编;刘娣琴担任《动物传染病实训图解》主编;张进隆、任作宝担任《动物寄生虫病》主编;祝艳华、黄文峰担任《动物防疫与检疫》主编;王选慧担任《兽医卫生检验》主编;刘根新、李海前担任《中兽医学》主编;李海前、刘根新担任《兽医中药学》主编;王学明、车清明担任《畜禽饲料添加剂及使用技术》主编;杨孝列、郭全奎担任《畜牧基础》主编;李和国、马进勇担任《畜禽生产技术》主编;田启会、王立斌担任《犬猫疾病诊断与防治》主编;李宝明、车清明担任《畜牧兽医法规与行政执法》主编。本套教材内容渗透了动物医学专业方面的行业标准和技术规范,文字精练,图文并茂,通俗易懂,并以微信二维码的形式,提供了丰富的教学信息资源,编写形式新颖、职教特色明显,既可作为教师和学生开展"校企合作、工学结合"人才培养模式的特色教材,又可作为企业技术人员的培训教材,还可作为广大畜牧兽医工作者短期培训、技术服务和继续学习的参考用书。

　　《动物诊疗技术》的编写分工:项目一至项目五由康程周编写,项目六、项目七由王治仓编写,项目八、项目九、项目十二由李宗财编写,项目十、项目十一由车清明编写,项目十三由加春生编写。全书由康程周修改定稿。

　　承蒙甘肃农业大学动物医学院杨孝朴教授和甘肃省动物卫生监督所王登临研究员对本教材进行了认真审定,并提出了宝贵的意见,编写过程中得到编写人员所在学校的大力支持,在此一并表示感谢。作者参考著作的有关资料,不再一一述及,谨对所有作者表示衷心的感谢!

　　由于编者初次尝试"专业建设项目成果"系列教材开发,时间仓促,水平有限,书中错误和不妥之处在所难免,敬请同行、专家批评指正。

编写组

2016 年 6 月

C目录 ONTENTS

模块一　动物诊断技术

模块二　治疗技术

动物诊疗技术

模块一 动物诊断技术

兽医临床工作的基本任务在于防治动物疾病、保障畜牧业和养殖业的健康发展。防治动物疾病，必须先要认识疾病。正确的诊断是制订合理、有效防治措施的根据，诊断是防治疾病的前提，是临床工作的基础。

▶ 一、诊断

诊即检查，断即分析、判断。兽医临床诊断是以各种畜禽为对象，运用兽医学的基本理论、基本知识和基本技能对疾病进行诊断的一门学科，是研究诊断动物疾病的方法和理论的学科。

▶ 二、预后

预后是对疾病发展趋势及其可能结局的估计。客观准确的预后，在决定采取合理的防治措施上具有重要意义。预后包括预后良好、预后不良、预后可疑、预后慎重。

▶ 三、症状

病理性的机能异常和形态异常称为症状。通常从症状的表现可初步判断发病的部位和性质，包括特殊症状、一般症状、全身症状、局部症状、综合症候群、固定症状、偶然症状、前驱症状、后遗症状等。

1. **示病症状（特殊症状）与一般症状**

（1）示病症状　某一疾病所特有的且不会在其他疾病中出现的症状，称为该病的示病症状或特殊症状。也就是说，根据示病症状就可以对该病做出诊断，如阳性颈静脉搏动是三尖瓣闭锁不全的示病症状，故动物出现阳性颈静脉搏动即可认为该动物患有三尖瓣闭锁不全；胫骨X光片上显示骨折线就可以断定该动物胫骨发生了骨折等。

（2）一般症状　是指出现于许多疾病过程中的症状，它不属于某一疾病所特有，甚至出现于某一疾病的不同病理过程中，如发热、咳嗽、呕吐、食欲不振、腹泻、腹胀、腹水、黄疸、跛行等。

2. **全身症状与局部症状**

（1）全身症状　是指机体针对病原或局部病变的全身反应。如致热原所致的全身发热、局部外伤所致的疼痛性休克，消化不良所致的消瘦等。

（2）局部症状　是指在局部病变部位表现的症状，在病变以外的身体其他部分不存在。如体表局部急性炎症表现的"红、肿、热、痛、机能障碍"；肺炎时胸部叩诊浊音、听诊啰音等。

3. **综合症候群**

综合症候群是指某些相互关联的症状在疾病过程中同时或相继出现，又称综合征。如犬传染性胃肠炎时的食欲减退、呕吐、腹痛、腹泻、便血、脱水、精神沉郁等，犬瘟热时的发热、流鼻液、咳嗽、呼吸困难、爪垫发热发硬、神经症状等。

4. **固定症状与偶然症状**

（1）固定症状　是指在整个疾病过程中必然出现而且自始至终存在的症状，如骨折后的跛行,肺炎时的咳嗽,胃肠炎时的腹泻,犬血孢子虫病的高热、贫血、黄疸、血红蛋白尿等。

(2)偶然症状　是在特定条件下出现的症状,它是在疾病过程中某一阶段出现的症状。这种症状不是某一疾病发生发展过程中必然出现的症状,它的出现受动物个体差异、种属差异、继发或并发感染、疾病程度、环境及治疗措施等的影响。

5. 前驱症状与后遗症状

(1)前驱症状　是指在疾病发生初始、主要症状出现之前出现的一类症状,又称先兆症状。前驱症状对疾病病因的调查意义重大,但在临床诊断过程中很难发现它,因为饲养人员与兽医对健康的理解不同,多是在较为严重时才就诊的,因此要询问动物发病初期的表现。

(2)后遗症状　即后遗症,是在原发病治愈后留下的不正常现象,如疤痕、变形、截肢、神经功能缺失等。后遗症有的是疾病损伤所引起的,有的是在实施治疗时为保住动物生命而留下的(应尽量避免)。

动物的接近与保定

➤ 【学习目标】

能正确接近动物；能对动物依据诊疗目的进行正确保定；熟悉动物接近和保定的注意事项。

【学习内容】

1. 接近和保定动物时的注意事项；
2. 动物的接近；
3. 各种动物的保定方法。

临床诊断的基本任务是认识疾病,为了对病畜(禽)进行正确的诊断和治疗,保证诊疗活动中人畜安全,必须熟悉掌握接近和保定畜(禽)的方法。

一、接近和保定动物时的注意事项

诊断家畜疾病,第一步是接近家畜,接近病畜的过程中收集病理变化信息,观察症状表现,为建立诊断提供依据。

1. 了解动物习性

应熟悉各种动物的习性,尤其是惊恐与欲攻击人、畜时的神态(如马竖耳、瞪眼;牛低头凝视;猪斜视、翘鼻、发出呼呼声等)。除亲自观察外,还需向畜主了解动物平时的性情,如是否胆小易惊,有无踢人、咬人、抵人等恶癖。

2. 进行适当保定

临床检查病畜时,应根据动物习性及诊治需要和实际条件,选择适宜的保定方法,确保人畜安全。倒牛、马时要特别小心,以免发生骨折。倒卧保定必须选择在松软的土地面或铺有垫草的地面,以免引起神经损伤,特别是桡神经。对有呼吸困难的病畜,不宜施行倒卧保定,以免窒息死亡。保定动物时,绳索打结一定要打活结,一旦发生意外,容易解脱。

3. 注意动物状态

来门诊就诊病畜,应先令病畜休息片刻,使其适应陌生环境,消除恐惧,以利检查。

4. 慎触敏感部位

不能突然触碰腹部、股部、耳等敏感部位,以免引起家畜出现蹴踢或咬人等防卫行为。

二、动物的接近

(一)中小动物的接近

中小动物多数群体饲养,群体性强,胆小怕生人,应由饲养员伴随,用平时熟悉的口令呼叫,然后慢慢靠近进行观察。

1. 猪的接近

农户饲养的猪,平时经常与人接近,比较温顺,听从主人的呼叫,用手轻搔猪的背、腹侧的皮肤,一般即能安静卧下,接受检查,有时前肢站起,挣扎乱叫,如继续搔痒,又会安静下来接受检查。对性情不温顺的猪,或猪场集中饲养的种猪,其个体大,平时没有接近人的习惯,一见生人,就躲避,吼叫不宁,这时也不能强行抓猪,应利用墙角、墙根,趁势由后方或侧方接近,先用手给猪抓痒,使其逐渐安静下来再检查。

2. 羊的接近

农户饲养的羊,因平时饲喂、挤奶等而常与人接触,调驯有素,听从主人口令,较容易接近。对于群体饲养的羊,放牧的羊,要利用羊群、地势、墙根、墙角接近。

3. 犬、猫的接近

犬、猫在正常情况下,都能服从主人的口令,由主人伴随即可接近。但为了安全起见,先让主人给戴上口罩或颈枷,或将犬、猫的头抱住后再接近。

4. 禽的接近

鸡、鸭多是集中饲养,现代集约化的养鸡场,为了防止疫病传入和不良刺激,平时不允许他人进入。进入禽舍前,检查者要更换与饲养员颜色、款式一致的工作服;进入禽舍时,让饲养员走在前边,用平时习惯的声音和禽群打招呼,使禽群处于自然状态进行观察。否则猛见生人,一旦受惊,全群都会受惊动,影响病情的观察。

(二)大家畜的接近

1. 牛的接近

农户饲养的牛,平时都有调驯,比较听从主人口令,由主人伴随,从左前方靠近,以左手抓住牛鼻绳,右手抚摸牛的头、颈部,逐渐靠近胸、腹部进行观察。对于规模养殖场的牛、放牧的牛、性情凶烈的牛,由饲养员牵住或拴在木桩上,再从左前方接近。

2. 马的接近

农户饲养的役用马,平时调驯,由主人先接近,用平时口令招呼,检查者先站在距离病畜2 m远的距离观察,根据其习性用平时熟悉的口令呼叫,引起注意后,再逐渐由远及近,用左手握住笼头,右手抚摸马的头、颈部,进而靠近胸、腹部检查。

在给大家畜做检查时,应将一手放在病畜肩部(鬐甲)或髋结节,一旦遇到病畜剧烈骚动、抵抗,即可作为支点向对侧推动并迅速离开。

总之,接近动物的方法很多,因各地饲养的习惯、调驯的方法不同,在临床接近时,应因地、因畜制宜,达到安全检查为目的,如需进一步诊断,就要采取妥善的保定。

任务二　各种家畜的保定方法

保定就是以人力、器械或药物控制动物,限制动物的防卫活动,保证人畜安全,便于诊疗活动的顺利进行。

动物在接受检查时,可能会出现抵人、咬人、踢人、刨人、抓人、啄人等不良行为,因此要根据诊疗的需要和就诊条件,进行适宜、可靠的保定,保证人畜的安全。保定的方法有徒手保定、器械保定、柱栏保定和药物保定。

▶ 一、牛的保定

1. 徒手保定

用一手握牛角根,另一手提鼻绳、鼻环或用拇指与食指、中指捏住鼻中隔,牵拉鼻端向前上方提举(图1-1)。徒手保定适用于一般检查、灌药、肌内注射及静脉注射。

2. 鼻钳保定

用鼻钳经鼻孔夹紧鼻中隔,用手握持钳柄加以固定(图1-2)。鼻钳保定适用于一般检查、灌药、肌内注射及静脉注射。

3. 两后肢保定

取长的粗绳一条,折成等长两段,在牛跗关节上方将两后肢胫部围住,然后将绳的一端穿过折转处向一侧拉紧(图1-3)。两后肢保定适用于有蹴踢恶癖牛的一般检查、静脉注射及乳房、子宫、阴道疾病的治疗。

 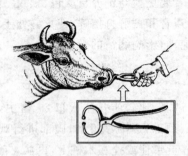 

图1-1　牛徒手保定　　　图1-2　牛鼻钳保定　　　图1-3　牛两后肢保定

4. 柱栏保定

(1)单柱栏保定　有角的牛,利用木桩或树木保定,将牛头略微抬高,紧贴木桩或树木,使牛两角紧卡住木桩或树木,甩绳将牛角绑在木桩或树木上,牛头即可固定(图1-4)。适用于临床检查、各种注射。

(2)二柱栏保定　将牛牵至二柱栏内,鼻绳系于头侧柱栏,然后缠绕围绳,吊挂胸、腹绳即可固定。这种保定适用于临床检查、各种注射及颈、腹、蹄等部疾病治疗。

(3)四柱栏保定　将牛牵入四柱栏内,上好前后保定绳即可保定(图1-5),必要时可加上背带和腹带。

图1-4　牛单柱栏保定　　　　图1-5　牛四柱栏保定

图1-6　背腰缠绕倒牛法

5. 倒卧保定

(1)背腰缠绕倒牛法　在绳的一端做一个较大的活绳圈,套在两个角根部,将绳沿非卧侧颈部外面和躯干上部向后牵引,在肩胛骨后角处环胸绕一圈做成第一绳套,继而向后引至胶部,再环腹一周做成第二套。由两人慢慢向后拉绳的游离端,由另一人把持牛角,使牛头向下倾斜,牛即可蜷腿而慢慢倒下(图1-6)。牛倒

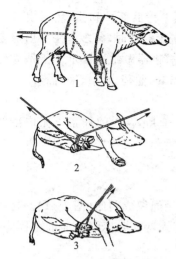

图 1-7　拉提前肢倒牛法

卧后,一要固定好头部,二不能放松绳端,否则牛易站起。一般情况下,不需捆绑四肢,必要时再行固定。

(2)拉提前肢倒牛法　取细长的圆绳一条,折成长、短两段,于折转处做一套结并套于左前肢系部,将短绳一端经胸下至右侧并绕过背部再返回左侧,由一人拉绳;另将长绳引至左髋结节前方并经腰部返回缠一周,打半结,再引向后方,由二人牵引。令牛向前走一步,正当其抬举左前肢的瞬间,三人同时用力拉紧绳索,牛即先跪下而后倒卧;一人迅速固定牛头,一人固定牛的后躯,一人迅速将缠在腰部的绳套向后拉并使其滑到两后肢的跗部而拉紧之,最后将两后肢与前肢捆扎在一起(图 1-7)。牛倒卧保定,适用于去势、治疗及其他外科手术。

二、羊的保定

1. 站立保定

两手握住羊的两角,跨骑羊身,以大腿内侧夹持羊两侧胸壁即可保定(图 1-8)。羊站立保定适用于临床检查或治疗。

2. 倒卧保定

保定者俯身从对侧一手抓住两前肢系部或抓一前肢臂部,另一手抓住腹胁部膝襞处扳倒羊体(图 1-9),然后改抓两后肢系部。前后一起按住即可。羊倒卧保定适用于治疗或简单手术。

图 1-8　羊站立保定

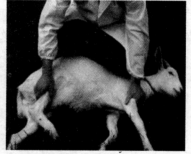

图 1-9　羊倒卧保定

三、猪的保定

1. 站立保定

先抓住猪耳、猪尾或后肢,然后做进一步保定。亦可在绳的一端做一活套,使绳套自猪

模块一　动物诊断技术

的鼻端滑下，套入上颌犬齿后面并勒紧，然后由一人拉紧保定绳或拴于木桩上。此时，猪多呈用力后退姿势（图1-10）。亦可用捕猪器做站立保定。猪站立保定适用于一般的临床检查、灌药、注射、采血等。

图1-10　猪站立保定

2. 正立提举保定

此法适于体重在30 kg以内的仔猪。抓住猪的两耳，迅速提举，使猪腹部朝前，同时用膝部夹住其颈胸部。猪正立提举保定适用于胃管投药及肌内注射。

3. 网架保定

取两根木棒或竹竿（长1.0～1.5 m，宽0.60～0.75 m），用绳织成网床（图1-11）。将网架放于地上，把猪赶至网架上，随即抬起网架，使猪的四肢落入网孔并离开地面即可固定。猪网架保定适用于一般临床检查、耳静脉注射等。

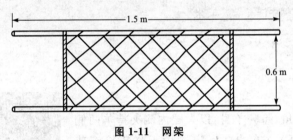

图1-11　网架

4. 保定架保定

将猪放于特制的活动保定架或较适宜的"V"形木槽（食槽）内，使其呈仰卧姿势，或行背位保定（图1-12）。这种方法适用于前腔静脉注射及腹部手术等。

5. 侧卧保定

左手抓住猪的右耳，右手抓住右侧膝部前皱褶，并向术者怀内提举放倒，然后使前后肢交叉，用绳在掌跖部拴紧固定。适用于大的公、母猪去势术、腹腔手术，耳静脉、腹腔注射。

6. 倒立提举保定

两手握住后肢飞节并将其后躯提起，头部朝下，用膝部夹住其背部即可固定（图1-13）。倒立提举保定适用于35 kg以下保育猪直肠脱及阴道脱的整复、腹腔注射以及阴囊和腹股沟疝手术等。

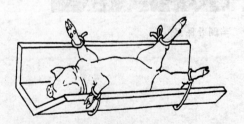

图1-12　猪仰卧保定

图1-13　仔猪倒立提举保定

四、犬的保定

1. 扎口保定

用绷带在犬的上下颌缠绕一圈或两圈后收紧,交叉绕于颈项部打结,以固定犬嘴使其不得张开(图1-14)。犬扎口保定适用于一般检查。

2. 颈枷保定

颈枷保定适合有咬人恶癖犬的保定,适用于各种检查及注射(图1-15)。

3. 横卧保定

先将犬做扎口保定,然后两手分别握住犬两前肢的腕部和两后肢的跗部,将犬提起横卧在平台上,以右臂压住犬的颈部,即可保定(图1-16)。适用于临床检查和治疗。

图1-14 犬扎口保定

图1-15 犬颈枷保定

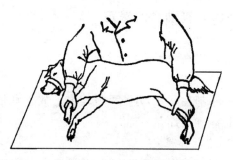

图1-16 犬横卧保定

五、猫的保定

1. 抓猫法

抓猫前轻摸猫的脑门或抚摸猫的背部以消除敌意,然后用左手抓起猫颈部或背部皮肤,迅速用右手或右小臂抱猫,同时用右手抚摸其头部,这样既方便又安全;如果捕捉小猫,只需用一只手轻抓颈部或胸背部即可。

2. 扎口保定

用绷带在猫的上下颌缠绕一圈或两圈后收紧,交叉绕于颈项部打结,以固定猫嘴使其不得张开(图1-17)。猫扎口保定适用于一般检查。

3. 颈枷保定

颈枷保定适合有咬人恶癖猫的保定,适用于各种检查及注射(图1-18)。

4. 猫袋保定法

猫袋可用人造革或粗帆布缝制而成。布的两侧缝上拉链,将猫装进去后,拉上拉链,便呈筒状;布的前端装一根能抽紧及放松的带子,把猫装入猫袋后先拉上拉链、再抽紧袋口部,此时拉住露出的猫的后肢可测量猫的体温,也可进行灌肠、注射等治疗措施。

图1-17 猫扎口保定　　　　　　　　　图1-18 猫颈枷保定

▶ 六、马属动物的保定

在此以马为例进行介绍。

1. 耳夹子保定

一手抓住马耳,另一手将耳夹子放于耳根部用力夹紧(图1-19)。马耳夹子保定适用于一般检查和治疗。

2. 鼻捻棒保定

将鼻捻棒绳套套于上唇,并迅速向一方捻转把柄,直至拧紧为止(图1-20)。鼻捻棒保定适用于一般检查和治疗。

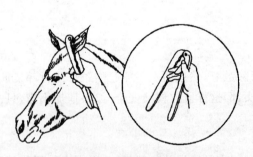
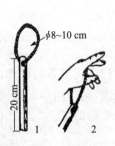

图1-19 耳夹子保定　　　　　　　　图1-20 鼻捻棒保定

3. 柱栏保定

(1)单柱栏保定　可以利用树木、电线杆、立柱等,将马脖颈部用绳索跟立柱等系于一起(图1-21)。单柱栏保定适用于临床检查、静脉注射等。

(2)二柱栏保定　将马牵至柱栏左侧,缰绳系于横梁前端的铁环上,用另一绳将颈部系于前柱上,最后缠绕围绳及吊挂胸、腹绳(图1-22)。二柱栏保定适用于临床检查、检蹄、装蹄等。

(3)四柱栏保定　门诊四柱栏较普遍,应用广泛(图1-23)。配套齐备的四柱栏可用于各种诊疗活动,是兽医门诊必备的诊疗设施。

图1-21 马单柱栏保定

图1-22 马二柱栏保定

图1-23 驴四柱栏保定

4. 倒卧保定

马倒卧保定常采用双抽筋法(图1-24)。用长15 m的绳子一条和20 cm长的木棍一根，铁环两个，在绳的中央系一大双套结，将双套的结节放在颈部下侧，双套分别置于颈的两侧，并各套一个铁环，再把双套引到鬐甲前上方，用木棒将双套连接固定，然后将游离的两根绳从两前肢间通过，由跗关节上方分别绕至跗关节前方，由内向外各绕过原绳，再引向前方，从颈侧的铁环穿过，最后将跗关节上的绳套移到系部，随即由助手两人抓住穿过铁环的绳端，一起用力向后牵引，马即先下侧卧，倒卧后压住头部，继续拉紧绳端，分别用猪蹄结在后肢系部缚紧，再将两游离绳端插入上部的环中向后牵引，再通过腹下插入两后肢间，再向前折，从跗关节上方向前方牵引即完成倒卧后的后肢转位。解除时，只解开蹄部绳结，后将颈套木棒抽出即可(图1-24)。马倒卧保定适用于手术治疗、去势等。

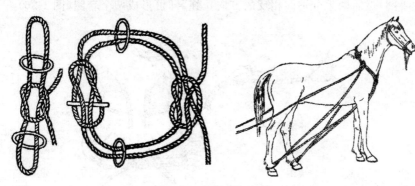
图1-24 双抽筋倒马法

【考核评价】

任务名称：动物的接近与保定

考核内容	评价标准	评价者与权重		技能得分	任务得分
		教师评价（80%）	学生评价（20%）		
动物的接近	能安全有效地接近欲检查或保定的动物				
动物的保定	依据检查或治疗的目的，正确选择适宜的保定方法，并能进行正确保定				

常用绳结的打法

1. 单活结

一手持绳并将绳在另一手上绕一圈,然后用被绳缠绕的手握住绳的另一端并将其经绳环处拉出即可(图1-25)。

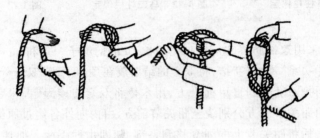

图1-25　单活结的打法

2. 双活结

两手握绳,转至两手相对,此时绳子形成两个圈,再使两圈并拢,左手圈通过右手圈,右手圈通过左手圈,然后两手分别向相反的方向拉绳,即可形成两个套圈(图1-26)。

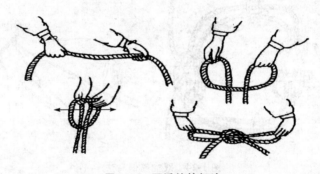

图1-26　双活结的打法

3. 猪蹄结

将绳端绕于柱上后,再绕一圈,两绳端压于圈的里边,一端向左,一端向右(图1-27A);或者两手交叉握绳,两手转动即形成两个圈的猪蹄结(图1-27B)。

4. 拴马结

左手握持缰绳游离端,右手握持缰绳在左手上绕成一个小圈套;将左手小圈套在大圈套内向上向后拉出,同时换右手拉缰绳的游离端,把游离端做成小套穿入左手所拉的小圈内,然后抽出左手,拉紧缰绳的近端即成(图1-28)。

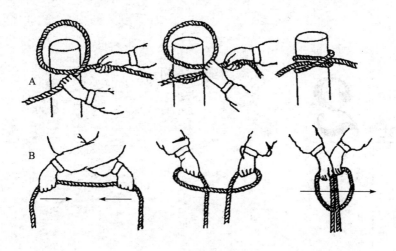

图 1-27　猪蹄结的打法

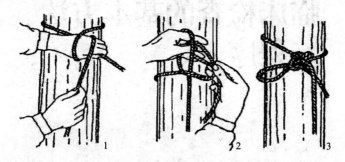

图 1-28　拴马结的打法

Project 2

临床检查的基本方法与程序

➤ 【学习目标】

　　掌握临床检查的六种基本方法和应用范围;掌握临床检查的程序;掌握各种临床检查基本方法在临床应用中的注意事项。

【学习内容】

　　1. 临床检查的基本方法;

　　2. 临床检查的程序。

诊断疾病,要认识疾病的本质,就要应用科学的诊断方法和诊断程序,判断疾病的性质,确定疾病主要侵害的器官和部位,阐明致病的原因和机制,明确疾病的进程和程度。为全面发现和搜集症状、资料,而应用于临床实践的各种检查方法统称为临床检查法,可以分为基本检查法、实验室检查法和特殊检查法三大类,基本检查法中的问诊、视诊、触诊、叩诊、听诊及嗅诊最为简便,对任何家畜,在任何场所都可进行,并且能直接地、较为准确地判断其病理变化,称为临床检查的基本方法。

任务一　临床检查的基本方法

一、问诊

　　问诊是向畜主或饲养、管理人员调查、了解动物发病情况和经过等,以检查疾病的方法。通过问诊使临床检查有所侧重,既可为兽医师提示诊断的思考方法和范围,又可为进一步检查提供线索。

　　1. 方法

　　问诊采用交谈和启发式询问方法。一般在着手检查病畜前进行,也可边检查边询问,以便尽可能全面了解发病情况及经过,从而使临床检查有所侧重。

　　2. 内容

　　问诊的内容十分广泛,主要包括现病史、既往病史及饲养管理、卫生、使役等方面。

　　(1)现病史　是指本次发病情况及经过,应重点了解发病时间、地点、病畜数量、病后表现、疾病的经过、诊治情况和对发病原因的估计。

　　①发病时间:如疾病发生于饲前或饲后、清晨或夜间、产前或产后、舍饲或放牧等,借以估计可能的致病原因。

　　②病后表现:如精神、饮食欲、姿势、运动、泌乳量、体温、脉搏、呼吸、反刍、排粪、排尿等的变化以及有无腹痛不安、腹泻、便秘、流涎、咳嗽、呻吟、跛行等。重点询问发病后主要症状出现的部位、性质、持续时间和程度,缓解或加剧的因素,这些内容常可提示疾病的性质和部位,可作为检查方向和重点的线索。

　　③诊治经过:发病后是否经过治疗,用过什么药物,疗效如何? 有否因治疗不当而使病情复杂化等(如过量应用阿托品可能会引起胃肠弛缓)。这不仅可推断疾病的发展和演变情况,而且可以根据治疗效果,为诊断疾病提供有价值的资料,同时对以后的用药也有参考意义。如对肠便秘病畜已使用过大量泻下药物,则在以后的治疗中应不用或慎用泻药。

　　④可能的病因:有经验的饲养人员常常可以提供可能的致病原因,如饲喂不当、管理失误、使役过重、天气变化、意外事故等,常是兽医师推断病因的重要依据。

　　⑤畜群发病情况:根据某一地区或养殖场相同症状的疾病发病数可推测为一般疾病或群发病(传染病、寄生虫病、营养代谢病和中毒病等);根据有无死亡及病死率可提示病的严重程度及转归。这些资料有助于探讨病因及制订防制措施。

　　(2)既往病史　是指病畜或畜群过去的发病情况。包括曾患过的疾病、是否做过手术

（如去势、断角、断尾、瘤胃切开等）、药物过敏史、预防接种情况,特别是有无与现病有密切关系的疾病。是否发生过类似的疾病,其经过和结局如何? 当有群发现象时,更要详细调查、了解当地疫病流行、防疫、检疫情况及毒物来源等。这些资料在对确定现病与过去疾病的关系,以及对传染性和地方性疾病的诊断都有重要的实际意义。

（3）饲养管理、卫生、使役情况　应该详细询问饲养管理、生产性能和使役情况,了解饲料的种类、数量、质量及配方、加工情况,饲喂制度,畜舍卫生及环境条件等。对集约化养殖场更为重要,不仅可从中探索饲养管理与现病发生之间的关系,寻找可能的病因,而且也有助于制订合理的防治措施。

①日粮组成及饲料品质:了解饲料的种类、组成、品质、配方比例、粗料与精料的搭配比例,青饲料的供应情况,青贮饲料的品质等。饲料种类单一、品质不良、发霉变质、日粮配合不合理、饲料突然变换等,常是消化系统疾病、营养代谢病和中毒病的主要原因。

②饲养制度:了解是舍饲还是放牧饲养。动物因饲养制度突然改变,容易发生胃肠疾病。

③饲料调制:饲料调制不当,尤其是甜菜、小白菜及其他青绿饲料调制方法上的失误常常是亚硝酸盐或氢氰酸中毒的主要原因。

④卫生状况:圈舍的采光、温度、湿度、有害气体也是诱发呼吸道和消化道疾病的常见病因。

⑤使役情况:过度使役、长期重剧劳役、饱食逸居的动物突然重役、运动不足等都可能是致病的原因。

3. 注意事项

①语言要通俗,态度要和蔼,以便取得畜主很好的配合。

②在问诊内容上既要抓住重点,切合实际,又要全面搜集资料,灵活掌握问诊顺序。

③客观对待问诊所取得的病史资料,对问诊所得资料不要简单地肯定或否定,应结合现症检查结果,进行综合分析,找出诊断的线索。

▶ 二、视诊

视诊是以视觉来观察病畜全身状况或局部状态的检查方法,包括用肉眼观察的直接视诊和借助于某些器械(开膣器、额镜)进行观察的间接视诊两类。广义的视诊还包括对 X 线影像、实时超声影像、内窥镜影像等的观察以及畜群巡视。

1. 方法

（1）群体视诊　牛、猪、羊、禽等的群体饲养,形成畜群的整体性。如集约化的养鸡场,鸡群大都采用全进全出的饲养管理方式,雏鸡来自同一个孵化场,其遗传性非常接近,其品种、性别、日龄都一样,即鸡群的先天内在因素基本相同,后天供给的温度、湿度、空气、光照、饲料、饮水、免疫程序等外在环境因素又完全一样,笼式饲管群体中每只鸡接触致病因素的概率是相等的,这些诸因子的一致性,就构成了畜群的整体性,整体代表个体,个体变化可以反映整体。

在群体视诊时通过观察畜群,从中发现精神沉郁、离群呆立、饮食异常、腹泻、咳嗽、喘息及被毛粗乱无光、消瘦衰弱的病畜,从群中挑出做进一步的检查。

①全群整体性:观察全群的精神状态及对外界刺激的反应是否一样,营养、体重是否相当,粪便的形态、颜色是否一致。若个体反应迟钝、营养不良、体形瘦小,精神不振,即为有病

的表现。如出现阵发性的扭颈抽风表现,多为饲料营养不全(维生素 B₁ 缺乏)。

②恋群性:同群饲养的畜禽,具有恋群性,行走在一起,休息时多喜欢卧在一起。若在行走中,发现个别掉群,或休息时离群呆立,提示有病,应进一步观察其表现;雏鸡休息时挤在一起,不停鸣叫,多为舍温低的表现。

③饮食状态:群体饲养的畜禽,当给喂食料时,都争先恐后地挤位上槽就食,若有个别迟迟不就槽,或少量进食后就退槽者,多是有病的表现。

④群体的反应性:健康的群体,发育整齐,对外界反应敏锐,如遇见生人,异常声音刺激,都会全群同时做出应答反应,如一起惊叫、躲藏等。若有个别反应迟钝者,多是有病的表现。

(2)个体视诊 视诊时先观察全貌,然后从左侧前方开始,由前向后、从左到右,边走边看,依次观察病畜的头、颈、胸、腹、脊柱、四肢。在病畜正后方时,应注意观察尾、肛门及会阴部,并对照观察两侧胸、腹部及臀部的状态和对称性。最后可进行牵遛,观察运步状态。

2. 应用范围

视诊应用比较广泛,可用于对整体状态(体质、外貌、精神、姿势与步态)、被毛皮肤状态、可视黏膜颜色、某些生理活动(如采食、咀嚼、吞咽、反刍、嗳气及呼吸动作等)及分泌物和排泄物物理性状的观察等。

3. 注意事项

①视诊最好在自然光照的宽敞场所进行。
②应尽量使动物取自然姿势,检查者应与病畜保持适当距离(一般 2～3 m)。
③对刚到的门诊病畜,应让其先休息,待呼吸平稳后再行观察。

三、触诊

触诊是利用手或借助于器具(探管、探针)对畜体被检部组织、器官进行触压和感觉,以判断其病理变化的检查方法。触诊主要是由检查者的手来完成的,而手的感觉以指腹和掌指关节部掌面的皮肤最为敏感,故多用这两个部位进行触诊。触诊可确定病变的位置、硬度、大小、轮廓、温度、压痛及移动性和表面的状态。

1. 方法及应用范围

触诊可分为外部触诊法和内部触诊法。

(1)外部触诊法 又可分为浅表触诊法和深部触诊法。

①浅表触诊法:是用手轻压或触摸被检部位,检查躯体浅表组织器官的方法。检查体表皮肤温度、湿度时,宜采用手掌或手背贴于体表,不加按压而轻轻滑动,进行感触;检查皮肤弹性或厚度时,用手指捏皱提举检查;检查皮下器官的表面状况、移动性、形状、大小、软硬及敏感性时,用手指加压滑推法。

②深部触诊法:是从外部检查内脏器官的位置、大小、形状、硬度、活动性及敏感性等的方法,根据检查目的不同可采用下面的方法。

双手按压触诊法:用双手从左右两侧或上下两侧腹壁同时加压,逐渐缩短两手距离,感知内脏器官性状的方法。双手按压触诊法适用于小动物或幼畜内脏器官、腹腔肿瘤、积粪团块及胎儿等的检查。

切入触诊法:是将并拢的手指行深部插入,以感知内部器官性状的检查方法。切入触诊法适用于肝、脾、肾、皱胃等的检查。

冲击触诊法:用拳头或并拢的手指,以短促的强力冲击被检部位,以感知内部器官的性状与腹腔积液状态的检查方法。冲击触诊法适用于腹腔积液及瘤胃、瓣胃、皱胃内容物性状的判定。

(2)内部触诊法 包括直肠检查、胃导管探诊、导尿管探诊。直肠检查适用于大家畜骨盆腔器官和腹后部器官的检查,胃导管探诊适用于食道、胃的检查,导尿管探诊适用于尿道、膀胱的检查。

2. 触感

触诊部位组织、器官的状态及病理变化的不同,产生的触感不同,常见的触感有:

(1)捏粉样感(揉面团样) 如揉压面团样,感觉稍柔软,指压留痕,除去压迫后慢慢复平,为组织中发生浆液性浸润。这种触感常见于皮下水肿。

(2)波动感 柔软而有弹性,间歇压迫时有波动感,为组织间积聚有液体的表现。这种触感常见于血肿、淋巴外渗、脓肿等。

(3)坚实感 感觉坚实致密,硬度如肝。这种触感见于组织间发生细胞浸润或结缔组织增生时。

(4)硬固感 感觉坚硬如骨。这种触感见于结石、放线菌肿、骨瘤等。

(5)气肿感 感觉柔软而稍有弹性,并随触压而有气体向邻近组织窜动,同时可听到捻发音,表示组织内有气体集聚。这种触感见于皮下气肿、气肿疽等。

3. 注意事项

①触诊到敏感部位时,动物会有反抗,应在触诊前进行适当保定。

②触诊检查大动物四肢和下腹时,需一手放于畜体适当部位做支点,另一手按"自上而下,从前向后"的顺序逐渐接近欲检部位。

③触诊时宜先健区后病部,先周围后中心,先轻后重,并注意与对应部或健区进行比对。

● 四、叩诊

叩诊就是用手指或叩诊锤叩击被检部位,使之发生振动,根据所产生声音的性质来推断其病理变化的检查方法。

1. 方法

叩诊分为直接叩诊法和间接叩诊法。

(1)直接叩诊法 是用手指或叩诊锤直接叩击被检部位。

(2)间接叩诊法 是在被检部位放置一振动能力较强的附加物(手指或叩诊板),而后向附加物叩击的检查方法。分为指指叩诊法和锤板叩诊法。

①指指叩诊法:将一手中指平放于被检部位,用另一手中指或食指的第二指关节处呈屈曲,以腕力垂直叩击平放手指的第二指节处(图2-1)。这种方法适用于中、小动物的叩诊检查。

②锤板叩诊法:用叩诊锤和叩诊板(图2-2)进行叩诊。一手持叩诊板,平放于被检部位,另一手持叩诊锤,以腕力垂直叩击叩诊板数次,以听取其声音。这种方法适用于大动物的叩诊检查。

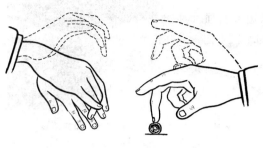

图 2-1　指指叩诊的方法

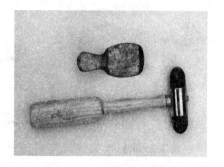

图 2-2　叩诊锤、叩诊板

2. 应用范围

叩诊主要用于胸、肺部及心、副鼻窦的检查,有时也用于马属动物的盲肠和反刍兽的瘤胃检查。

3. 叩诊音

被叩诊部位及其周围组织器官的弹性、含气量不同,叩诊的声音不同。叩诊的基本音有清音、浊音和鼓音。

(1)清音　叩击具有较大弹性和含气组织器官时产生的比较强大而清晰的音响。如叩诊正常肺区中部所产生的声音。

(2)浊音(实音)　叩击柔软致密及不含气组织器官时所产生的弱小而钝浊的音响。如叩诊臀部肌肉中部时所产生的声音。

(3)半浊音　是介于清音与浊音之间的一种过渡音响。如叩诊肺边缘部分时所产生的声音。

(4)鼓音　是一种音调比较高朗、振动比较规则的音响,如叩诊含气较多的马盲肠底部或反刍兽正常瘤胃上 1/3 时所产生的声音。

4. 注意事项

①叩诊宜在安静环境(最好在室内)进行。

②间接叩诊时手指或叩诊板必须与体表紧贴,不能留有空隙,每点连续叩击 2～3 次后再行移位。

③叩诊用力要均匀、适宜,一般对深在器官用强力叩诊,对浅表器官用轻力叩诊。

④如发现异常叩诊音时,则应与对侧或周围部加以比对。

五、听诊

听诊是听取病畜某些器官在活动过程中发出的声音,借以判断其病理变化的检查方法。

1. 方法

听诊分为直接听诊和间接听诊。

(1)直接听诊　是在听诊部位放置一块听诊布,然后将耳直接贴于动物被检部位进行听诊(图 2-3)。此法听得比较清楚,但不方便,适用于中、小动物。

(2)间接听诊　是借助听诊器(图 2-4)听诊(图 2-5),适用于大动物。

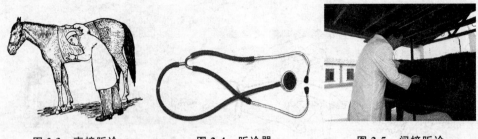

图2-3　直接听诊　　　　　图2-4　听诊器　　　　　图2-5　间接听诊

2. 应用范围

听诊主要用于心、肺、胃、肠的检查。

3. 注意事项

①听诊应在安静环境(最好在室内)进行,同时注意力要集中。

②听诊时应注意紧压集音头,尽量减少与被毛摩擦音的干扰;防止听诊器胶管与手臂、诊疗架或衣物接触。

③戴听诊器时,听诊器耳塞的方向应与听诊者外耳道的方向一致。

六、嗅诊

嗅诊是嗅闻动物排泄物、分泌物、呼出气味及口腔气味,从而判断病变性质的一种检查方法。

嗅诊应用范围有限,仅在某些疾病时才有临床意义。如胃肠炎时,粪便腥臭或恶臭,口腔气味腐臭难闻;膀胱破裂时的腹腔穿刺液有尿骚味;子宫内膜炎时,阴门流出物有脓臭或腐败性臭味;肺坏疽、腐败性支气管炎时,鼻液带有腐败性恶臭;牛酮血病时,呼出气体、尿液、皮肤有酮体气味;厌气菌感染时,可闻尸臭气味;有机磷农药中毒时,呼出气有大蒜臭味等。

综上所述,临床检查的基本方法都是通过感觉器官进行的,其感官的灵敏程度和临床经验直接关系到检查的质量,因此不能单纯依靠某一种方法。各种检查方法是相互联系、相互补充、相互印证而不可分割的,任何只强调某一种方法的重要性,而忽视其他检查方法的做法,都是不全面的,应综合应用检查方法,对检查结果进行认真分析,最后做出诊断;要手脑并用,边想边干;方法问题是个技巧问题,唯有多练,才能达到熟能生巧的境界。

任务二　临床检查的程序

为了全面而系统地搜集病畜的症状,并通过科学的分析而做出正确诊断,临床检查工作应该有计划、有步骤地按一定程序进行。通常检查顺序:病畜登记→问诊→现症检查→建立诊断→病历记录。

1. 病畜登记

病畜登记就是系统地记录就诊动物的一般情况和特征,目的是便于识别,同时也可为诊疗工作提供某些参考性条件。

登记内容包括动物种类、品种、性别、年龄、体重、个体特征(如畜名、畜号、毛色、烙印等)、用途,以及畜主姓名、住址、单位、联系电话等。此外,通常需注明就诊的日期及时间。动物种类、品种、性别、年龄、用途不同,其常见多发病不同。

2. 病史调查

病史调查包括现病史和既往病史的调查,其主要内容包括发病时间及原因,病后表现,发病前的饲养管理制度,发病后是否治疗,有无中毒因素存在(详见问诊)。

3. 现症检查

现症检查包括一般检查、分系统检查及根据需要而选用的实验室检验或特殊检查。一般检查是对病畜全身状态的概括性检查,是临床检查的初步阶段,通过检查了解病畜全身基本状况,并可发现疾病的某些重要症状,为分系统检查提供依据,实验室检验或特殊检查根据需要而选用。

最后综合分析检查结果,建立初步诊断,并拟定治疗方案,通过治疗进一步验证诊断。

【考核评价】

任务名称:临床检查的基本方法与程序

考核内容	评价标准	评价者与权重		技能得分	任务得分
		教师评价(80%)	学生评价(20%)		
问诊	能够正确、有目的地向畜主(饲养员)询问,问诊内容正确				
视诊	能够正确、规范地进行视诊检查,并对检查结果正确判断				
触诊	能够正确、规范地进行触诊检查,并对检查结果正确判断				
叩诊	能够正确、规范地进行叩诊检查,并对检查结果正确判断				
听诊	能够正确、规范地进行直接听诊和间接听诊检查,并对检查结果正确判断				
嗅诊	能够正确、规范地进行嗅诊检查,并对检查结果正确判断				
临床检查的程序	能够按正确的步骤实施临床检查				

模块一 动物诊断技术

病 历 记 录

病历是病畜整个疾病过程中有关临床检查、诊断和治疗等方面的全部记录。此外，还有各系统检查、实验室检查及特殊检查的材料。

病历记录不仅对疾病诊断和防治有重要价值，而且对总结经验、积累材料、指导临床实践都具有十分重要的意义。

Project 3

一般检查

➤【学习目标】

能通过对动物整体状态的检查,识别异常精神状态并能正确判断;会进行皮肤和被毛的检查,识别异常并能进行正确的分析判断;熟练掌握眼结膜的检查,对结膜颜色异常原因进行正确的分析判断;熟悉常检淋巴结的位置及形态特征;熟练进行生理指标的测定,对指标异常能正确分析。

【学习内容】

1. 一般检查;
2. 常见症状的鉴别诊断。

一般检查的主要内容包括:整体状态的观察、被毛和皮肤的检查、眼结膜的检查、浅表淋巴结的检查,以及体温、脉搏、呼吸数的测定五个方面。

一、整体状态的观察

(一)精神状态

动物精神状态是中枢神经系统机能的外在表现,健康动物表现两眼有神,头、耳、尾灵活,反应迅速,行动敏捷,幼畜则活泼爱动。精神状态的检查主要观察动物的神态、行为、面部表情和眼耳活动,如表现过度的兴奋或抑制则表示中枢神经机能紊乱。

1. 兴奋

轻者惊恐不安、竖耳刨地;重者前冲后撞、狂躁不驯、挣扎脱缰,甚至攻击人畜。精神兴奋主要见于脑病和某些中毒病。

2. 抑制

轻者表现为头低耳耷,呆立不动,眼半闭,行动迟缓,反应迟钝;重者嗜睡,甚至昏迷倒地,意识丧失。鸡则羽毛蓬松、垂头缩颈、两翅下垂、闭眼呆立。精神抑制主要见于热性病、重症病畜及某些脑病与中毒。

(二)营养与体格

畜禽的营养状况代表着机体内物质代谢的总水平,与饲养管理密切相关。临床根据肌肉的丰满程度、皮下脂肪蓄积量的多少和被毛状态等,将动物的营养状况分为营养良好、中等和不良三级。

1. 营养良好

肌肉丰满、结构匀称、骨不显露、被毛有光泽、精神旺盛。幼畜发育正常,与同种同龄者相仿,肌肉坚实,体格健壮。

2. 营养不良

动物消瘦、毛焦肷吊、皮肤松弛、骨骼表露、叫声嘶哑。幼畜则较瘦弱矮小,发育迟缓。营养不良见于消化不良、长期腹泻、代谢障碍和某些慢性传染病、寄生虫病(如结核、鼻疽及肝片吸虫病等)。急剧消瘦,多由于急性高热病、剧烈腹泻引起。极度消瘦,并伴有全身多器官机能衰竭,则为恶病质,为预后不良的表现。营养中等者居于两者之间。

(三)姿势与步态

各种动物都有其特有的生理姿势,健康动物姿态自然,动作灵活而协调。不同种类动物动作各有特点(站立、起卧、行走或奔跑、采食)。猪、羊饱食后喜卧,生人接触时即迅速起立;牛站立时常低头,采食后四肢集于腹下而伏卧,起立时先起后肢,动作缓慢而稳健,并常有间歇反刍、舌舔被毛动作;马站立时后肢轮流休息,偶尔卧下,但听到吆喝声立即起立。在病理状态下的异常姿势有如下几种。

1. 异常站立

各种异常表现：患畜表现头颈平伸，肢体僵硬，不能屈曲，耳竖尾挺，形似"木马"，见于破伤风时(图3-1)；病马两前肢交叉站立而长时间不变，提示脑室积水；鸡两腿前后叉开，呈劈叉姿势，提示马立克病；病畜单肢悬空或不敢负重，提示肢蹄疼痛；两前肢后踏、两后肢前伸或四肢集于腹下，提示蹄叶炎；病畜四肢常频频交替负重，提示风湿病。

2. 站立不稳

病畜躯体歪斜或四肢叉开，倚柱靠壁而站立，提示小脑、前庭或迷路神经核损伤；病鸡扭头曲颈，两肢屈曲，站立不稳，甚至躯体滚转，可见于鸡新城疫、维生素B_1缺乏或呋喃类药物中毒。

图3-1 马破伤风时的姿势

3. 骚动不安

牛若出现后肢踢腹、拧腰，多是腹痛表现；母牛弓背举尾，两后肢外展站立，频做排尿姿势，见于重剧阴道炎或子宫炎症。马(骡)表现为前肢刨地，回顾腹部，不时起卧，为腹痛的表现，见于腹痛性疾病。

4. 异常躺卧

病畜躺卧，不能站立。昏迷性躺卧常见于脑病(脑膜脑炎、传染性脑脊髓炎等)后期、某些代谢病[乳牛生产瘫痪(图3-2)、酮血病、仔猪低血糖病(图3-3)]及某些中毒病等；意识清楚的躺卧，见于颈部脊髓损伤、蹄叶炎及重度软骨症时；后躯瘫痪呈犬坐姿势，见于脊髓损伤、马肌红蛋白尿病等。

图3-2 乳牛生产瘫痪

图3-3 仔猪低血糖病时的姿势

5. 步态异常

病畜呈现跛行，多为四肢疾病表现；步态不稳，运步不协调(共济失调)，左右摇摆，形似醉酒状，多为中枢神经系统疾病或中毒、垂危病畜。

6. 强迫性运动

病畜盲目徘徊、直线前进或行转圈运动，见于脑病、多头蚴病及食盐中毒等。

二、被毛和皮肤的检查

(一)被毛的检查

健康家畜的被毛均整齐、柔润而富有光泽，家禽的羽毛平顺而有光泽，除换毛季节外(家畜多在春末,家禽多在秋末),生长牢固不易脱落,抚摸畜体仅有少量的被毛脱落。

被毛蓬松粗乱、失去光泽、易脱落、脆而易断、换毛(羽)迟缓,或在非换毛季节大量脱毛均是病理现象。临床常见于营养不良、慢性胃肠病、慢性消耗性疾病(结核、鼻疽、布鲁菌病、严重的内寄生虫感染等)、皮肤病(湿疹)、外寄生虫感染(螨病、毛虱、鸡羽虱)等。某些微量元素缺乏或中毒时也可能出现脱毛现象,如锌缺乏时,羊、猪全身脱毛,牛大片脱毛,家禽翼羽和尾羽脱落;妊娠母畜碘缺乏时,新生羔羊广泛脱毛,新生仔猪全身无毛;慢性硒中毒时,仔猪全身脱毛,牛、马尾根及尾部毛簇脱落;慢性铜中毒时,驴全身脱毛。

检查被毛时,还应注意被毛污染情况。当病畜腹泻时,肛门附近、尾根及飞节可被粪便污染。马(骡)腹痛时,由于起卧频繁,腹部被毛被泥土、粪水污染。

(二)皮肤的检查

皮肤的检查方法有视诊和触诊,检查的内容包括皮肤的颜色、温度、湿度、气味、弹性及疹泡、肿胀、皮肤损伤等病变。

1. 气味

家畜皮肤都有各自固有的气味。在家畜患少数特定疾病时,皮肤散发出特殊气味。如牛患酮血病时,皮肤有烂苹果味;皮肤坏疽性病变时,有腐败性恶臭;患尿毒症或膀胱破裂时,皮肤有尿骚味。

2. 颜色

家畜体表大部被浓密被毛覆盖,难以清楚地观察到皮肤的颜色变化。皮肤颜色的检查仅对白色皮肤且被毛稀疏的动物有诊断意义。白猪颈侧、腹侧、股内侧皮肤上出现指压不褪色的小点状出血,多见于败血性疾病,如猪瘟;出现较大的指压褪色的红斑,见于亚急性猪丹毒;皮肤呈青白或蓝紫色(发绀),见于猪亚硝酸盐中毒及重症心、肺等器官疾病;仔猪耳尖、鼻盘发绀,见于仔猪副伤寒。

鸡冠、肉髯及耳垂为鲜红色,若呈蓝紫色,出现于鸡新城疫、禽霍乱或中毒性疾病;颜色变淡,多为营养不良和贫血的表现。

3. 温度

健康家畜皮肤各个部位血管丰富程度与散热量不同,皮肤的温度也不尽相同,一般股内侧皮温较高,头、颈、躯干次之,尾部及四肢等末梢部位最低,但耳、鼻、唇常温热。动物在活动状态、兴奋、天气炎热时皮温增高,天气寒冷时皮温降低。检查皮温宜用手背或手掌行触诊。临床判定皮温的部位:牛、羊为角根、耳及四肢;猪为耳、鼻端;马可触摸耳、鼻、胸侧及四肢;禽类为肉髯。

病理状态下,皮温的变化有皮温增高、降低或皮温不均。全身皮温增高,见于发热性疾病,如猪瘟、猪丹毒等;局限性皮温增高,见于局部炎症。全身皮温降低,见于心力衰竭、大失血、休克及牛生产瘫痪;局部皮肤发凉,可见局部水肿或神经麻痹。皮温不均表现为两耳温度不一致,一耳热,一耳凉,或者是一耳时热时凉,或者胸壁温度凉热不一,见于发热性疾病的体温上升期。

4. 湿度

通过观察及触诊进行湿度检查。

皮肤的湿度主要取决于汗腺的发达程度及出汗的多少,各种动物汗腺的分布不一,出汗有差异。健康动物在安静状态下,汗液随即蒸发,当天气炎热,空气湿度过大,重役、惊恐等情况下,汗腺分泌加强,皮肤湿度增加,在耳根、肘后、股内侧多汗。

病理状态下多汗见于发热性疾病、剧痛性疾病、日射病与热射病、有机磷中毒、破伤风及伴有高度呼吸困难的疾病等,轻者在耳根、肘后、股内侧多汗,重者全身出汗。当动物虚脱、胃肠及其他内脏器官破裂及濒死期时,全身出大量黏腻冷汗,并伴有结膜苍白,四肢末梢发凉等症状。局限性多汗,多为局部病变或神经机能失调所致。皮肤干燥多见于脱水性疾病。

在牛应特别注意对鼻镜的观察,健康牛鼻镜湿润,并均匀地附有少许水珠,触之有凉感。牛鼻镜干燥甚至龟裂,多见于发热性疾病、前胃弛缓、瓣胃阻塞及皱胃疾病。鼻镜汗不成珠,或时干时湿,见于感冒时。

健康猪的鼻盘也表现湿润、凉感。猪鼻盘干燥,常见于发热性疾病。

5. 弹性

检查皮肤弹性的部位:牛在最后肋骨部、小动物在背部、马在颈部。检查时将皮肤捏提成皱襞,然后放开,观察恢复原状的时间长短,正常时很快恢复。放开后恢复变慢,多见于营养不良性疾病或脱水性疾病,临床皮肤弹性测试主要用于判定脱水程度。

6. 疹泡

疹泡多于被毛稀疏的部位,检查时应注意眼、唇、蹄部、趾间、乳头等处。皮肤上常见的疹泡有丘疹、荨麻疹、水疱、脓疱等。

(1)丘疹 为皮肤乳头层浆液浸润,形成突出于皮肤表面的硬而小的圆形隆突,小米粒到豌豆大不等,见于马传染性口炎、马流行性感冒、痘病或湿疹初期等。

(2)荨麻疹 多由于变态反应引起毛细血管扩张及损伤而发生真皮或表皮内水肿所致。其特征是皮肤表面散在鞭痕状隆起,豌豆大至核桃大,表面平坦,界限清楚,有剧痒,迅速发生而又迅速消退,不留任何痕迹。动物皮肤接触荨麻后出现此种病变,因此称荨麻疹;亦见于某些饲料中毒、注射血清或疫苗、昆虫刺螫等。

(3)斑疹 因弥散性皮肤充血和出血所致。只见局部发红。用手指压迫红色即退的称为红斑,见于猪丹毒;小而呈粒状的红斑称蔷薇疹,见于绵羊痘;皮肤上呈现密集的出血性小点,指压不褪色的为猪瘟。

(4)水疱 为豌豆大小内含透明浆液性液体的小泡,呈淡黄色或淡红色、褐色,见于口蹄疫、痘病、湿疹等。当水疱内容物由浆液变为黄色或淡绿色时则为脓疱。

(5)皮肤溃疡 一般是由局部炎症、血液循环障碍、化学因素刺激和压迫所造成的组织坏死崩解的结果。其边缘清楚,表面污秽并伴有恶臭,见于猪坏死杆菌病、马皮肤鼻疽和褥疮等。

7. 皮肤的肿胀

皮肤出现的肿胀有下列几种(表3-1):

(1)皮下水肿 又称浮肿。其特征为皮肤紧张,颜色变淡,表面扁平,指压留痕,呈捏粉样硬度,触诊无热、痛反应。浮肿可因重度营养不良、心脏疾病、肾脏疾病、局部静脉或淋巴液回流受阻等原因引起。牛、羊患肝片吸虫病和牛创伤性心包炎,多发生下颌间隙、颈下及胸垂部水肿;猪患水肿病时,眼睑或面部水肿;马、骡常发于胸下、腹下、阴囊、阴筒及四肢下部;雏鸡皮下淡绿色水肿见于硒及维生素E缺乏症。

(2)炎性水肿 其特征为皮肤紧张,局部隆起,触之有热、痛反应。炎性水肿见于体表局部炎症或受损伤。

表 3-1　皮下肿胀物鉴别诊断表

病变名称	范围大小与位置	触诊感觉	移动性	穿刺物
皮下浮肿	面积大,突起不明显,无热、无痛	捏粉样变,凉感	不能移动	无穿刺物
皮下气肿	面积大,突起不明显,无热、无痛	气肿感(捻发音)	不能移动	无穿刺物
脓肿	局限,突起明显	初期坚实感,后期变软	浅表的可移动,深部的不能移动	脓
炎性水肿	局限,突起明显	捏粉样	不能移动	水样液体
血肿	局限,突起明显	初期波动感,后期坚实感	不能移动	血
淋巴外渗	局限,突起明显	波动感	不能移动	淡黄色的淋巴液
疝	局限,突起明显	可复性的松软,不可复性的坚实	顶部可动,基部不可动	无穿刺物
肿瘤	局限,突起明显	坚实感或波动感	表皮的可移动,深部的不能移动	无穿刺物
骨质增生	局限,突起明显	硬骨感	不能移动	无穿刺物

（3）皮下气肿　气体积聚于皮下与肌肉之间。其特征为皮肤紧张,局部隆起,边缘轮廓不清,触诊柔软有气体窜动的感觉和捻发音,依发生原因不同可分为窜入性气肿和腐败性气肿。

①窜入性气肿:其特征为无炎症变化,局部无热、无痛,亦无机能障碍。大多是由于食管、气管、肺发生破裂后,气体沿食管、气管、纵隔的周围组织窜入皮下组织;有时候也发生于肘后、腋窝或肩胛附近,主要是由于发生开裂性创伤后,在动物运动时空气被吸入所致。窜入性气肿见于气胸、牛甘薯黑斑病中毒。

②腐败性气肿:这种气肿有明显的局部炎症反应,切开时流出暗红色泡沫样恶臭液体。常发生于肌肉丰满的臀部、股部及肩部,主要是由于感染产气菌导致局部组织腐败分解产生的气体积聚于皮下组织。这种气肿见于牛气肿疽、恶性水肿、蜂窝织炎等。

（4）脓肿、血肿、淋巴外渗　共同的特征是肿胀局限、触之有不同程度的波动感、局部的温度不高。

①脓肿:特征是在形成初期有明显的热、痛、肿胀,多呈圆形突起,触诊坚实,而后从中央部开始逐渐变软,穿刺或自溃后流出脓汁,见于局部创伤或感染。

②血肿:多由跌打损伤引起,形成迅速,其特点是发热、疼痛,皮肤变成青紫色。初期局部微热且有波动感,穿刺物为血液,以后随血液凝固而逐渐变硬、变凉,与周围健康组织界限清楚,主要是由于皮下静脉破裂出血所致。

③淋巴外渗:特征是逐渐肿大,波动明显,局部温度不高,穿刺物为淋巴液,但穿刺之后可能再次胀满,多由于淋巴液回流受阻所致。

（5）疝　触之柔软,发生在特定部位(腹部、脐部、阴囊等),通过触摸疝环及整复试验与其他肿胀相鉴别。

（6）肿瘤　触压坚实,甚至坚硬,呈圆形、椭圆形或不规则乳头状,有的表面破溃。

（7）骨质增生　触压如骨样感觉,坚硬。

动物诊疗技术

8. 皮肤损伤

皮肤损伤通过视诊和触诊容易识别，但其病因复杂，并可发生在口蹄疫、痘病、猪瘟、猪丹毒等重要传染病病程中。在临床上如何根据皮肤损伤的性质、类型、发生特点迅速找出病因十分重要。

(1)首先应判定皮肤损伤的类型　对于皮肤损害，不仅要注意其发生部位、大小、形状、色泽、边界是否清楚、表面和基底情况等，而且还要根据各自的特征判定皮肤损伤的类型。然后，根据皮肤损伤类型及畜别，做出鉴别诊断。如猪皮肤上出现不规则正方形或菱形红斑是猪丹毒的特征；耳根、四肢内侧及胸腹下的红疹是猪瘟的特征；2～4月龄猪耳根及胸腹部出现玫瑰疹，提示副伤寒；饲料疹与药物疹有采食相应饲料或用药的病史；山羊的舌、唇、齿龈部出现菜花样、乳头状的圆形或椭圆形肉芽肿，常提示山羊传染性口疮；绵羊或山羊头部、四肢内侧、乳房等部位先后出现丘疹、水疱、脓疱、结痂等皮肤损伤是痘病的指征。

(2)全面观察，综合判断　发现皮肤损伤，应仔细观察和收集以下资料进行综合分析：

①疾病发生的时间和地点，了解疾病发展的过程。急性皮损多为急性感染所致，或由过敏反应引起。慢性皮损主要见于外寄生虫、营养缺乏等。

②动物瘙痒的程度。一般在螨病、食物或药物过敏、湿疹等疾病过程中，动物有瘙痒摩擦、啃咬、搔抓等瘙痒症状。

③疾病发生的范围及发病率。一般来说，传染病存在地区流行性，而外寄生虫病仅在同群或同圈舍中流行。如偶蹄动物口腔、蹄部及乳房等部位出现水疱、糜烂等病变时应考虑口蹄疫。同群或同舍的动物患病，应主要考虑外寄生虫或饲料及环境条件的改变。

④许多皮肤病有特殊的发病部位。过敏性皮炎主要发生在面部、后背和会阴部等；内分泌紊乱性皮炎一般发生在躯干、头部和肢体末端的少毛或无毛部位；螨病首先在头部、耳廓、四肢末端等部位感染，逐渐蔓延至全身。

(3)实验室诊断　对于出现皮肤损害症状的病畜，只通过病史调查和临床检查资料，常常不能确诊疾病。应根据具体病例，进行相应的实验室检查。螨病可在病变与健康部皮肤交界处取样检查病原；对癣可进行直接涂片镜检或真菌培养鉴定；对细菌可以做直接镜检或培养鉴定，还可以做血清学检验；对病毒可进行细胞毒性试验、鸡胚接种及其他相应的检验；对过敏性皮肤病，可检查循环血液中的酸性粒细胞数，也可以采用简单易行的皮肤划痕试验或贴斑试验。

三、眼结膜的检查

眼结膜是易于检查的可视黏膜，具有丰富的毛细血管，其颜色变化除反映其局部的病变外，还可推断全身的血液循环状态及血液某些成分的改变，在诊断及预后判定上都有一定的意义。

(一)检查方法

首先观察眼睑有无肿胀、外伤及眼分泌物的数量、性状，然后检查眼结膜。检查牛时可一手握牛角，另一手握鼻中隔并扭转头部或用两手握牛角并向一侧扭转，使头偏向侧方即可观察巩膜、角膜和第三眼睑；欲检查睑结膜时，用拇、食指拨开上、下眼睑观察(图3-4)。检查羊、猪小动物，可用两手拇、食指分别拨开上、下眼睑观察。检查马、骡的眼结膜时，一手持缰,另一手食指置于上眼睑,拇指放于下眼睑,食指向眼窝稍加压力,拇指同时拨开下眼睑,眼结膜即可显露(图3-5)。

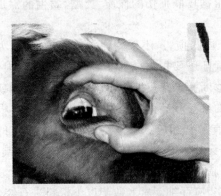 

图3-4　牛眼结膜检查手法　　　　图3-5　马眼结膜检查手法

(二)正常状态

健康动物双眼明亮,不羞明、不流泪,眼睑无肿胀,眼角无分泌物。正常眼结膜颜色:牛的颜色较淡,呈淡粉红色,水牛颜色较深;猪、羊呈粉红色;马、犬结膜呈淡红色。

(三)病理变化

1. 眼结膜常见颜色变化

眼结膜颜色的病理变化常见有以下几种:

二维码3-1　正常牛结膜　　二维码3-2　牛恶性卡他热结膜充血　　二维码3-3　结膜苍白

(1)潮红　是结膜毛细血管充血的象征。除局部的结膜炎之外,多为全身性血液循环障碍的表现。弥漫性潮红,常见于热性病、胃肠炎及重症腹痛病等;结膜潮红并见小血管扩张充血者,呈树枝状充血,可见于脑炎、日射病、热射病及伴有血液循环严重障碍的一些疾病(心脏病)或心机能不全。

(2)苍白　是贫血的象征。迅速发生苍白,见于大失血及内出血;渐进性苍白,可见于慢性失血、营养不良性贫血、再生障碍性贫血、溶血性贫血及慢性消耗性疾病过程中,亦可见于牛、羊肝片吸虫病、蛔虫病、内脏损伤等。

(3)黄染　是血液中胆红素浓度增高的结果。眼结膜黄染常见于肝病、胆道阻塞性黄疸、新生驹免疫性溶血、马传染性贫血、焦虫病和肠炎后期、妊娠毒血症等。

(4)发绀　眼结膜呈蓝紫色,是血液中还原血红蛋白增多的结果。眼结膜发绀见于肺炎、肺循环障碍、某些中毒(如亚硝酸盐中毒)、肠炎后期、心脏疾病等。

发绀是机体缺氧的典型表现,应根据临床检查进行全面分析,了解发绀出现的快慢,确定发绀的原因。急性发绀并伴有意识障碍和衰竭表现,见于某些药物或化学物质引起的急性中毒、休克及急性肺部感染。注意区分由异常血红蛋白引起的发绀和血液中还原血红蛋白增多所致的发绀，前者常有使用药物或接触化学物质的病史，发绀明显，通常无明显的呼吸困难，后者无接触史，常伴有高度呼吸困难。还可进行高铁血红蛋白、硫化血红蛋白的实验室检查。

二维码 3-4　结膜出血　　　二维码 3-5　角膜变蓝

（5）出血　结膜上呈现出血点或出血斑，是因血管受到毒素作用使其通透性增大所致。可见于猪瘟、马传染性贫血、血斑病及梨形虫病等。

2. 眼病时的病理变化

在进行眼结膜检查时，除注意其颜色的变化外，还应注意观察其他病理变化。如眼睑及结膜明显肿胀，羞明流泪，眼角部有多量分泌物，可见于流感、猪瘟、犬瘟热等。

角膜混浊或生翳膜，甚至穿孔、溃疡，可见于角膜炎及各种眼病时。结膜炎、虹膜炎、青光眼、白内障、周期性眼炎、混睛虫病、牛眼线虫病、眼睛外伤等眼病都可直接视眼确诊。白天视力正常，夜间乱撞者为夜盲症（维生素A缺乏症）。

瞬膜外露见于破伤风（图 3-6），眼睛上视、斜视见于肝炎、脑炎，瞳孔散大见于中毒和重危病症。

瞬膜外露　　　　　头部姿态

图 3-6　马破伤风

四、浅表淋巴结的检查

每个淋巴结有各自特定的引流区域，毛细淋巴管以盲端起始，其管壁为单层内皮细胞并具叠瓦状结构，因而具有通透性较大，病原微生物及毒素在没有侵入血液之前就已经侵入淋巴，使得淋巴结成为机体患病后最早的反应中心。浅表淋巴结的检查，在确定感染性疾病和对某些传染病的诊断方面有一定的意义。

（一）检查方法

淋巴结的检查主要用触诊法，必要时采用穿刺检查。检查时应注意淋巴结的大小、形状、硬度、敏感性及在皮下的移动性。

淋巴结体积较小，多数淋巴结位置较深，临床上只能检查少数位置浅表的淋巴结。牛一般检查颌下淋巴结、肩前淋巴结、膝襞淋巴结、乳上淋巴结（图 3-7），猪可查腹股沟淋巴结，马检查颌下淋巴结。

1. 颌下淋巴结

检查时将手指伸入下颌间隙内侧，前后滑动触摸即可触及。正常牛的颌下淋巴结如核桃大，马的呈扁平椭圆形，约拇指头大小，可移动。

2. 肩前淋巴结

牛肩前淋巴结位于冈上肌的前缘，腹侧达颈静脉沟，检查时将病畜头颈略向检查侧弯曲,使肩前皮肤松弛。然后在肩胛关节的前上方,将手指沿冈上肌前缘探入组织中,前后滑动触感。当发现淋巴结后,用中、食指深深插入其两侧,固定好后仔细检查。马肩前淋巴结位于肩关节前方臂头肌深部,正常时很难触及。

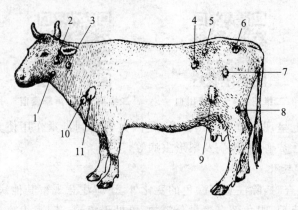

图 3-7 牛的体表淋巴结位置

1. 颌下淋巴结;2. 腮腺淋巴结;3. 颈上淋巴结;4. 髂下淋巴结;5. 髂内淋巴结;6. 坐骨淋巴结;
7. 髂外淋巴结;8. 腘淋巴结;9. 膝襞淋巴结;10. 颈下淋巴结;11. 肩前淋巴结

3. 膝上淋巴结

膝上淋巴结又叫股前淋巴结(髂下淋巴结),位于股阔筋膜张肌前缘的疏松组织中,大约在髋结节和膝盖骨连线的中间,位置浅在,易于触诊。检查时,面向动物尾方,一手放于腰部作为支点,另一手放于髋结节和膝关节中点处,沿股阔筋膜张肌前缘,用手指前后滑动触诊。也可用一手由膝皱襞的内侧向上深深插入,另一手由膝皱襞外侧配合,上下滑动触摸(图 3-8)。

4. 腹股沟浅淋巴结

公马的腹股沟浅淋巴结呈两个泡状物。位于精索前后,检查时,在腹壁下精索前后触摸;母畜则称乳房上淋巴结,乳牛的乳房上淋巴结位于乳房座后方,大小 6～10 cm,检查时,从正后方将手伸向乳房座附近,把皮肤及皮下疏松结缔组织捏成皱襞,滑动触诊;因猪的乳房上淋巴结位于倒数第二对乳头的外侧,可于乳房基部用手指左右触压判定(图 3-9)。

图 3-8 牛髂下淋巴结检查

图 3-9 仔猪腹股沟淋巴结检查

(二)病理变化

在病理状态下,淋巴结常发生下列病变。

1. 急性肿胀

淋巴结体积增大,触之有热、痛反应,较硬,活动性变小。淋巴结的急性肿胀提示附近组织、器官一般有急性感染。颌下淋巴结的急性肿胀见于牛结核病,肩前淋巴结肿胀见于牛泰勒焦虫病,猪瘟、猪丹毒时腹股沟淋巴结肿胀,全身淋巴结肿胀见于败血性疾病。

图 3-10　马颌下淋巴结肿大

2. 慢性肿胀

淋巴结肿大、坚硬、表面凹凸不平,与周围组织粘连,无移动性,无热、痛反应,淋巴结的慢性肿胀一般提示附近组织、器官有慢性感染。颌下淋巴结的慢性肿胀(图 3-10)见于马慢性鼻疽、牛慢性结核病及放线菌病,还可见于淋巴结周围组织的慢性炎症过程中。全身淋巴结的慢性肿胀,常见于淋巴性白血病。

3. 化脓

淋巴结重剧的急性肿胀,有热、痛反应,后期触诊有波动感,肿胀部皮肤紧张,穿刺可抽吸出脓汁,有时会破溃流出脓汁。如马腺疫的颌下淋巴结化脓。

五、体温、脉搏及呼吸数的测定

体温、脉搏、呼吸是动物生命活动的重要生理指标,在动物患病时,这些指标常最先发生变化,测定这些指标,在诊断疾病和判定预后方面有重要意义。

(一)体温的测定

1. 测定方法

动物体各部温度不一,理论上右心房血温最能代表动物的平均体温。直肠温度接近右心房血温而且测定方便,通常体温测量以直肠温度为动物的平均体温,如遇直肠发炎、频繁下痢或肛门松弛时,母畜可测阴道温度(比直肠温度低 0.2～0.5℃)。家禽可测翼下温度(比直肠温度约低 0.5℃)。

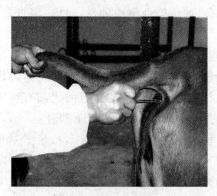

图 3-11　牛体温测量法

测温前,对动物进行适当保定,先将体温计水银柱甩至 35℃ 以下,然后用酒精棉球擦拭消毒并涂上润滑剂,检温者站于动物的正后方(牛)或左侧后方(马),一手将动物尾根提起并推向对侧,另一手持体温计徐徐捻转插入肛门中(图 3-11),一般插入体温计长度的 2/3 即可,放下尾巴,将附有的夹子夹在尾毛上或臀部被毛上。经 3～5 min 后取出,读取度数。

测量鸡的体温时,左手臂将鸡抱于怀内,鸡头朝左,鸡尾向右并稍向上,右手将体温计缓缓捻转插入肛门中测温。

2. 正常体温

健康动物的体温,清晨较低,午后稍高;幼龄动物较成年动物稍高;妊娠母畜较空怀母畜稍高;动物兴奋、运动、劳役后体温比安静时略高。这些生理性变动,一般在 0.5℃ 内,最高不超过 1℃。各种动物正常体温见表 3-2。

3. 病理变化

体温的病理变化有体温升高(发热)和体温降低两种。

表 3-2　各种动物正常体温　　　　　　　　　　　　　　　　　　　℃

动物种类	体温	动物种类	体温
黄牛、乳牛	37.5～39.5	鹿	38.0～39.0
水牛	36.0～38.5	犬	37.5～39.0
绵羊	38.5～40.0	猫	38.5～39.5
山羊	38.5～40.5	兔	38.0～39.5
猪	38.0～39.5	鸡	40.5～42.0
马	37.5～38.5	鸭	41.0～43.0
骡	38.0～39.0	鹅	40.0～41.0

（1）体温升高　体温升高有发热和体温过高两种情况。致热原(病原微生物及其毒素、代谢产物或组织细胞分解产物)作用于体温调节中枢,使体温调定点上移,产热增多,散热减少,体温超过正常体温 0.5℃,同时伴有全身症状,称为发热。发热由致热原引起,过热是由于产热增多或散热减少所致,如中暑及广泛性皮肤病等。

①热候。发热时除出现体温升高外,还出现一系列的综合症状,称为热候。如发热时动物表现精神沉郁,皮温增高或皮温不均,末梢冷感,寒战,多汗,呼吸、脉搏增数,消化紊乱,食欲减退或废绝,尿少色深,尿中出现蛋白质,甚至出现肾上皮细胞及管型,白细胞增多等。

②发热程度。根据体温升高的程度,可将发热分为微热、中热、高热和极高热四种。

微热:体温升高 0.5～1℃,见于局限性炎症及轻症疾病,如口炎、鼻炎、胃肠卡他等。

中热:体温升高 1～2℃,见于消化道和呼吸道的一般性炎症(如胃肠炎、咽喉炎、支气管炎)及某些亚急性、慢性传染病(如慢性马鼻疽、牛结核、布鲁菌病)。

高热:体温升高 2～3℃,见于急性传染病(如猪瘟、猪肺疫、牛肺疫、马腺疫、流行性感冒)和广泛性炎症(如小叶性肺炎、大叶性肺炎、急性弥漫性腹膜炎与胸膜炎等)。

极高热:体温升高 3℃以上,见于严重的急性传染病(如传染性胸膜肺炎、炭疽、猪丹毒、脓毒败血症)、日射病和热射病等。

③热型。将发热动物每日上午、下午所测得体温逐日记录在体温记录表,将相邻点连接后绘制成曲线图,曲线的表现形式称为热型。许多发热性疾病的体温曲线都有特殊的热型表现,热型可分为以下四种。

稽留热:高热持续 3～5 d,每日温差变动在 1℃以内(图 3-12),是因致热原在血液内持续存在,并不断地刺激体温调节中枢所致。稽留热见于大叶性肺炎,传染性胸膜肺炎,炭疽,流行性感冒,牛肺疫,猪瘟,猪丹毒,急性马传染性贫血及牛、羊、马焦虫病,猪弓形体病等。

弛张热:体温升高后,持续 7～10 d,每天的温度变动常超过 1℃以上,但又不降至正常(图 3-13)。弛张热见于败血症、化脓性疾病、支气管肺炎及非典型经过的某些

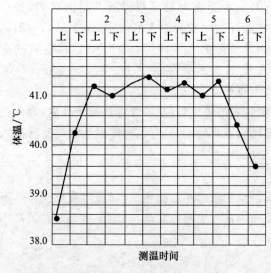

图 3-12　稽留热型

动物诊疗技术

传染病(如马腺疫)等。

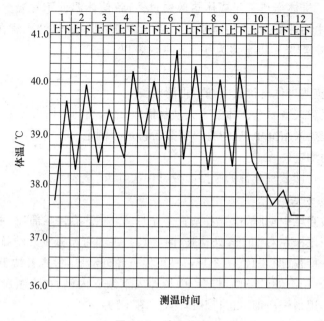

图 3-13　弛张热型

间歇热:发热期与无热期交替出现(图 3-14)。间歇热见于牛伊氏锥虫病、亚急性和慢性马传染性贫血、亚急性和慢性钩端螺旋体病等。

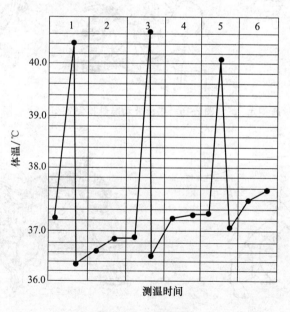

图 3-14　间歇热型

不规则热:体温的变化不规则,每日温差或小或大,无一定规律。不规则热可见于一些非典型性的疾病,如牛结核、慢性猪瘟、传染性胸膜炎等。

发热程度和热型只具有相对的诊断意义,动物个体不同、反应性不同,以及临床药物治疗等的影响,发热程度和热型必定有所改变。应对具体病例具体分析,才能对疾病做出正确的诊断。

(2)体温降低　机体产热不足或体热散失过多,致使体温低于常温。见于大失血、内脏破裂、严重脑病及中毒性疾病、产后瘫痪及休克、濒死期等。发热性疾病在发热期的体温突然下降,或体温下降至35℃以下多为预后不良的表现。

4．注意事项

①门诊病畜,应适当休息待其安静后再测定。

②测温时应注意人畜安全。体温表大动物插入 2/3,小动物插入 1/2,不宜过深。

③勿将体温表插入宿粪中,应待排出宿粪后再进行测定。

(二)脉搏数的测定

脉搏数的测定是计数每分钟的脉搏次数,以"次/min"表示。

1．测定部位及方法

牛和骆驼可检查尾中动脉,检查者站在牛正后方,左手抬起尾部,右手拇指放于尾根背面,用食、中指在距尾根左右 10 cm 处检查(图 3-15),牛亦可检查颌外动脉(图 3-16);羊、猪、犬可在后肢股动脉检查(图 3-17、图 3-18);马可检查颌外动脉,检查者站于马头一侧,一手握笼头,另一手拇指置于下颌骨外侧,将食、中指伸入下颌支内侧,在下颌血管切迹内侧,前后滑动,触及动脉后,用指轻压即可进行脉搏测定(图 3-19)。

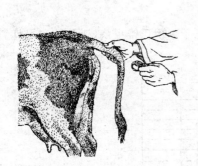  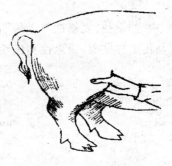

图 3-15　牛尾中动脉脉搏测定　　图 3-16　牛颌外动脉脉搏测定　　图 3-17　猪脉搏测定

图 3-18　羊脉搏测定　　　　图 3-19　马颌外动脉脉搏测定

2．正常脉搏数

动物的脉搏数受年龄、兴奋、运动、劳役等生理因素的影响,会发生一定程度的变化。各种动物正常脉搏数见表 3-3。

表 3-3　各种动物正常脉搏数　　　　次/min

动物种类	脉搏数	动物种类	脉搏数
黄牛	40～80	马	26～42
奶牛	60～80	骡	42～54
水牛	30～50	鹿	36～78
犊牛(2～12月龄)	80～110	猫	110～130
羊	70～80	犬	70～120
猪	60～80	兔	120～140
仔猪(1～2月龄)	80～120	禽(心跳)	120～200

3. 病理变化

(1)脉搏增多　可见于多数发热性病,某些心脏病、严重贫血,剧痛性疾病及某些中毒病等。

(2)脉搏减少　主要见于颅内压增高的脑病、有机磷农药中毒及胆血症,亦可见于窦性心动过缓及心脏传导阻滞。

(三)呼吸数的测定

呼吸数即每分钟的呼吸次数,又称呼吸频率,以"次/min"表示。

1. 测定方法

可观察胸腹部起伏动作而测定,一起一伏为一次呼吸;也可将手放于鼻孔前适当位置,感觉呼出气流(图3-20),呼出一次气流为一次呼吸;寒冷季节可观察呼出气流来测定;必要时也可通过听诊喉、气管呼吸音来测定。鸡的呼吸数可观察肛门下部羽毛起伏动作来测定。

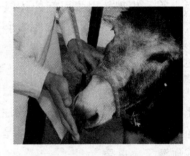

图 3-20　呼吸数测定

2. 正常值

动物的呼吸数,受畜别、品种、性别、年龄、体质、营养状态、动物的生产性能及所处状态以及外界环境中温度、湿度和地理特点的影响,可出现一定的变动。幼畜呼吸数比成年动物稍多;妊娠母畜可增多;运动、使役、兴奋时可增多;当外界温度过高时,某些动物(如水牛、绵羊等)可显著增多;奶牛吃饱后取卧位时,呼吸次数明显增多。健康成年动物的呼吸数见表3-4。

表 3-4　各种动物正常呼吸数　　　　次/min

动物种类	呼吸数	动物种类	呼吸数
黄牛、奶牛	10～30	犬	10～30
水牛	10～50	猫	10～30
骆驼	6～15	兔	50～60
绵羊、山羊	12～30	貂	30～50
猪	18～30	鹿	15～25
马、骡、驴	8～16	鸡、鸭、鹅	15～30

3. 病理变化

(1)呼吸次数增加　见于肺部疾病、热性病、贫血与失血性疾病、腹压显著增高使膈运动受阻的疾病、疼痛性疾病等,中毒、心脏病亦可引起呼吸增数。

(2)呼吸次数减少　多见于颅内压显著增高的疾病(如脑炎、脑水肿等)、某些代谢病(如产后瘫痪、酮血病)及高度吸入性呼吸困难。

任务二　常见一般症状的鉴别诊断

▶ 一、发热的鉴别诊断

发热是动物众多疾病的共同症状,也是机体对病原发生的适应性反应。临床上引起发热的原因很多,伴发的临床体征复杂。

1. 排除生理性的体温升高

生理状态下,动物的体温受年龄、性别、品种、生产性能、生理状态、外界环境气温以及昼夜变化的影响而有变动。如幼龄动物的体温高于成年动物,生产性能高的体温较高,动物在兴奋、运动和使役后体温升高,外界环境气温升高时体温随之上升,清晨体温低而傍晚高等。生理性因素引起的体温升高往往是暂时的,而且不伴有热候,容易与病理性发热区分。因此,发现体温升高的动物,必须先排除各种生理性因素(运动、兴奋、恐惧等)的影响。

2. 发热在畜群中是群发还是散发

散发性发热常见于组织损伤、免疫反应性疾病和一般的炎症性疾病;群发性发热一般见于全身性感染、环境温度过高或注射疫苗以后。如果能排除外界高温或烈日暴晒以及畜群免疫接种的病史,则可认为发热是由某种病原微生物引起的全身性感染,首先应考虑传染病或血液寄生虫病。

3. 发热的程度和持续时间

根据发热程度,可以判断疾病的性质、范围和严重性,缩小考虑范围,如微热提示病程轻微或为局限性炎症,而高热见于某些重剧的急性传染病,也见于环境高温,或是某种药物反应(如肾上腺素用量过大,常可发生极高热,体温可达43℃以上)。根据发热程度可以推断疾病是急性的还是慢性的,如急性发热多提示急性传染病,而慢性发热常为慢性疾病。

4. 热型

热型是体温曲线的表现形式。不同的热型与疾病的性质相关,如出现间歇热首先应考虑血液原虫病,出现稽留热应考虑急性烈性传染病或大叶性肺炎。

5. 退热效应

退热效应,是指动物体温降至常温及其降温后的反应,对临床诊断、判断疗效及预后都有重要意义。退热效应一般有以下几种情况。

(1)自发退热　这是一种疾病经过中的定型退热效应,如大叶性肺炎在7~9 d高热稽留后,体温骤降或渐降至常温,不再升高。

(2)间歇热的无热期　严格说来,这种退热效应也是一种自发退热,但在体温自发退至常温后一段时间会再度发热。

（3）药物退热　使用解热镇痛药等退热，可以出现数小时的退热效应，但在药效过后可再度发热。

（4）特异性退热　在全身性感染、血液原虫病时使用抗生素或抗原虫药后，病原体被抑制或杀死，炎症被控制并消散，体温自然下降，不再升高。

6. 有无温差倒转

健康动物的体温清晨最低，傍晚最高，昼夜温差在 $0.2\sim0.3$℃。在某些疾病（如慢性马传贫）时出现上午体温高，下午体温低的现象，称为温差倒转。

7. 注意发热时的伴随症状

注意发热时的主要伴随症状，并进行综合分析，常可提示比较明确的诊断方向。

二、脱水的鉴别诊断

脱水是许多疾病共有的临床症状之一，脱水的程度是体液损失量的标志。

1. 脱水的原因

严重脱水最常见于各种原因引起的腹泻和呕吐（主要是犬、猫），另外在动物肠阻塞、肠变位及反刍动物的瘤胃积食、瓣胃阻塞、皱胃阻塞及过食谷物性酸中毒等疾病过程中均可发生严重的脱水。

2. 脱水的临床表现

动物眼球凹陷，可视黏膜潮红或发绀；皮肤干燥而皱缩，皮肤皱褶试验恢复延迟，皮肤弹性降低；尿量减少或无尿；体重迅速减轻，肌肉无力；食欲下降；严重脱水时心率超过 100 次/min。

3. 脱水程度判定

可根据临床表现、测定血细胞压积和血清总固体物做出评价（表3-5）。在临床上对大多数脱水而言，损失严重和需要补充的不仅仅是水分，更重要的是电解质，但对电解质紊乱和酸碱平衡失调的程度进行临床评价是比较困难的。因此，对严重的脱水性疾病应通过实验室检查血清总蛋白质、钠、钾、氯化物、碳酸氢根离子浓度及血液 pH 等进行准确评价，为临床补液提供依据。

表 3-5　脱水程度的判定与补液

体重减轻/%	眼窝凹陷及皮肤皱褶	皮肤皱褶试验持续时间/s	红细胞压积容量/%	血清总固体物/(g/L)	恢复脱水需要补充的总液体量/(mL/kg)
4~6	+	—	40~50	70~80	20~25
6~8	++	2~4	50	80~90	30~50
8~10	+++	6~10	55	90~100	50~80
10~12	++++	20~25	60	120	80~120

4. 脱水的预后判断

脱水尤其严重的急性脱水，往往会导致酸中毒、休克等而危及动物生命。因此，对于脱水动物，应根据以下体征和实验室检查结果，做出准确的预后判定。重剧腹泻、肠变位等引起的脱水,伴有体温升高或低下、持续无尿、心率显著增加、皮肤皱褶试验恢复时间超过20 s者,一般预后不良;红细胞压积大于60%,表示重度脱水(在高海拔地区生活的动物除外),达到80%者,预后不良;血液乳酸超过 7.77 mmol/L 者,预后慎重;脱水病马血压低于10.7 kPa 者,多预后不良。

三、水肿的鉴别诊断

1. 水肿的发生特点

如水肿出现的时间、急缓、开始部位和蔓延情况,全身性或局部性,是否有对称性,有无心、肾、肝、内分泌疾病的病史,水肿发生与饲料及使用药物有无关系等。

2. 水肿的类型及发生原因

(1)根据水肿的发生部位和前面所述的特点 判定水肿原因是心源性、肾源性、肝源性、营养不良性,还是炎性、过敏性或妊娠性,缩小考虑范围。

(2)全身性水肿或局限性水肿 全身性水肿,常由心、肝、肾的疾病引起,或是营养不良的结果,应根据心率、心音、静脉压、有无肝肿大和腹水、肝功能指标及尿液检查等区分皮下水肿的类型。局限性水肿,应注意有无发热,局部红、肿、热、痛和机能障碍,皮肤划痕试验等加以区分。

3. 伴发的症候群

①咽喉、颈、胸前、腹下、乳房等局部皮肤炎性水肿,初有热痛,后热痛消失,发生坏死和溃疡,伴有高热,应考虑炭疽。

②外伤感染,病初伤口周围弥散性炎性水肿,坚实、热痛,后变柔软,指压留痕,并有捻发音,无热痛,伴有高热和严重的全身症状,提示恶性水肿。

③牛或猪的咽、颈和胸前迅速发生炎性肿胀,有热痛,伴有高度呼吸困难和高热,常提示牛出败或猪肺疫。

④断奶仔猪头颈部水肿,尤其是眼睑和结膜,伴有共济失调、惊厥、麻痹、叫声嘶哑,应考虑猪水肿病。

⑤牛、羊渐进性消瘦、贫血、结膜苍白略带黄染,下颌间隙出现无热无痛的水肿,可蔓延到胸前和腹下,常提示肝片吸虫病。

⑥马出现"河马头"及"象腿",应考虑血斑病。

⑦牛的颈静脉如索状,颈垂、胸前和腹下水肿,伴有心动过速、心包摩擦音或拍水音,提示牛创伤性心包炎。

⑧眼睑等皮下疏松部位水肿,少尿或无尿,肾区压痛,高血压,尿中有蛋白质和尿圆柱,应考虑急性肾炎。

四、休克的鉴别诊断

大多数休克的原因是易于查清的,少数病畜的休克病因较为复杂,有时可能由两种或两种以上的病因所致。

1. 失血性休克

有无外伤、手术等引起的外出血。胃肠道出血引起的呕血和黑粪或便血;呼吸道出血引起的咯血;泌尿道出血引起的血尿;生殖道出血引起的阴道流血等及腹腔(肝、脾破裂等)、胸腔、腹膜、纵隔等出血、动脉瘤破裂出血等内出血。这些首先考虑为失血性休克。

2. 创伤性休克或烧伤性休克

撕裂伤、挤压伤等引起的肌肉和内脏损伤、骨折、手术引起的休克,应考虑创伤性休克;皮肤大面积烧伤,应考虑烧伤性休克。

3. 感染性休克

以发冷、发热为主者应考虑为感染性休克。应通过实验室进行病原学检查。

4. 心源性休克

在表现混合性呼吸困难的同时,病畜伴有明显的心血管系统症状,运动后心跳、气喘更为严重。应考虑心内膜炎、心肌炎、创伤性心包炎和心力衰竭等引起的心源性休克。

5. 神经性休克

精神兴奋或抑制多提示为脑膜充血、炎症,颅内压升高,代谢障碍,以及各种中毒。如日射病、热射病、脑膜脑炎、流行性脑脊髓炎、反刍兽酮病、急性铅中毒、猪食盐中毒、水牛猪屎豆中毒、狂犬病等,考虑为神经性休克。

6. 过敏性休克

动物因服用或注射一些药物、疫苗之后出现剧烈的变态反应,一般认为是过敏性休克。

7. 中毒性休克

中毒性休克要结合病史、临床症状和毒物分析确定。

五、贫血的鉴别诊断

贫血的诊断包括了解贫血的程度、类型及查明贫血的原因,只有查明病因,才能合理和有效地治疗贫血。因此,贫血诊断的关键是确定病因。

1. 询问病史

主要是询问贫血发生的时间、病程及症状,包括有无外伤引起的出血、便血和血尿,有无化学物质、放射线物质或某些特殊药物的接触史,是否饲喂含有溶血素的某些植物(如甘蓝、油菜、洋葱等)。外伤引起的出血性贫血发展较快,可能在很短时间内危及动物的生命。营养不良性和再生障碍性贫血发展缓慢,新生幼畜溶血性贫血多在出生吸吮初乳后8~48 h内突然发病。

2. 临床检查

主要检查皮肤、黏膜的颜色及呼吸、心跳和体温的变化。黏膜急剧苍白主要考虑失血性贫血,应及时查明出血部位,以便采取相应的措施。黏膜急剧苍白的同时伴有明显的黄染,可能是溶血性贫血,应主要判断有无血红蛋白血症、血红蛋白尿和体温反应,如出现血红蛋白血症并伴有发热,可能是感染性溶血性贫血(如钩端螺旋体病、附红细胞体病、马传染性贫血等),同时有相应疾病的临床症状;如果体温正常或低下,可能是溶血毒素或抗原抗体反应引起的溶血性贫血。黏膜逐渐苍白，主要见于营养性贫血（如铁缺乏、铜缺乏等）、慢性失血性贫血（如消化道寄生虫感染）、慢性溶血性贫血（如铜中毒、铅中毒等）及再生障碍性贫血。

3. 实验室检查

实验室检查是诊断贫血的主要依据，血红蛋白含量和红细胞计数是确定贫血的可靠指标。根据血红蛋白含量、红细胞计数和红细胞压积容量计算出红细胞体积（MCV）和红细胞血红蛋白浓度（MCHC），有助于贫血的诊断及分类。如系小细胞低色素性贫血，应进一步测定相关的指标，如血清铁蛋白、血清及肝脏铁和铜含量，以确定病因。如系巨细胞性贫血，则可能是叶酸或维生素 B_{12} 缺乏。

外周血液涂片检查可观察红细胞、白细胞、血小板数量及形态学的改变，可为判断贫血的性质和类型提供线索。如红细胞嗜碱性点彩见于铅中毒；缺铁性贫血红细胞大小不均，中央淡染区扩大；血液寄生虫病可在红细胞中发现虫体。

对感染性疾病引起的贫血应通过病原微生物检查，确定病因，如马传染性贫血和钩端螺旋体病的血清学检查。

4. 治疗验证

根据对贫血病因的判断，采取相应的治疗措施，观察疗效，验证诊断。

▶ 六、黄疸的鉴别诊断

临床上确认黄疸并不困难，应在充足的自然光线下检查皮肤和黏膜，绝大多数动物皮肤覆盖被毛或沉着色素，不易辨认，主要应检查眼结膜和巩膜。在确定黄疸的基础上根据血液生化、尿液检查和临床症状，结合辅助检查，确定黄疸的病因和性质。三种黄疸的实验室检查区别见表 3-6。

表 3-6　三种黄疸的实验室检查区别

项目	溶血性黄疸	肝细胞性黄疸	胆汁淤积性黄疸
总胆红素	增加	增加	增加
结合胆红素	正常	增加	明显增加
尿胆红素	—	＋	＋＋
尿胆原	增加	轻度增加	减少或消失
谷丙转氨酶（ALT）、谷草转氨酶（AST）	正常	明显增高	可增高
碱性磷酸酶（ALP）	正常	增高	明显增高
γ-转肽酶（γ-GT）	正常	增高	明显增高
胆固醇	正常	轻度增加或降低	明显增加
血清白蛋白	正常	降低	正常
血清球蛋白	正常	升高	正常

任务名称:一般检查

考核内容	评价标准	评价者与权重		技能得分	任务得分
		教师评价（80%）	学生评价（20%）		
整体状态的检查	能够正确、规范地进行整体状态的检查,对检查结果分析和判断正确				
被毛、皮肤的检查	能够正确、规范地进行被毛、皮肤检查,对检查结果的分析和判断正确				
眼结膜的检查	能够正确、规范地进行眼结膜的检查,对眼结膜颜色的病变分析和判断正确				
浅表淋巴结的检查	能够正确、规范地进行浅表淋巴结的检查,对检查结果分析和判断正确				
体温、脉搏、呼吸数的测定	能够正确、规范地进行体温、脉搏和呼吸数的测定,对检查结果分析与判断正确				
发热、脱水、水肿、休克、贫血、黄疸的鉴别诊断	能正确对发热、脱水、水肿、休克、贫血、黄疸等常见症状进行分析和判断				

【知识拓展】

兽用电子体温计

电子体温计(图 3-21)是利用温度传感器输出电信号,直接输出数字信号或者再将电流信号(模拟信号)转换成能够被内部集成的电路识别的数字信号,然后通过显示器(如液晶、数码管、LED 矩阵等)显示被测物体温度数值的一种设备。

兽用电子体温计多应用于养殖场、屠宰场、检疫部门、畜禽运输部门等。

电子体温计有软头体温计、硬头体温计、多功能语音体温计、红外线非接触体温计。不同类型的电子体温计产品参数不同。

电子体温计测温部位一般在动物的耳根、尾根、脊背、后腹、大腿内侧、口腔、翼下、肛门

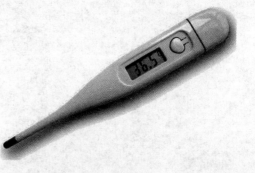

图 3-21 电子体温计

等处。

不同的电子体温计,使用方法不同。

(1)软头电子体温计的使用方法 首先将体温计软头部位插入直肠5～8 cm后,按下开关(ON/OFF)键,听到"嘀"声后开始测量,当再次(一般为20～40 s)听到持续"嘀……"声后测量结束。抽出体温计,查看测量结果后,按开关键(ON/OFF)关闭(或5 min后自动关机)。

(2)多功能语音体温计的测量方法 测温范围35～43℃,按住"—"键不松手2 s后,切换选择:探针动物体温。用探针插入动物直肠5～8 cm。按测量键(TEST)。插入20 s内显示测量结果,语音播报。

(3)兽用红外测温仪的测量方法 一般标称的测量距离是0～15 cm,环境温度是0.0～50.0℃,必须在这两个范围内测量动物才可以测得准确的结果。兽用红外线非接触式体温计(图3-22)在测量待测动物体温前应在圈舍环境静置10～30 min,让兽用红外线非接触式体温计适应圈舍内温湿度后再开始测量。

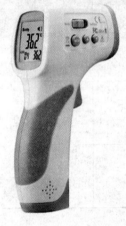

图3-22 手持红外线非接触电子体温计

红外线测温仪是通过准确测定动物特定部位的体表温度,修正体表温度与实际温度的温差来准确测量动物的准确体温的,而动物的体表皮层一般比较厚或体表有很厚的毛层,这些都会或多或少影响测量的准确度,所以为了测量的精确度,测量的时候一定要找准测量点。

动物的测量部位:猪测定部位为耳根(脖颈横向水平线枕骨后耳颈部)、尾根(坐骨部或尾根肛门之间)、后腹部(横向水平线最后肋骨到后膝盖),中、小猪可测腹下、脊背(体中线肩与尾根之间);牛、羊为大腿内侧;犬为大腿内侧;家禽测翼下。

将探测窗口对准动物被测量部位,按住把柄前的测温键,体温计电源自动开启,显示屏上即显示出动物的实际体温。

测量部位若潮湿或水肿会引起测量体温偏低,以干燥部位为准。

注意事项:不能放在太阳下暴晒,也不可以放在潮湿的地方,否则会缩短产品使用寿命;当LCD显示屏出现模糊时,请用软布擦拭;注意及时更换电池,勿将废电池投入火中,以免引起爆炸;红外线探头防护镜片是体温计最易损坏的部分,必须小心保护探头镜片,探头镜片的清洗用棉签或软布蘸水或低度酒精轻轻擦拭。

Project 4

血液循环系统检查

➤ 【学习目标】

　　掌握心搏动的检查方法;熟悉心音的听诊部位和心音特征,会区别异常心音并能做出判断;熟悉脉搏的检查部位和方法,会判断脉搏性质;理解静脉搏的异常表现;能正确地进行血液的采样和处理,会进行血液的常规化验,并能对结果进行正确的分析和判断。

【学习内容】

　　1. 心的检查;

　　2. 血管的检查;

　　3. 血液常规检查。

血液循环系统包括心、血管和血液。心和血管是一个闭锁的管道系统，在心的不断收缩和舒张之下，推动血液沿心室—动脉—毛细血管—静脉—心房的途径进行快速的循环，完成血液的运输、防御、调节三大机能，保证机体的正常生理活动。

心血管系统的机能状况影响全身各器官的机能；其他器官的疾病，特别是某些传染病和其他的重症疾病过程中，也引起心血管系统的机能紊乱和形态学的变化，甚至因心机能衰竭而死亡。血液不断循环于机体各组织器官，临床上除机体造血机能的变化能引起机体血液的成分发生变化外，机体其他部分的机能变化和疾病均能影响到血液成分发生变化。因此血液循环系统的检查，不仅对血液循环系统本身机能的判定十分重要，而且对观察疗效、推断疾病预后有十分重要的意义。

任务一　心的检查

一、心搏动检查

心搏动是指随每次心室的收缩而引起心区附近胸壁和被毛的轻微震动。

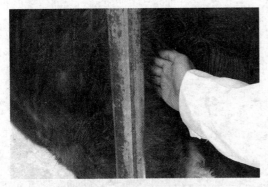

图 4-1　心搏动触诊

1. 检查方法

被检动物取站立姿势，左前肢向前伸出半步，充分显露心区。检查人员位于动物左侧方。视诊时，仔细观察左侧肘后心区被毛及胸壁的震动情况；触诊时（图 4-1），左手放于动物的鬐甲部，右手的手掌紧贴于被检物的左侧肘后心区，感知胸壁震动的强度及频率。

健康动物心搏动的震动强度，受动物营养状态和胸壁厚度的影响。动物在运动、兴奋或恐慌时，有生理性的搏动增强。

2. 病理变化

（1）心搏动增强　可见于各种原因引起的心机能亢进，如热性病的初期，剧烈的疼痛性疾病及心脏疾病和贫血等的代偿期。心搏动的过度增强，可随心搏动而引起病畜全身的震动，称为心悸。

（2）心搏动减弱　表现为心区的震动微弱，见于各种原因引起的心脏衰弱及垂危病畜，及传导障碍，如渗出性心包炎（如牛创伤性心包炎）、胸腔积液。

（3）心搏动移位　多由于心被邻近器官或病理产物压迫所致。向前移位，见于牛急性瘤胃臌气、马急性胃扩张和各种动物的肠臌气等；向右移位，见于左侧肺气肿或左侧胸腔积液等。

（4）心区压痛　触诊检查心搏动时，如病畜出现回视、躲闪或抵抗等疼痛反应时，为心区压痛表现。心区压痛见于心包炎或胸膜炎时。

二、心的叩诊

心的叩诊检查在于判断心体积的大小及疼痛反应。

1. 检查方法

被检动物取站立姿势,左前肢向前伸出半步,充分显露心区。大动物宜用锤板叩诊法,小动物用指指叩诊法。

沿肩胛骨后角向下的垂线进行叩诊,直至心区,同时标记由清音转变为浊音的一点;再沿与前一垂线呈45°角左右的斜线,由心区向后上方叩诊,并标记由浊音变为清音的一点;连接两点所形成的弧线,即为心脏浊音区的后上界(图4-2)。

2. 正常状态

牛心叩诊区在左侧第3至4肋间,胸廓下1/3的中央部,只有相对浊音区,且其范围较小。羊的类似于牛。

猪在左侧胸壁下方第3至4肋间,呈现不太清楚的相对浊音区。但肥猪因胸壁较厚,心脏叩诊无任何实际意义。

马的心叩诊区,在左侧呈近似的不等边三角形,其顶点相当于第3肋间距肩关节水平线向下3~4 cm处;由该点向后下方引一弧线并止于第6肋骨下端,为其后上界。

犬、猫的绝对浊音区,在左侧第4至6肋间,前缘达4肋骨,上缘达肋骨和肋软骨结合部,后缘无明显界限。

在心区反复地用较强和较弱的叩诊进行检查,依产生浊音及半浊音的区域,可判定心绝对浊音区(直接与胸壁接触的部分)及相对浊音区(心大部分被肺掩盖的部分,标志着心的真正大小)(图4-3)。相对浊音区在绝对浊音区的后上方,呈带状,宽3~4 cm。

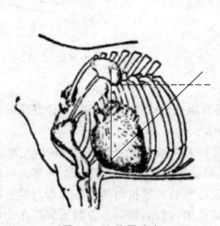

图4-2 心位置确定

图4-3 心的叩诊区

1. 绝对浊音区;2. 相对浊音区

3. 病理变化

(1)心叩诊浊音区缩小 肺体积增大,对心遮盖的部分增多,主要提示肺气肿(绝对浊音区缩小)。

（2）心叩诊浊音区扩大　心体积增大的表现，可见于心肥大、心扩张以及渗出性心包炎、心包积水（相对浊音区扩大）；也可能是肺缩小的表现，见于肺萎缩性疾病。

（3）心区敏感　当心区叩诊时，动物表现回顾、躲闪或反抗等疼痛表现，是心区敏感反应，见于心包炎或胸膜炎等。

（4）心区鼓音　当牛患创伤性心包炎时，除浊音区扩大，呈敏感反应外，有时可呈鼓音或浊鼓音。

三、心的听诊

心听诊检查的目的在于通过听诊心音来判断心音的频率、强度、性质、节律和心杂音等，以此来判断心机能、瓣膜及血液循环状态。

1. 听诊方法

动物取站立姿势，左前肢向前伸出半步，充分显露心区（图4-4、图4-5）。将听诊器集音头按压于心区听诊。若心音微弱而听不清时，可使动物做短暂的运动，在运动之后立即听取。

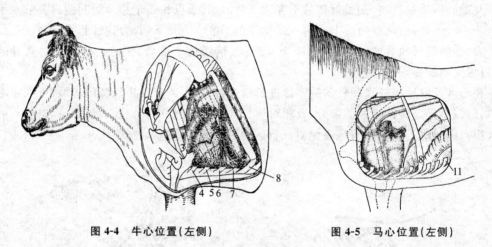

图4-4　牛心位置（左侧）　　　　　图4-5　马心位置（左侧）

2. 正常心音的产生及辨别

听诊健康家畜的心时，在每个心动周期内都可听到两个有节律相互交替出现的不同性质的声音，称为心音。分别称第一心音和第二心音。

第一心音产生于心室的收缩期，亦称心缩音。其主要是由于心室收缩时，左右房室瓣（二、三尖瓣）的同时关闭与振动所产生，此外，主动脉瓣和肺动膜瓣开放，由心室内射出的血液冲击主、肺动脉壁所引起的血管壁的振动，以及心室肌的紧张与振动等均参与第一心音的形成。由于房室瓣几乎在心室开始收缩后就立即关闭，因此，第一心音的出现可作为心室开始收缩的标志。

第二心音产生于心室舒张期，亦称心舒音。其主要是由于心室舒张时，主动脉和肺动脉瓣的同时关闭与振动所产生，此外，房室瓣的开放，因室内压的突然降低，使血液在动脉基部的振荡等亦参与第二心音的产生。由于主、肺动脉瓣几乎在心室开始舒张时就立即关闭，因此，第二心音的出现可作为心室开始舒张的标志。

此外,尚有第三心音和第四心音。第三心音发生于第二心音之后,是在心室舒张的早期,血液自心房急速流入心室,致使心室壁(包括乳头肌和腱索)振动而产生的;第四心音发生于下次第一心音之前,是由于心房收缩所产生的。这两种心音都很微弱,在正常时很难听到,只有在心率减慢或心音描记时,才易听出或描记出来。因此,在临床上一般只能听到第一、二心音。如果第三、四心音变得明显,则属病理状态。

健康马属动物的第一心音的音调较低,持续时间较长,音尾延续,第二心音的音调较高,持续时间较短,音尾突然终止,第一心音与第二心音之间的间隔时间较短,而第二心音与下次第一心音之间的间隔时间较长;牛、羊的心音基本与马属动物相同,但黄牛和乳牛的心音一般较马的心音清晰,尤其第一心音明显,水牛的心音则不如马和黄牛的心音清晰,并且较弱;猪的心音较钝浊,而且两心音间的间隔大致相等;犬的心音较清晰,且第一心音与第二心音的音调、强度、间隔及持续时间大致相等。

正常情况下,依据前述心音的特点及间隔时间辨别第一、二心音并不困难。但心率代偿性加快(如马的心率超过 80 次/min 以上)后,两心音的间隔时间几乎相等,特别是两心音的强度和音性也变得非常相近(胎样心音)时,则第一、二心音不易区分。在此情况下,可依据第一心音产生于心室收缩之际,与心搏动和脉搏同时出现,而第二心音产生于心室舒张之时,其出现在心搏动和脉搏出现之后的特点,一面听心音,一面触诊心搏动或脉搏,与心搏动或脉搏同时产生的心音便是第一心音,而在心搏动或脉搏后出现的心音则为第二心音。

3. 心音的最佳听取点

在心区内的任何一点都可听到两个心音(图 4-6)。但为了判定心各瓣膜音的变化及心内杂音的产生部位,必须确定各瓣膜音的最佳(最强)听取点。心各瓣膜所产生的声音,常沿血流的方向传导到心区胸壁的一定部位,在此部位听诊时其相应瓣膜音最清楚,临床上称此部位为该瓣膜音最佳(最强)听取点。由于心音沿血流的方向传导,实际听到各瓣膜音最清楚的部位,并不完全与心各瓣膜在心区胸壁上的投影部位一致。可按表 4-1 确定各种家畜心各瓣膜音的最佳听取点。

4. 心音的病理性改变

病理情况下,常可发生心音的频率、强度、性质或节律的变化。

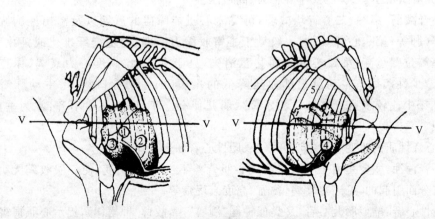

图 4-6 马心音最佳听取点

VV. 肩端水平线;1. 主动脉瓣口;2. 二尖瓣口;3. 肺动脉瓣口;4. 三尖瓣口;5. 第 5 肋间;6. 心浊音区

表 4-1　家畜心音的最佳听取点

家畜	第一心音		第二心音	
	二尖瓣口	三尖瓣口	主动脉瓣口	肺动脉瓣口
牛、羊	左侧第 4 肋间,主动脉瓣音最佳点下方	右侧第 3 肋间,胸廓下 1/3 的中央水平线上	左侧第 4 肋间,肩端水平线下 1~2 指处	左侧第 3 肋间,胸廓下 1/3 的中央水平线下方
猪	左侧第 4 肋间,主动脉瓣音最佳点下方	同牛、羊	左侧第 4 肋间,肩端水平线下 1~2 指处	左侧第 3 肋间,接近胸骨处
马	左侧第 5 肋间,胸廓下 1/3 的中央水平线上	右侧第 4 肋间,胸廓下 1/3 的中央水平线上	同牛、羊	同牛、羊
犬	同马	右侧第 4 肋间,肋骨和肋软骨结合部稍下方	左侧第 4 肋间,肩端水平线直下	左侧第 3 肋间,靠近胸骨的边缘处

（1）心音频率的测定及改变　心音频率是依每分钟的心动周期数而计测的,每呈现第一和第二两个心音,即表示一个心动周期,依此测定每分钟的心跳次数。计测每分钟心率,高于正常,称为心率过速,心率过快,往往是心储备力不良的标志;低于正常,称心率徐缓,一般见于迷走神经兴奋、心传导功能障碍时。

（2）心音强度的改变　包括心音增强和心音减弱。心音强度的改变,由心收缩的强度和传导介质状态所决定。心音强度改变表现为两个心音同时增强或减弱,也可以表现为某一心音的增强或减弱。

①心音增强:第一、二心音增强,见于非心脏病和心脏病代偿时,如热性病初期,伴有剧痛性疾病及心肥大;单纯的第一心音增强,其主要致病因素包括心室收缩力增强和心排血量增加、房室瓣张开较大且位置低时、乳头肌机能失调、单纯性二尖瓣狭窄、心动过速而第二心音减弱的疾病;单纯的第二心音增强,系肺动脉压及主动脉血压升高所致,可见于肺气肿、肺瘀血、二尖瓣闭锁不全或肾炎、左心肥大、高血压。

②心音减弱:第一、二心音均减弱,可见于心机能障碍的后期以及渗出性胸膜炎或心包炎、肺气肿等;第一心音减弱,一般见于心室收缩力减弱、房室瓣纤维化或钙化、心室收缩时房室瓣位置过高;第二心音减弱甚至消失,见于大失血、高度心力衰竭、休克与虚脱（血容量减少性疾病）、主动脉根部血压降低的疾病（如主动脉口狭窄、主动脉瓣闭锁不全）,在临床中比较多见。第二心音显著减弱并伴有心率过速、心律不齐,常为垂危之兆,预后谨慎。

（3）心音性质的改变　包括心音浑浊、胎性心音和奔马律。

①心音浑浊:主要是由于心肌变性或心肌营养不良、瓣膜病变,使心肌收缩无力或瓣膜活动不充分而引起的,见于热性病、贫血、高度衰竭症等。

②胎性心音:酷似胎儿心音,又类似钟摆"滴答"声,故称"钟摆律",提示心肌损害。

③奔马律:又称为三音律,听到的是一种低调而沉闷的声音,常出现于心率较快时,三个心音如同"勒-滴-嗒"（le-de-da）三个字联读的联律,状如马奔跑时的蹄声,是舒张期由心室振

动所产生。舒张期奔马律的出现常常表示心肌功能衰竭或即将衰竭,见于严重的心肌损害,提示预后不良,故有人称为"心脏呼救声"。

(4)心音分裂和重复　即第一或第二心音变为两个音响,这两个声音的性质与心音完全一致。间隔较短的称为心音分裂,间隔较长的称为心音重复。其诊断意义相同,故现在一般将二者概括地称为心音分裂,而不加详细区分。

①第一心音分裂:实际上只能听到第一心音的延长或模糊,第一部分较响,第二部分低浊,呈"特拉-塔"(tra-ta)的音响,是由左(二尖瓣)、右(三尖瓣)房室瓣关闭时间不一致所造成,见于重度心肌损害而致的传导机能障碍,具体包括完全性右束支传导阻滞、起源于左心室的异位心律、一侧心室衰竭、三尖瓣狭窄、肺动脉高压症、先天性心脏病。在健康马、牛因运动、兴奋或一时性血压升高,而出现第一心音分裂,但安静后便自然消失,并无诊断意义。

②第二心音分裂:在正常情况下,主动脉瓣比肺动脉瓣关闭略早。如果两者的时距超过0.03 s,便能听到该音分裂为二,即称为第二心音分裂。类似"塔-特拉"(ta-tra)的音响。其原因有生理性分裂(吸气性分裂),至于病理性分裂,造成肺动脉瓣关闭延迟的原因包括右束支完全性传导阻滞、左心室异位搏动、肺动脉口狭窄、肺动脉高压并发右心衰竭、房间隔缺损等。造成主动脉瓣提早关闭的原因包括二尖瓣闭锁不全、室间隔缺损等,主要反映主动脉与肺动脉根部血压有较悬殊的差异,如左、右心室某一方的血液量少或主动脉、肺动脉某一方的血压低,则其心室收缩时间短,而其动脉根部的半月瓣提早关闭,遂造成第二心音分裂,可见于重度的肺充血或肾炎。

(5)心杂音　心杂音是伴随心活动而产生的正常心音以外的附加音响。依形成部位不同,可分为心外性杂音和心内性杂音。

①心外性杂音:可分为心包摩擦音和心包拍水音等。

A. 心包摩擦音。是心包壁层与脏层,由于炎症和渗出的纤维素附着,使之变粗糙,随心脏搏动,两层膜面摩擦而出现杂音,可见于牛纤维性心包炎。另外,当机体高度脱水、心包腔干燥时,也会出现心包摩擦音。

B. 心包拍水音。当心包腔内蓄积液体时,随心脏的搏动而引起振荡所产生的音响,常在心尖部明显,较粗糙,如皮革摩擦音。见于牛创伤性心包炎渗出期或心包积水。如果心包腔内同时积有多量气体,则往往能听到金属音,见于腐败性心包炎。

②心内性杂音:心内瓣膜及其相应的瓣膜口发生形态改变或血液性质发生变化时,伴随心脏的活动而产生的杂音。心内性杂音依心内膜有否器质性病变而分为器质性杂音与非器质性杂音。

A. 器质性心内杂音,这是由于某一瓣膜或其周围组织增生、肥厚、粘连或缺损造成瓣膜闭锁不全或瓣膜口狭窄而引起的一种杂音。其主要原因涉及先天性心脏缺陷及后天性瓣膜病,如室间隔缺损、细菌性心内膜炎。

瓣膜闭锁不全——心在收缩或舒张过程中,因瓣膜间留有孔隙,血液通过孔隙逆流,形成漩涡而产生杂音。房室瓣闭锁不全时,杂音出现于心缩期(听诊时呈全收缩期递减型吹风样杂音,二尖瓣比三尖瓣的病变发生多);半月瓣闭锁不全时,杂音出现于心舒期(听诊时呈递减型高音调吹风样杂音,有时是哨音)。

瓣口狭窄——心在收缩或舒张过程中,因瓣口狭窄,血液流经此狭窄瓣口时,形成漩涡而产生杂音。房室口狭窄,杂音出现于心舒期(听诊时呈递增型、雷鸣样杂音);动脉口狭窄时,杂音出现于心缩期(听诊时呈喷射性杂音、粗糙、刺耳,或嘈杂声,主动脉瓣的病变比肺动脉瓣严重,发生的也比较多)。

B. 非器质性心内杂音,这是一种因机能变化而引起的可随病情好转而消失的暂时性杂音,又称机能性心内杂音。

相对闭锁不全性杂音——是由于心肌高度扩张,房室瓣不能完全闭锁房室口,形成相对性的房室瓣闭锁不全,当心收缩血液逆流时产生杂音,见于心扩张(易听到杂音)、心肌弛缓或心腔内血液瘀滞。

贫血性杂音——是当血液变稀薄时,随心收缩而流速加快,振动大动脉瓣和动脉壁而产生的杂音,见于严重贫血。

另外,在发热、甲状腺机能亢进、运动、兴奋、怀孕等状态下,由于心排血量增加,血流加快;在发热、营养不良状态下,由于乳头肌弛缓,从而发生收缩期杂音。不同心杂音的区别见表 4-2。

表 4-2　心杂音鉴别诊断表

杂音鉴别要点	器质性心内杂音	非器质性心内杂音
出现时间	一般见于心收缩期和舒张期	一般见于心收缩期
持续时间	较长	短促
强度	可以达到三级以上	在休息时罕有超过二级的
性质	尖锐、粗糙、锯木样或搔抓样	柔和、吹风样或乐音样
传导性	可沿血流方向传导较远	局限性,传导不远,在心排血量增多时,可在较广范围听到
稳定性	经常存在	经休息或治疗后消失
运动或应用强心剂	杂音增强	杂音改变不定

(6)心音节律的改变　在一些致病因素的影响下,如果心的冲动发生和传导分布程序不正常,则心音常出现快慢不等、强弱不定、间隔不一致,称为心律失常或心律不齐。常见的有以下几种。

①窦性心律不齐:冲动从窦房结发出,但其发生的速率不一致,而引起心率在较短时间内出现增快与减慢的交替现象,又称呼吸性心律不齐。其特点是心率在正常范围;节律稍呈加快或减慢交替出现,即吸气时快而呼气时慢;利用某些因素(如运动、注射阿托品)的影响而使心率加快时,多能消失。这种情况常见于健康犬、猫和幼驹,在成年马则见于慢性肺气肿、肺炎等。

②期前收缩:由窦房结以外的异位兴奋灶发出的过早兴奋而引起比正常心搏动提前出现的搏动。期前收缩经常取代了该次本来应发生的正常收缩,因而在其后面有一个比平常延长的间歇期,称代偿间歇期。听诊时的特点:期前收缩如果发生在心室舒张的初期,则第二心音消失,成为单心音,同时,脉搏短绌;期前收缩如果发生在心室舒张后期,则第一心音较强,第二心音减弱,同时脉搏细弱。诊断意义:偶发的、散的期前收缩常见于健康马,特别是过劳、紧张状态时。频繁的、有规律的、多发性期前收缩常为病理性的,见于器质性心脏病、心力衰竭、缺钾及药物中毒等。

一、动脉脉搏的检查

1. 脉搏频率

脉搏频率检查见一般检查。

2. 脉搏性质

根据脉搏的大小、强度、充盈状态及脉管的紧张性,脉搏性质的变化主要有下列几种。

(1)强大脉和弱小脉　脉搏的强弱是指脉搏波动力量,大小是指脉管壁振幅的大小而言。强大脉也称洪大脉,其特点是脉搏冲击检指的力量强,抬举检指的高度大,是心收缩力强,心输出量大,收缩压高,脉压差大的表现,可见于热性病初期、心肥大和心机能亢进。弱小脉是弱、小、充盈不足的脉搏,其特点是脉搏冲击检指的力量弱,抬举检指的高度小,为心收缩力减弱,心输出量少,收缩压低,脉压差小的表现,见于心力衰竭及失血,若脉搏不感于手,常为病危之兆。

(2)软脉与硬脉　脉搏的软硬是由动脉管壁的紧张度决定的,根据脉管对手指的抵抗力来判定。软脉以检指轻压即消失,为脉管紧张度降低,脉管弛缓的表现,见于心力衰竭、长期发热及大失血;硬脉又称弦脉,对指压的抵抗力大,为血管紧张度增高的表现,见于破伤风、急性肾炎及伴有疼痛性疾病过程中。

(3)实脉与虚脉　脉管虚实是指脉管的充盈度大小,主要是由心输出量和循环血量所决定。实脉脉管内径大、血液充盈,为循环血量充足和心功能代偿性增强的表现,见于热性病初期及心肥大;虚脉脉管内径小,血液充盈不良,为循环血量不足的表现,见于大失血与严重脱水。

(4)迟脉与速脉　根据脉搏波形变化特性可分为迟脉与速脉。脉搏的迟速并非其频率的快慢,而是指动脉内压力的上升与下降的速度。迟脉其脉搏上升缓慢而持久,手指感到徐来慢去;速脉则急剧上升又突然下降,指下有骤来而急去之感。迟脉见于主动脉口狭窄,速脉见于主动脉半月瓣闭锁不全。

3. 脉搏的节律

脉搏的节律是指每次搏动的间隔时间的均匀性及每次搏动的强弱。健康动物,每次脉搏的间隔时间均等且强度一致,称有节律的脉搏。每次脉搏的间隔时间不等或强弱不一致,称脉搏节律不齐。节律不齐见于心脏疾病、黄疸、颅内压升高及某些中毒等。

二、浅在静脉的检查

1. 静脉充盈状态

全身静脉血液回流受阻,引起静脉管含血量增多,静脉呈充盈状态,尤以颈静脉、胸外静脉、股内静脉表现明显,常呈索状怒张,严重时可伴发局部水肿和体腔积液,常见于牛的创伤性心包炎。

2. 颈静脉搏动检查

颈静脉有时可见随心活动而由颈根部向颈上部逆行的搏动,称颈静脉搏动。当右心房收缩时,由于腔静脉血液回流入心的一时受阻及部分静脉血液逆流并波及至颈静脉所引起,所以这种搏动出现于心房收缩与心室舒张的时期,逆行搏动不超过颈的下 1/3,这是生理现象。如搏动高度超过颈下部的 1/3,多提示病态。

(1)心房性颈静脉搏动　搏动出现于心房收缩、心室舒张的过程中,并于颈中部的静脉上 1/3 用手指加压之后,近心端及远心端的搏动均消失,这是心房性(阴性)搏动的特征,见于心脏衰弱、右心瘀滞。

(2)心室性颈静脉搏动　搏动出现于心室收缩过程中(与心搏动及动脉搏动相一致),并于颈中部 1/3 的静脉上用手指加压后,其近心端的搏动仍存在,这是心室性(阳性)搏动的特点,心室性颈静脉搏动是三尖瓣闭锁不全的特征。

(3)伪性颈静脉搏动　有时因颈动脉的过强搏动可引起颈静脉处发生类似的搏动,称伪性颈静脉搏动。

三、微血管再充盈时间的测定

微血管再充盈时间的检查,在判定微循环功能状态方面具有重要的诊断意义。

1. 测定方法

保定好被检动物,助手打开口唇(家禽打开口腔),检查者观察齿龈黏膜颜色(家禽为上颚部黏膜),左手持秒表,用右手指(家禽及实验动物用铅笔的橡皮头),压迫齿龈黏膜 2~3 s,然后除去手指(橡皮头),同时按动秒表,当黏膜颜色恢复到压迫前颜色时,则按停秒表,记录所示时间,然后与正常值相比较,判定微循环功能状态。

2. 正常参考值

为便于比较,现将国内所测得常见动物的结果示于表 4-3。

表 4-3　家畜微血管再充盈时间正常参考值　　　　　　　　　　　　s

动物种类	变动范围	动物种类	变动范围
马	1.03 ± 0.10	乳山羊	1.26 ± 0.10
骡	1.04 ± 0.09	猪	1.34 ± 0.08
驴	1.02 ± 0.10	梅花鹿	1.50 ± 0.26
黄牛	1.33 ± 0.13	犬	0.68 ± 0.12
乳牛	1.35 ± 0.13	猫	1.23 ± 0.10
水牛	1.45 ± 0.08	兔	1.25 ± 0.10
牦牛	1.77 ± 0.16	鸡	1.27 ± 0.10
绵羊	1.25 ± 0.07	鸭	1.33 ± 0.08
山羊	1.28 ± 0.09	鹅	1.37 ± 0.09

资料来源:云南农业大学郭成裕等。

3. 诊断意义

在兽医临床上,微血管再充盈时间的检查,是判断微循环障碍程度的一项重要参考指标。微循环障碍,毛细血管床处于瘀血的状态下,不仅可见到可视黏膜瘀血及发绀,而且微血管再充盈时间延长,通常达 3~5 s 以上。这种情况可见于马急性出血性盲结肠炎、心力衰竭、中毒性休克等。

任务三　血液常规检查

一、血液样品的采集

供检验用的血液样品,一般采集静脉血,大动物可采集多量的血液,而小动物和实验动物的采血量少,只能根据检验的目的、动物种类和病情酌定采血量。一般根据检测项目的方法和对标本的要求不同,临床检验采用的血液标本分为全血、血清和血浆。全血主要用于血细胞成分的检查,血清和血浆则用于大部分临床化学检查和免疫学检查。各种动物的采血部位见表 4-4。

表 4-4　各种动物的采血部位

采血部位	畜种	采血部位	畜种
颈静脉	马、牛、羊	耳静脉	猪、羊、犬、猫、实验动物
前腔静脉	猪	翅内静脉	家禽
隐静脉	犬、猫、羊	脚掌	鸭、鹅
前臂头静脉	犬、猫、猪	冠或肉髯	鸡
心	兔、家禽、豚鼠	断尾	猪、实验动物

二、血液的抗凝

采集全血或血浆样品时,在采血前应在采血管中加入抗凝剂,制备抗凝管。如用注射器采血,应在采血前先用抗凝剂湿润注射器。常用的抗凝剂有草酸盐、枸橼酸钠、乙二胺四乙酸二钠和肝素。

1. 草酸盐

草酸盐与血液中钙离子结合形成不溶性草酸钙而起抗凝作用。1 mL 血液用 2 mg 草酸盐即可抗凝。常用的草酸盐为草酸钾、草酸钠等,配成 10% 溶液,根据抗凝血量加入试管或玻瓶中,置 45~55℃(不超过 80℃)烘箱内烤干备用。此抗凝剂不适宜钾、钠和钙含量的测定,并且能使红细胞缩小 6%,故也不适宜红细胞压积的测定。临床上一般用草酸盐合剂,配方为草酸钾 0.8 g,草酸铵 1.2 g,加蒸馏水 100 mL 溶解,取此液 0.5 mL 加入试管或玻瓶中,可抗凝 5 mL 血液。此抗凝剂能保持红细胞的体积不变(草酸铵使红细胞膨胀,草酸钾使红细胞皱缩),适用于血液细胞学检查,但不适用于非蛋白氮、血氨等含氮物质和钾、钙的测定。

2. 枸橼酸钠

枸橼酸钠与血液中钙离子形成非离子化的可溶性钙化合物而起抗凝作用,溶解度和抗凝度较弱,5 mg 可抗凝 1 mL 血液。使用时配成 3.8%溶液,0.5 mL 可抗凝 5 mL 全血。此抗凝剂主要用于红细胞沉降速率的测定和输血,一般不作为生化检验的抗凝剂。

3. 乙二胺四乙酸二钠(EDTA-Na₂)

与钙离子形成 EDTA-Ca 螯合物而起抗凝作用,1 mL 血液需 1~2 mg,常配成 10%溶液,取此液 2 滴加入试管或玻瓶中,置 50~60℃干燥箱中烘干备用,可抗凝 5 mL 血液。该抗凝剂对血细胞形态影响很小,常用于血液学检验。

4. 肝素

主要是抑制凝血酶原转化为凝血酶,使纤维蛋白原不能转化为纤维蛋白。0.1~0.2 mg 或 20 IU(1 mg 相当于 126 IU)可抗凝 1 mL 血液,常配成 1%溶液,加入试管或玻瓶后在 37℃左右烘干备用,适用于大多数实验诊断的检查。缺点是白细胞的染色性较差。

三、血样的处理

如分离血清,应将全血采集在试管中(不加抗凝剂),在室温下或 25~37℃温水中斜置,血清析出后即可分离。血浆应在抗凝血采集后离心分离。血液采集后应尽快送检或检测。不能立即送检的血样,血片应固定,抗凝血、血浆和血清应冷藏。送检血样应编号,并避免剧烈振摇。血液学检查项目与血样保存的期限见表 4-5。

表 4-5   血液学检查项目与采血后可保存的时间   h

检查项目	保存时间	检查项目	保存时间
白细胞计数	2~3	血红蛋白含量	48
红细胞计数	24	红细胞压积容量	24
血小板计数	1	红细胞沉降率	2~3
网织红细胞计数	2~3	白细胞分类计数	1~2

四、血液实验室检查

(一)细胞沉降率的测定

红细胞沉降率(ESR,简称血沉率)是指在室温下观察抗凝血中红细胞在一定时间内在血浆中的沉降速率。测定血沉率的方法很多,兽医临床上常用魏氏(Westergren)法。

1. 原理

红细胞沉降率与红细胞串钱状的形成、红细胞数目的多少、血浆蛋白的组成以及测定时室温的变化、血沉管倾斜的程度等因素有关。

2. 器材与试剂

①魏氏血沉器(图 4-7)、采血针头等。

②抗凝剂:3.8%枸橼酸钠液。

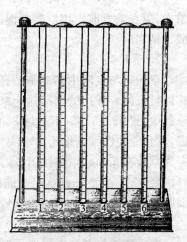

图 4-7   魏氏血沉器

3. 操作方法

魏氏法：魏氏血沉管长 30 cm,内径为 2.5 mm,管壁有 200 个刻度,刻度间距为 1.0 mm,附有特制的血沉架。

测定方法如下：

①取 3.8％枸橼酸钠液 0.4 mL 置于小试管中。

②自颈静脉采血,沿管壁加入上述试管,轻轻混合。

③用血沉管吸取抗凝血至刻度 0 处,用棉花擦去管外血液,直立于血沉架上。

④经 15、30、45、60 min,分别记录红细胞沉降的刻度数。

⑤计算平均值：

$$平均值 = \frac{a + \dfrac{b}{2} + \dfrac{c}{3} + \dfrac{d}{4}}{4}$$

a—15 min 值,b—30 min 值,c—45 min 值,d—60 min 值。

4. 注意事项

①血沉管必须垂直静立(牛、羊的血液,血沉速度很慢,可倾斜 60°,以加速沉降。注意,其正常值也相应增加);血液柱面上不应有气泡;抗凝剂的量要按规定加入,少了会产生血凝块,多了会使血液中的盐分过多,血沉变慢。

②报告结果时要注明测定方法。

5. 参考值

动物因品种不同,血沉率有较大差异,一般马属动物血沉率最快,其次是水牛,而乳牛、双峰驼、绵羊、山羊、猪及鸡的血沉率较慢。为加速沉降率和便于观察,可将血沉管架倾斜 60°放置。健康动物的血沉率参考值见表 4-6。

表 4-6　健康动物的血沉率参考值

动物	血沉值/mm				资料来源
	15 min	30 min	45 min	60 min	
马	29.7	70.7	95.3	115.6	解放军农牧大学
驴	32	75	96.7	110.7	甘肃农业大学
水牛	9.8	30.8	65	91.6	扬州大学
乳牛	0.3	0.7	0.75	1.2	甘肃农业大学
双峰驼	0.45	0.9	—	1.6	宁夏农学院
绵羊	0	0.2	0.4	0.7	新疆农业大学
山羊	0	0.5	1.6	4.2	西北农林科技大学
猪	0.6	1.3	1.94	3.36	云南农业大学
鸡	0.19	0.29	0.55	0.81	云南农业大学

6. 临床意义

(1)血沉率加快　常见于各种贫血性疾病、炎症性疾病及组织损伤或坏死(如结核病、风湿热、全身性感染等)。随着疾病的好转,血沉率逐渐变慢并恢复正常。

(2)血沉率减慢　常见于机体严重的脱水,如胃扩张、肠阻塞、急性胃肠炎、瓣胃阻塞、发热性疾病、酸中毒等。

(二)血红蛋白的测定——沙利氏比色法

血红蛋白(Hb)是红细胞的主要内含物,它是血红素和珠蛋白肽链连接而成的一种结合蛋白,属色素蛋白。正常红细胞内所含的血红蛋白占红细胞重量的32%~36%,或红细胞干重的96%。血红蛋白测定是指测定并计算出每百毫升血液中血红蛋白的质量(g)。

1. 原理

血液与盐酸作用后,释放出血红蛋白,并被酸化后变为褐色的盐酸高铁血红蛋白,与标准柱相比,求出每百毫升血液中血红蛋白的质量(g)或百分数。

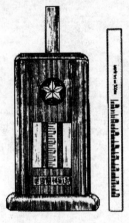

图 4-8 沙利氏血红蛋白计

2. 器材与试剂

①沙利氏血红蛋白计(图 4-8)1 套。在测定管上有两种刻度,一侧表示血红蛋白在每百毫升血液内的克数,另一侧表示百分数。国产的血红蛋白计是以每百毫升血液含 14.5 g 血红蛋白作为100%而设制。

②0.1 mol/L 盐酸或 1%盐酸一小瓶。

3. 方法

(1)向沙利氏比色管内加入盐酸 5 滴。

(2)用沙利氏吸血管吸血至 20 μL 刻度处,擦去管外黏附的血液。

(3)徐徐吹入沙利氏比色管内,不要产生气泡,再反复吸吹数次,以洗出沙利氏吸血管中的血液。轻轻振动比色管,使血液与盐酸充分混合。

(4)静置 10 min,待血液变成褐色后,缓缓滴加蒸馏水,每加 1 滴,用细玻璃棒搅动一次,直到颜色与标准色柱完全相同为止。液柱凹面所指的刻度数,即为每百毫升血液中血红蛋白的质量(g),用"g/100 mL"表示。

4. 注意事项

①吸取抗凝血时,应先将血样振荡混合后再吸取,吸血量要准确,吸血管中的血不应混有气泡,管外黏附的血液要擦去。

②血液加盐酸后,要求放置的时间不应少于 10 min,否则会使测定结果偏低。

5. 正常值

各种家畜血红蛋白的正常值在 9~12 g/100 mL 之间。

6. 临床意义

(1)血红蛋白增多 主要见于脱水,血红蛋白相对增加。也见于真性红细胞增多症,是一种原因不明的骨髓增生性疾病,目前认为是多能干细胞受累所致,其特点是红细胞持续性显著增多,全身总血量也增加,见于马、牛、犬和猫。

(2)血红蛋白量减少 主要见于各种贫血。

(三)红细胞压积容量测定

红细胞压积容量(PCV)又称红细胞比容(压容),是指红细胞在血液中所占容积的比值,测定时将抗凝血在一定的条件下离心沉淀,即可测得。

1. 原理

在 100 刻度玻璃管中,充入抗凝血至刻度,经一定时间离心后,红细胞下沉并紧压于玻

动物诊疗技术

璃管中,读取红细胞柱所占的百分比,即为红细胞压积容量。

2. 器材

①温氏(Wintrobe)管(图4-9)。管长11 cm,内径约2.5 mm,管壁有100个刻度。一侧自上而下标有0~9,供测定血沉用,另一侧标有10~1,供测定比容用。如无这种特制的管子,可用有100个刻度的小玻璃管代替。

②长针头及胶皮乳头。选用长12~15 cm的针头,将针尖磨平,针柄部接以胶皮乳头。也可用细长毛细吸管代替。

③水平电动离心机。转速能达4 000 r/min者。

3. 方法

①用长针头吸满抗凝血,插入温氏管底部,轻捏胶皮乳头,自下而上挤入血液至刻度10处。

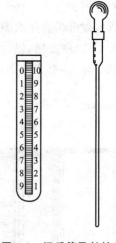

图4-9　温氏管及长针头

②置离心机中,以3 000 r/min的速度离心30~45 min(马的血液离心30 min,牛、羊的血液离心45 min),取出观察,记录红细胞层高度,再离心45 min,如与第一次离心的高度一致,此时红细胞柱层所占的刻度数,即为PCV数值,用"%"表示。

4. 注意事项

①温氏管及充液用具必须干燥,以免溶血。

②离心时,离心机的转速必须达3 000 r/min以上,并遵守所规定的时间。

③用一般离心机离心后,红细胞层呈斜面,读取时应取斜面1/2处所对应的刻度数。血浆与红细胞层之间的灰白层由白细胞与血小板组成,不应计算在内。

5. 临床意义

(1)红细胞压积增高　见于各种原因所引起的血液浓缩,使红细胞相对性增多,如急性胃肠炎、肠便秘、肠变位、瓣胃阻塞、渗出性胸膜炎和腹膜炎,以及某些传染病和发热性疾病。由于红细胞压积增高的数值与脱水程度成正比,因此在临床上可根据这一指标的变化而推断机体的脱水情况,并计算补液的数量及判断补液量的实际效果。另外。也见于各种原因所致的红细胞绝对性增多,如真性红细胞增多症、肺动脉狭窄、高铁血红蛋白血症等。

(2)红细胞压积降低　见于各种贫血,但降低的程度并不一定与红细胞数一致,因为贫血有小细胞性贫血、大细胞性贫血及正细胞性贫血之分。

(四)红细胞计数

红细胞计数(RBC)是指计算每立方毫米(1 mm³＝1 μL)血液内所含红细胞的数目。红细胞计数的方法有显微镜计数法、血沉管计数法、光电比色法、血细胞电子计数器计数法等。目前在兽医临床上使用最广泛的是显微镜计数法(计数板法)。

1. 原理

血液经稀释后,充入血细胞计数板,用显微镜观察,计数一定容积内的红细胞数并换算成每微升(μL)内的数目。

2. 器材

①改良式血细胞计数板。临床上最常用的是改良纽巴(Neubauer)氏计数板(图4-10),它是由一块特制的玻璃板构成,玻璃板中间有横沟将其分为三个狭窄的平台,两边的平台较

中间的平台高 0.1 mm。中央平台又有一纵沟相隔,其上各刻有一个计数室(图 4-11)。每个计数室划分为 9 个大方格,每一大方格面积为 1.0 mm²,深度为 0.1 mm;四角每一大方格划分为 16 个中方格,供计数白细胞用。中央一大方格用双线划分为 25 个中方格,每个中方格又划分为 16 个小方格,共计 400 个小方格,供红细胞计数之用。

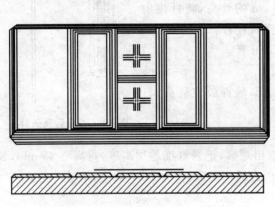

图 4-10　血细胞计数板构造　　　　　　图 4-11　记数室的划格

②血盖片。专用于计数板的盖玻片呈长方形,厚度为 0.4 mm。

③沙利(Shali)氏吸血管或红细胞稀释管,5 mL 吸管,中试管。

④显微镜,计数器等。

④稀释液:0.85%氯化钠溶液。

3. 方法

采用试管稀释法,用 5 mL 吸管吸取红细胞稀释液 3.98 mL(或 4 mL 亦可)置于试管中。用沙利氏吸血管吸取全血样品至 20 μL 刻度处(或吸血至刻度 10 处,红细胞稀释液用 2 mL)。擦去吸管外壁多余的血液,将此血液吹入试管底部,再吸、吹数次,以洗出沙利氏管内黏附的血细胞,然后试管口加塞,颠倒混合数次,再用毛细吸管(或玻棒)吸取已稀释好的血液,放于计数室与盖玻片接触处,即可自然流入计数室中(图 4-12)。注意充液不可过多或过少,过多则溢出而流入两侧槽内,过少则计数室中形成气泡,致使无法计数。

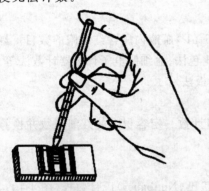

图 4-12　计数室充液法

计数时,先用低倍镜,光线要稍暗些,找到计数室的格后,把中央的大方格置于视野之中,然后转用高倍镜。在此中央大方格内选择四角与最中央的五个中方格(或用对角线的方法数五个中方格),每个中方格有 16 个小方格,所以共计数 80 个小方格(图 4-13)。计数时注意压在左边双线上的红细胞计在内,压在右边双线上的红细胞则不计数在内;同样,压在上线的计入,压在下线的不计入,此所谓"数左不数右,数上不数下"的计数法则。

4. 计算

1 mm^3 血液中红细胞个数 $= X/80 \times 400 \times 200 \times 10$

式中：X——5个中方格（即80个小方格）内的红细胞总数；

　　　400——1个大方格，即 1 mm^2 面积内共有400个小方格；

　　　200——稀释倍数；

　　　 10——血盖片与计数板的实际高度是 $1/10 \text{ mm}$，乘10

　　　　　　后则为 1.0 mm。

上式简化后为红细胞数/$\text{mm}^3 = X \times 10\,000$。

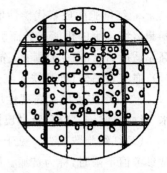

图 4-13　红细胞计数顺序

5. 注意事项

①红细胞计数是一项细致的工作，稍有粗心大意，就会引起计数不准。关键是防凝、防溶、取样正确。取抗凝血时，抗凝剂的量要合适，不可过少使血液部分呈小块凝集；采血时应注意及时将抗凝剂与血液混匀。防溶是指防止过分振摇而使红细胞溶解，或是器材用水洗后未用生理盐水冲洗而发生溶血，使计数结果偏低。取样正确是指吸血 $10 \mu L$ 或 $20 \mu L$ 一定要准确，吸血管外的血液要擦去，吸血管内的血液要全部洗入稀释液中，稀释液的用量要准；充液量不可过多或过少，过多可使血盖片浮起，过少则计数室中形成小的空气泡，使计数结果偏低甚至无法计数。此外，显微镜台未保持水平，使计数室内的液体流向一侧，这些操作上的错误均可使计数结果不准确。

②器材清洗方法。沙利氏吸血管或试管，每次用完后，先用清水吸吹数次，然后用蒸馏水、酒精、乙醚，按次序分别吸吹数次，干后备下次使用。血细胞计数板用蒸馏水冲洗后，用绒布轻轻擦干即可，切不可用粗布擦拭，也不可用酒精、乙醚等溶液冲洗。

6. 正常值

健康家畜除山羊的红细胞数较多外，其他家畜的红细胞数为600万～800万个/μL。具体数值（单位：万个/μL）为：牛、马600～700，绵羊900，山羊1 300，猪600，鸡350，犬670，猫750。

7. 临床意义

由于血红蛋白是红细胞的内含物，占红细胞重量的32%～36%，或红细胞干重的96%，因此红细胞数与血红蛋白含量的增多或减少通常是正相关。但在某些类型贫血时，如低色素贫血时，红细胞与血红蛋白降低的程度常不一致，血红蛋白的降低比红细胞明显。故同时测定红细胞数与血红蛋白量以作比较，对诊断更有实际意义。

（1）红细胞增多　血液中红细胞数及血红蛋白含量高于正常参考值上限时，称红细胞和血红蛋白增多，可分为相对性增多和绝对性增多两类。

相对性增多：这是由于血浆中水分丢失，血液浓缩所致。相对性增多见于严重呕吐、腹泻、大量出汗、急性胃肠炎、肠便秘、肠变位、瘤胃积食、瓣胃阻塞、皱胃阻塞、渗出性胸膜炎、渗出性腹膜炎、日射病与热射病、大面积烧伤等。

绝对性增多：这是由于红细胞增生活跃的结果。按发病原因分为原发性和继发性两类：

①原发性红细胞增多：原发性红细胞增多又称真性红细胞增多症，是一种原因不明的骨髓增生性疾病，目前认为是多能干细胞功能增强所致。其特点是红细胞持续性显著增多，全身总血量也增加，见于马、牛、犬和猫。

②继发性增多：是非造血系统疾病，发病的主要环节是血中红细胞生成素增多。

a. 红细胞生成素代偿性增加：因血氧饱和度减低，导致组织缺氧，红细胞生成素增加，骨髓制造红细胞的机能亢进而引起红细胞增多。红细胞增多的程度与缺氧程度成正比。见于高原适应、慢性阻塞性肺病、先天性心脏病（如肺动脉狭窄、动脉导管未闭、法乐氏四联综合征）、血红蛋白病（如高铁血红蛋白症、硫化血红蛋白症）。

b. 红细胞生成素病理性增加：红细胞生成素增加与肾疾病或肿瘤有关，如肾囊肿、肾积水、肾血管缺陷、肾癌、肾淋巴肉瘤、小脑血管瘤、子宫肌瘤、肝癌等。

（2）红细胞数减少　见于贫血。血液中红细胞数、血红蛋白量及红细胞压积容量低于正常参考值下限时，称为贫血。按病因可将贫血分为4类：

①失血性贫血：慢性失血性贫血见于胃溃疡、球虫病、钩虫病、捻转胃虫病、螨病、维生素C和凝血酶原缺乏等疾病。急性失血性贫血见于丙酮苄烃香豆素中毒、草木樨中毒、脾血管肉瘤、犬和猫自体免疫性血小板减少性紫癜、手术和外伤等。

②溶血性贫血：见于牛巴贝斯虫病、牛泰勒虫病、钩端螺旋体病、马传染性贫血；绵羊、猪、犊牛的甘蓝中毒和野洋葱中毒；新生骡驹溶血病、犬自体免疫性溶血性贫血等。

③营养性贫血：见于蛋白质缺乏，铜、铁、钴等微量元素缺乏，维生素 B_1、维生素 B_2、维生素 B_6、维生素 B_{12}、叶酸、烟酸缺乏等。

④再生障碍性贫血：见于辐射病、蕨中毒、羊毛圆线虫病、犬欧利希体病、猫传染性泛白细胞减少症、慢性粒细胞白血病、淋巴细胞白血病、垂体功能低下、肾上腺功能低下、甲状腺功能低下等。

（五）白细胞计数

白细胞计数（WBC）是指计算每微升血液内所含白细胞的数目。白细胞计数的方法有显微镜计数法和血细胞电子计数器计数法等。

1. 原理

用稀释液将红细胞破坏后，计算出每微升血中白细胞数。

2. 器材

1.0 mL 或 0.5 mL 刻度吸管，其他与红细胞计数同。

3. 试剂

白细胞稀释液可用1%～2%的冰醋酸液，内加1%结晶紫液1滴，以便与红细胞稀释液区别。

4. 方法

采用试管稀释法。用1 mL 吸管吸取白细胞稀释液0.38 mL（也可吸0.4 mL）置一小试管中。用沙利氏管吸取被检血至20 μL 处，擦去管外黏附的血液，吹入小试管中，反复吸吹数次，以洗净管内所黏附的白细胞，充分振荡混合，再用毛细吸管或沙利氏吸血管吸取被稀释的血液，充入已盖好盖玻片的计数室内，静置1～2 min，低倍镜检查。

将计数室四角四个大方格内的全部白细胞依次数完，注意压在左线和上线的计入，压在右线和下线的不计入。

计算：

$$白细胞数/\mu L = X/4 \times 20 \times 10$$

式中：X——四角四个大方格内的白细胞总数；

X/4——1个大方格（面积为 $1 mm^2$）内的白细胞数；

20——稀释倍数；

10——血盖片与计数板的实际高度是 1/10 mm，乘 10 后则为 1 mm。

上式简化后为白细胞数/μL＝X×50。

5. 注意事项

防止把尘埃异物与白细胞混淆，可用高倍镜观察：白细胞有细胞核的结构，而尘埃异物的形状不规则，无细胞核。

6. 正常值

马、骡、驴、牛、绵羊白细胞的正常值为 8 000～9 000 个/μL；山羊，猪为 1 300～1 400 个/μL。

7. 临床意义

(1)白细胞增多　当白细胞数高于参考值的上限时，称白细胞增多。白细胞增多见于大多数细菌性传染病和炎性疾病，如炭疽、腺疫、巴氏杆菌病、猪丹毒、纤维素性肺炎、小叶性肺炎、腹膜炎、肾炎、子宫炎、乳房炎、蜂窝织炎等疾病。此外，还见于白血病、恶性肿瘤、尿毒症、酸中毒等。

(2)白细胞减少　当白细胞数低于参考值的下限时，称白细胞减少。白细胞减少见于某些病毒性传染病，如猪瘟、马传染性贫血、流行性感冒、鸡新城疫、鸭瘟等；见于各种疾病的濒死期和再生障碍性贫血；此外，还见于长期使用某些药物时，如磺胺类药物、青霉素、链霉素、氯霉素、氨基比林、水杨酸钠等。

(六)白细胞分类计数

白细胞分类计数(DC)是指利用染色的血液涂片计算血液中各类白细胞的百分率。外周血液中的白细胞主要有 5 种，即嗜中性白细胞、嗜酸性白细胞、嗜碱性白细胞、淋巴细胞、单核细胞，它们各有其特定的生理机能，在正常时这 5 种白细胞之间有一定的比例。但在病理情况下，白细胞总数的变化反映机体防御机能的一般状态，各种白细胞之间百分比的变化，则反映机体防御机能的特殊状态。由于白细胞总数的增减并不一定表示各类白细胞平均增多或减少，常常仅限于某一种或两种白细胞数的变化，从而引起白细胞之间百分比的相对改变。因此，白细胞计数对疾病的诊断具有一般意义，而白细胞分类计数则具有具体意义，在分析临床意义时，必须把二者结合起来。

1. 器材

载玻片、染色盆及支架、染色缸、洗瓶、显微镜、油镜、白细胞分类计数器、吸水纸等。

2. 试剂

瑞氏染液：瑞氏染粉 0.1 g，甲醇 60.0 mL。将染色粉置于研钵中，加少量甲醇研磨，使其溶解，将已溶解的染液倒入洁净的棕色玻璃瓶中，剩下未溶解的染料再加少量甲醇研磨，如此继续操作，直至全部染料溶解并用完甲醇为止。在室温中保存 7 d 后即可应用。新配的染液偏碱性，放置后可呈酸性。保存时间愈久，染色能力愈佳。

3. 涂片方法

取无油脂的洁净载玻片数张，选择边缘光滑的载片作为推片(推片一端的两角应磨去，也可用血细胞计数板的盖片作为推片)，用左手的拇指及中指夹持载玻片，右手持推片；先取检血一小滴，放于载玻片的右端，将推片倾斜 30°～40°角，使其一端与载玻片接触并放于血滴之前，向后拉动推片，使与血滴接触，待血液扩散形成一条线之后，以均等的速度轻轻向前推动推片，则血液被均匀地涂于载玻片上而形成一薄膜(图 4-14)。

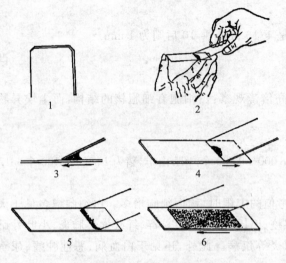

图 4-14 血片的制备

1.推片；2.推血片姿势；3.推片角度；4.推片压血滴
（箭头为推动方向）；5.血液扩散成线状；6.推完血片

良好的血片，血液分布均匀，厚度适当。对光观察时呈霓红色，血膜位于玻片的中央，两端留有空隙，以便注明畜别、编号及日期。

4. 染色方法

瑞氏染色法：是最常用的染色法之一。将自然干燥的血片用蜡笔于血膜两端各划一道横线，以防染液外溢。置血片于水平支架上，滴瑞氏染液于血片上，并计其滴数，直至将血膜浸盖为止，待1～2 min后，滴加等量缓冲液或蒸馏水，轻轻吹动，使之混匀，再染4～10 min，用蒸馏水冲洗、吸干，油镜观察。

5. 计数方法

先用低倍镜检视血片上白细胞的分布情况，一般是粒细胞、单核细胞及体积较大的细胞分布于血片的上、下缘及尾端，淋巴细胞多在血片的起始端。滴加显微镜油，转过油镜头进行分类计数。

计数时，为避免重复和遗漏，可用四区、三区或中央曲折计数法（图4-15）推移血片，记录每一区的各种白细胞数。每张血片最少计数100个细胞，连续观察2～3张血片，求出各种白细胞的百分比。

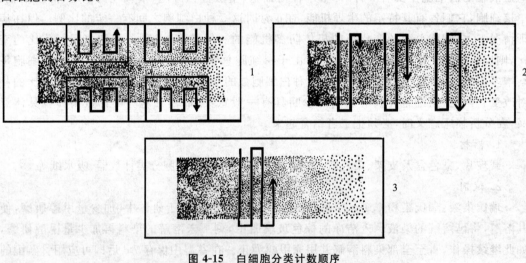

图 4-15 白细胞分类计数顺序

1.四区计数法；2.三区计数法；3.中央曲折计数法

记录时，可用白细胞分类计数器，也可事先设计一表格，用画"正"字的方法记录，以便于统计百分数。

6. 各种白细胞的形态特征

各种白细胞的形态特征主要表现在细胞核及细胞质的特有性状上，并注意细胞的大小。

（1）嗜中性粒细胞 白细胞中数量最多的一种。细胞呈圆球形，比红细胞大。胞质中有特殊的细微颗粒,被染成极淡的紫红色,镜下不明显。核紫色,一般呈分叶状(2～3叶),细胞愈老,分叶愈多。

(2)嗜酸性粒细胞 数量较少。较嗜中性粒细胞大。胞质中有被酸性染料染成深红色的粗大颗粒,颗粒分布及大小均匀。核蓝紫色,一般分为两叶或呈肾形。

(3)嗜碱性粒细胞 数量极少,不易找到,可观察示范片。此细胞大小与嗜酸性粒细胞类似。细胞质中有大小不等、分布不均的颗粒,被碱性染料染成深蓝色。

(4)淋巴细胞 数量多,有大、中、小之分,以小淋巴细胞数量最多。小淋巴细胞:稍大于红细胞;核大,常呈球形,染成蓝紫色;胞质少,染成天蓝色,核与胞质间常有一白色亮圈。中淋巴细胞:约两倍于红细胞,胞质较多。大淋巴细胞:正常血液中少见,与单核细胞有些相似。

(5)单核细胞 数量很少,是最大的血细胞,胞质较多,染成蓝灰色,有的细胞质中可见嗜天青颗粒。核呈马蹄形和不规则形,常位于细胞一侧,染色较淋巴细胞核浅,通常呈网状,有的可见核仁。

(6)血小板 为形态不规则,染成淡蓝色的小体。常聚集成群。无核。中央有嗜碱性颗粒。

二维码 4-1 牛正常血细胞　二维码 4-2 猪正常血细胞　二维码 4-3 羊正常血细胞　二维码 4-4 马正常血细胞　二维码 4-5 鸡正常血细胞

7. 正常值

各种动物白细胞的正常范围见表 4-7。

表 4-7 各种动物白细胞正常范围及平均值　　　　　　　　　　　　　％

动物种类	嗜碱性白细胞	嗜酸性白细胞	嗜中性白细胞			淋巴细胞	单核细胞
			晚幼细胞	杆状核	分叶核		
牛	0.5 (0～2.0)	4.0 (1～8.0)	0.5 (0～0.9)	3.0 (1.0～8.0)	33.0 (28～53)	57.0 (42.0～71.0)	2.0 (0.5～6.0)
山羊	0.1 (0～0.2)	6.0 (3～12.0)	—	1.0 (0.5～5.0)	34 (29.0～38.0)	57.5 (50.0～63.5)	1.5 (1.0～2.2)
绵羊	0.6 (0～1.0)	4.5 (1～9.0)	0.3 (0～0.5)	1.5 (0～6.0)	31.5 (26.0～52.0)	59.0 (37.0～65.0)	2.4 (1.0～6.0)
猪	0.5 (0～1.0)	2.5 (0～5.8)	1.0 (0～5.4)	3.0 (3.0～7.0)	31.5 (28.0～45.0)	55.5 (40.0～70.0)	3.5 (2.0～6.0)
马	0.5 (0～0.6)	4.5 (2.5～9.5)		0.9 (0～0.9)	53.5 (45.0～68.0)	34.5 (20.0～49.0)	2.5 (1.5～6.8)
犬	1.0	6.0		3.0	58.0	25.0 (12.0～30.0)	7.0 (3.0～10.0)

8.白细胞分类计数变化的基本规律和临床意义

由于外周血液中的嗜中性白细胞、嗜酸性白细胞、嗜碱性白细胞、淋巴细胞和单核细胞等5种白细胞各有其生理功能,在不同病理情况下,可引起不同类型的白细胞发生数量和质量的变化。因此,在分析白细胞变化的意义时,应计算各种类型白细胞的绝对值,才有诊断参考价值。

某种类型白细胞的绝对值=白细胞总数×该种白细胞分类计数的百分率

(1)嗜中性白细胞 嗜中性白细胞是由骨髓中的多能干细胞(CFU-S)在集落刺激因子(CSF)的刺激下,形成粒-单核细胞系祖细胞(CFU-GM)。CFU-GM在不同的调控因素作用下,向粒系或单核系细胞分化,并增殖和成熟为中性粒细胞(嗜中性白细胞)或单核细胞。在正常的外周血液中的嗜中性白细胞主要是以细胞核分叶为2～3叶者居多,但可见到少量杆状核嗜中性白细胞。嗜中性白细胞具有趋化作用、变形和黏附作用、吞噬和杀菌作用等功能,在机体防御和抵抗病原菌侵袭过程中起着主要作用。白细胞数量可随动物生理状态而变化,一般下午较早晨的白细胞为多,采食、运动、恐惧、兴奋、高温或严寒都能使嗜中性白细胞增多,生理性增多都是一时性的,通常不伴有白细胞质量方面的变化。

①嗜中性白细胞增多:常见于感染性疾病(特别是各种病原微生物引起的全身性感染,如炭疽、腺疫、巴氏杆菌病、猪丹毒等传染病),一般炎症性疾病(如见于急性胃肠炎、肺炎、子宫内膜炎、急性肾炎、乳房炎等),化脓性疾病(如化脓性胸膜炎、化脓性腹膜炎、创伤性心包炎、肺脓肿、蜂窝织炎等),中毒性疾病(如酸中毒、某些植物中毒、尿毒症等),注射异种蛋白(如血清、疫苗等),外科手术等。

②嗜中性白细胞减少:主要是由于病原抑制了骨髓的功能,常见于传染病(如猪瘟、马传染性贫血、流行性感冒、传染性肝炎等),严重的败血症和化脓性疾病,中毒性疾病(如蕨中毒、砷中毒及驴妊娠毒血症等),血液疾病(如严重的贫血性疾病及再生障碍性贫血),某些物理(如放射线、放射性核素等)和化学因素(如氯霉素、铅等)破坏了骨髓的细胞成分。

在分析嗜中性白细胞增多和减少的变化时,要结合白细胞总数的变化及核象变化进行综合分析。

③嗜中性白细胞的核象变化:嗜中性白细胞的核象变化是指其细胞核的分叶状态,它反映白细胞的成熟程度,而核象变化又可反映某些疾病的病情和预后。正常时,外周血液中嗜中性白细胞的分叶是以2～3叶为多,同时也可见到少量杆状核嗜中性白细胞。如果外周血液中未成熟的嗜中性白细胞增多,即幼年核和杆状核嗜中性白细胞的比例升高,称为核左移。如果分叶核嗜中性白细胞大量增加,核的分叶数目增多(4～5个或更多),则称为核右移(图4-16)。

a. 嗜中性白细胞核左移。当杆状核嗜中性白细胞超过其正常参考值的上限时,称轻度核左移;如果超过其正常参考值上限的1.5倍,并伴有少数晚幼嗜中性白细胞时,称中度核左移;当其超过白细胞比值25%,并伴有更幼稚的嗜中性白细胞时,称重度核左移。嗜中性白细胞核左移时,还常伴有程度不同的中毒性改变。

核左移伴有白细胞总数增高,称为再生性核左移。它表示骨髓造血机能加强,机体处于积极防御阶段,常见于感染、急性中毒、急性失血和急性溶血。

核左移而白细胞总数不高,甚至减少者,称退行性核左移。它表示骨髓造血机能减退,机体的抗病力降低,见于严重的感染、败血症等。

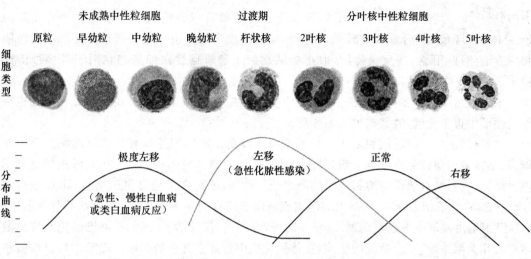

图 4-16　嗜中性白细胞核象变化

在兽医临床上,核左移的程度和白细胞总数的变化可作为评价动物病情严重程度和机体防御能力的指标。当白细胞总数和嗜中性白细胞百分率略微增高,轻度核左移,表示感染程度轻,机体抵抗力较强;如果白细胞总数和嗜中性白细胞百分率均增高,中度核左移及中毒性改变,表示有严重感染;而当白细胞总数和嗜中性白细胞百分率明显增高,或白细胞总数并不增高甚至减少,但有显著核左移及中毒性改变,则表示病情极为严重。

b. 嗜中性白细胞核右移。核右移是由于缺乏造血物质使脱氧核糖核酸合成障碍所致。如在疾病期间出现核右移,则反映病情危重或机体高度衰弱,预后往往不良。这种情况见于重度贫血、重度感染和应用抗代谢药物治疗后。

c. 嗜中性白细胞的形态异常。在各种有害因素的作用下,嗜中性白细胞常有下列中毒性形态学改变:细胞大小不均(血片中嗜中性白细胞大小悬殊),见于慢性感染和病程较长的化脓性炎症。中毒性颗粒(在嗜中性白细胞的细胞质中出现分布不均、大小不等的深紫色或蓝黑色粗大颗粒,这种颗粒称中毒性颗粒),见于烧伤和严重的化脓性感染。空泡(在嗜中性白细胞的细胞质中出现一至数个大小不等的空泡,严重者细胞呈筛状,有时在细胞核上也能见到空泡),见于败血症和某些中毒性疾病(如棘豆属植物中毒、化学品中毒等)。核变性(血片中的嗜中性白细胞的细胞核发生固缩或溶解、碎裂。细胞核发生固缩时,核染色质呈深紫色粗大凝块状;细胞核溶解时,核膜破碎,核染色质松散、模糊、着色浅淡)说明细胞受损程度加重,见于严重感染。

(2)嗜酸性白细胞　嗜酸性白细胞由骨髓干细胞产生。它具有吞噬作用,可吞噬带有抗体的红细胞、抗原复合物、细菌等。对组胺、免疫复合物和来自寄生虫、某些细菌的嗜酸性白细胞趋化因子等多种物质有趋化性,并分泌组胺酶灭活组胺,减轻某些过敏反应。因此,嗜酸性白细胞对皮肤病、变态反应性疾病和寄生虫病的反应比较敏感。

①嗜酸性白细胞增多:见于肝片吸虫、球虫、旋毛虫、丝虫、钩虫、蛔虫、疥癣等寄生虫病;还见于荨麻疹、饲草过敏、血清过敏、药物过敏、湿疹及皮肤炎等。

②嗜酸性白细胞减少:见于感染性疾病和严重发热性疾病的初期及尿毒症、毒血症、严重创伤、中毒、过劳等。如嗜酸性白细胞持续下降,甚至完全消失,则表明病情严重。

(3)嗜碱性白细胞　嗜碱性白细胞由骨髓干细胞产生,它在外周血液中仅占白细胞分类的 0～1%。其生理功能中突出的特点是参与超敏反应。嗜碱性白细胞表面有 IgE 的 Fc 受体，当与 IgE 结合后即被致敏，再受相应抗原攻击时即引起颗粒释放反应。嗜碱性颗粒中含有组胺、肝素、慢反应物质、血小板活化因子和嗜酸性白细胞趋化因子等多种活性物质。

嗜碱性白细胞增多见于慢性溶血、慢性恶性丝虫病、高血脂症等。由于嗜碱性白细胞在外周血液中很少见到，故其减少无临床意义。

(4)淋巴细胞　淋巴细胞来源于骨髓造血干细胞。淋巴细胞具有与抗原起特异反应的能力，是重要的免疫活性细胞。淋巴细胞因发育和成熟途径不同，而分为 T 淋巴细胞和 B 淋巴细胞，它们又有效应细胞和记忆细胞之分。此外，还有非 T 非 B 淋巴细胞，即 K 细胞和 NK 细胞(自然杀伤细胞)。T 淋巴细胞占血液淋巴细胞的 50%～70%，可存活数月至数年；B 淋巴细胞占血液中淋巴细胞的 15%～30%，寿命短，仅存活 4～5 d，B 淋巴细胞经抗原激活后转化为浆细胞，产生特异的抗体，在体液免疫中发挥着重要的作用。血液中淋巴细胞和嗜中性白细胞在百分比中大致成反比。

①淋巴细胞增多：常见于感染性疾病(如结核、鼻疽、布鲁菌病等慢性传染病和猪瘟、流行性感冒、犬瘟热、犬病毒性肠炎、马传染性贫血等病毒性疾病及血液原虫病)，急性传染病的恢复期及淋巴性白血病等。另外，当嗜中性白细胞减少，骨髓造血功能减退时，淋巴细胞相对增多。

②淋巴细胞减少：见于嗜中性白细胞绝对值增多时的各种疾病，如炭疽、巴氏杆菌病、急性胃肠炎、化脓性胸膜炎等。还见于淋巴组织受到破坏(如淋巴肉瘤、结核病、流行性淋巴管炎等)，应用肾上腺皮质激素、免疫抑制药物和放射线治疗等。

(5)单核细胞　单核细胞由粒-单核细胞系祖细胞(CFU-GM)分化，经原单核、幼单核阶段发育为成熟的单核细胞而进入血液。单核细胞在血液中仅逗留 1～3 d 即出血管进入组织或体腔内，转变为巨噬细胞，形成单核-巨噬细胞系统，其功能才完全趋于成熟。其功能主要是激活淋巴细胞，使淋巴细胞在特异性免疫中发挥重要作用；吞噬和杀灭某些病原体，如病毒、结核杆菌、布鲁菌等；吞噬衰老的红细胞和清除损伤组织及死亡的细胞；抑制肿瘤细胞的生长；在嗜中性白细胞和单核细胞生长中起反馈调节作用。

①单核细胞增多：见于慢性感染性疾病(如结核、布鲁菌病等及某些霉菌感染和大多数伴有肉芽肿性反应的疾病)，原虫病(如巴贝斯虫病、锥虫病和弓形虫病等)。还见于疾病的恢复期及使用促肾上腺皮质激素、糖皮质类激素等药物。

②单核细胞减少：见于急性传染病的初期及各种疾病的垂危期。

【心血管系统检查结果的综合分析】

心血管系统正常的表现是脉搏充实有力，心音音质纯正，第一心音低而长，第二心音高而短，节律整齐，且无杂音。如发现病畜无力出汗、气喘、发绀，静脉瘀血和皮下浮肿，心音和脉性异常，可提示心血管系统机能不全或有器质性病变。应进一步综合分析对心血管系统检查的异常所见，初步判定其机能不全的程度和所发生疾病的性质。

(1)初步判断心血管机能不全

心血管机能不全包括急、慢性心机能不全和血管机能不全(又称外周血管衰竭)，是临床上常见的病理过程，首先应注意判定。

①病畜脉搏弱快,甚至几不感于手,心动过速(马 100 次/min 以上,牛、羊、猪 120 次/min 以上),第一心音高朗,第二心音减弱甚至消失,严重时常呈现缩期心内杂音,同时伴有极度无力,呼吸速快,黏膜发绀等症状,可初步判断为急性心机能不全(急性心力衰竭)。

②病畜表现易疲劳、出汗、动则气喘,夜间浮肿,次日运动消失,心音混浊,减弱,其他器官系统因瘀血而其机能障碍。可初步判断为慢性心机能不全(慢性心脏衰弱)。

③病畜可视黏膜苍白或发绀,体表静脉萎陷,脉搏十分微弱甚至不感于手,第一心音增强,而第二心音微弱甚至消失,体温降低,末梢厥冷,大量出冷汗,短暂的惊恐至出现共济失调,甚至倒地,昏迷和痉挛,可初步判断为血管机能不全(外周血管衰竭)。

(2)初步判断所发生疾病的部位及性质

①病畜静脉瘀血,甚至怒张(牛以颈静脉、马以胸外静脉最明显),皮下浮肿,心区敏感疼痛,听诊心包摩擦音或拍水音。可初步诊断为心包炎(牛多为创伤性心包炎)。

②病畜表现极度虚弱无力,脉搏弱快,节律不齐,甚至短绌,心悸亢进,心动过速,第一心音混浊或分裂,第二心音显著减弱,心律不齐(期外收缩,传导阻滞),严重时呈现心内杂音。体温升高,白细胞增多。可初步诊断为急性心肌炎。

③病畜无力,脉搏弱快,心悸亢进,振动胸壁,呈现恒定的心内器质性杂音,体温升高,多为急性心内膜炎的可能;病畜易疲劳、出汗,并呈现恒定的心内器质性杂音,则多为慢性心脏瓣膜病的可能。心血管系统疾病多为继发性,可继发于多种急性传染病,某些中毒病及其他器官系统重症疾病过程中。因此,在临诊中应特别注意对原发病的诊断。

【考核评价】

任务名称:血液循环系统检查

考核内容	评价标准	评价者与权重		技能得分	任务得分
		教师评价 (80%)	学生评价 (20%)		
心搏动的检查	能够正确、规范地进行心搏动的检查,对检查结果分析和判断正确				
心音听诊	能够正确、规范地进行心音听诊检查,能正确分辨第一心音和第二心音,对听诊中的心率、强度、节律和一般性心杂音能做出分析和判断				
血管检查	能够正确、规范地进行动脉脉搏的检查,对脉搏的性质进行正确的分析和判断				
血液常规化验	能够正确、规范地进行血液的采集和抗凝,会进行血液的常规化验并对检查结果分析和判断正确				

国产全自动动物血液细胞分析仪标准操作规程

▶ 一、样品分析前准备

1. 开机前的检查、准备

在开启分析仪电源之前,操作者需按以下要求进行检查。

①检查稀释液、清洗液、溶血素是否充足,有无过期;试剂管路是否弯折,连接是否可靠。

②电源线是否正确连接。

③废液桶是否清空。

④UPS电是否足够,打印纸安装是否正确,是否足够。

⑤确保键盘正确连接到键盘接口上。

2. 开机

①打开分析仪后面的电源开关,电源指示灯亮,屏幕上显示"Initializing…"。

②分析仪进行初始化,整个初始化过程持续 4～7 min。

③初始化过程结束后,系统自动进入"计数"界面。

3. 动物类型选择

①按【菜单】键,移动光标,选择"动物",按【确认】键进入"动物"界面。

②操作者根据测量的动物类型,选择需要分析的动物类型。

▶ 二、样品分析

1. 全血分析

①按【菜单】键,选择"计数",进入"计数"界面。再按【模式】键,将当前模式设置为"全血"模式。

②确认状态指示区的计数状态为"就绪",工作模式为"全血"。

③将准备好的全血样本放到采样针下,使采样针可以吸到样本且针头与容器底保持一定距离。

④按计数键,启动样本分析过程。此时,状态指示区的计数状态为"运行"。

⑤采样针自动吸取 13 μL 的样本后蜂鸣器响,在采样针抬起后,移开样本。

⑥分析完成后,按【F4】键进入"样本信息编辑"界面。按【F9】键进入汉字状态。在汉字状态下,按【F8】键在全拼和五笔输入法之间进行切换,输入样本信息,输入完成后,点击"确认",保存输入的内容并返回到"计数"界面。

⑦按【打印】键打印样本分析报告。

⑧按照此操作过程进行其余样本的分析。

2. 预稀释样本分析

①【菜单】键,选择"计数",进入"计数"界面。再按【模式】键,将当前模式设置为"预稀

释"模式。按【稀释】键,屏幕弹出"加稀释液"对话框,取一个干净的样本杯放在采样针下,按计数键,微倾斜样本杯一定角度让分析仪自动排出的 1.6 mL 稀释液沿管壁流入样本杯中,避免产生气泡或溅出。

②加完稀释液后,按【确认】键,"加稀释液"对话框关闭,分析仪自动清洗采样针。

③采集 20 μL 血液迅速注入盛有稀释液的样本杯中混匀。

④确认状态指示区的计数状态为"就绪",工作模式为"预稀释"。

⑤将准备好的预稀释样本放到采样针下,使采样针可以吸到样本且针头与容器底保持一定距离。

⑥按计数键,启动样本分析过程。此时,状态指示区的计数状态为"运行"。

⑦采样针自动吸取 0.7 mL 的样本后蜂鸣器响,在采样针抬起后,移开样本。

⑧分析完成后,按【F4】键进入"样本信息编辑"界面。按【F9】键进入汉字状态。在汉字状态下,按【F8】键在全拼和五笔输入法之间进行切换,输入样本信息,输入完成后,点击"确认",保存输入的内容并返回到"计数"界面。

⑨按【打印】键打印样本分析报告。

⑩按照此操作过程进行其余样本的分析。

▶ 三、关机及清洗

①按【菜单】键,弹出系统菜单,选择"关机"。

②面弹出"关机"对话框,点击"确认"进入关机界面。

③将 E-Z 清洗液放到采样针下,按计数键,采样针将自动吸取 E-Z 清洗液,执行液路和计数池的清洗。

④按照界面提示信息,将 E-Z 清洗液放到采样针下,按计数键,采样针将再次自动吸取 E-Z 清洗液,执行液路和计数池的清洗。

⑤执行完成后,界面提示"请关闭电源"时,关闭分析仪的电源开关。

⑥关闭电源后检查分析仪是否有渗漏,并将血液分析仪的周边环境打扫干净。

【知识链接】

心电图检查

心电图检查是诊断心脏疾病的重要方法之一,它不仅可以帮助了解心的功能,而且也能为某些心脏疾病的诊断提供重要依据。医学上已成为一门独立的临床学科,在兽医学方面,国内外已进行了较深入的研究,逐步应用于临床实践。

▶ 一、心电图的概念及正常心电图各波的意义

心机械性收缩之前,心肌细胞发生兴奋,在兴奋过程中可产生微小的生物电流(心电)。这种生物电流通过动物体组织传到体表,利用心电图机把它放大并描记下来,形成连续的波

形曲线,称为心电图。

正常情况下,每个心动周期在心电图上均可出现相应的一组波形。一组典型的心电图是由 P 波、P-R 段、QRS 综合波、S-T 段及 T 波所构成,包括 P-Q(P-R)间期及 Q-T 间期(图 4-17)。

P 波:代表心房除极过程的波,反映心房除极过程的电位变化。P 波的形态有多样,一般呈钝圆、少数为扁平或尖峰样。

P-R 段:代表 P 波出现后,心的兴奋沿结间束传至房室交界区,下传至心室过程的线段。

QRS 综合波:由 P 波后向下的 Q 波、向上的 R 波及 R 波后向下的 S 波组成。QRS 波群是代表全部心室除极过程的波群,反映心室除极过程的电位变化。QRS 波群的波形多种多样,大小不一,在每一个导联中三个波不一定都同时出现,可按图 4-17 所示命名。

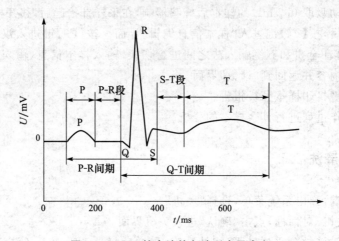

图 4-17　QRS 综合波的各波形态及命名

S-T 段:是 QRS 波终点至 T 波起点的线段,表示心室除极过程刚结束后尚处于缓慢复极的一段短暂时限。

T 波:反映心室复极过程的电位变化。

P-R(P-Q)间期:代表心房开始除极到心室开始除极的时间。

Q-T 间期:代表心室除极和复极的总时间。

二、家畜心电图的导联法

家畜常用的心电图导联有双极肢导联(标准导联)、A-B 导联(心尖-心基导联)及加压单极肢导联等。在目前各种畜禽皆主用 A-B 导联法。具体导联方法按表 4-8 进行。

表 4-8　常用心电图导联法

导联的种类	畜种	导联的方法	
		导联	电极的连接位置
双极肢导联 (标准导联)	马牛羊 猪犬	Ⅰ	左前肢接正极(L)—右前肢接负极(R)
		Ⅱ	左后肢接正极(F)—右前肢接负极(R)
		Ⅲ	左后肢接正极(F)—左前肢接负极(L)

导联的种类	畜种	导联的方法	
		导联	电极的连接位置
双极肢导联 (标准导联)	家禽	Ⅰ	左翼(F)—右翼(R)
		Ⅱ	左爪(F)—右翼(R)
		Ⅲ	左爪(F)—左翼(L)
加压单极 肢导联	马牛羊 猪犬 兔鼠	αVR αVL αVF	原右前肢(R)、左前肢(L)、左后肢(F)的电极安放不变,只将 导联选择器分别调到 αVR、αVL、αVF 即可
A-B 导联	马	Ⅲ	A:心尖部(左侧肘头后方约 10 cm)(F 电极) B:左肩胛部(鬐甲和左肩端连线上 1/4 处)(L 电极)
	牛	Ⅲ	A:心尖部(左侧第 6 肋软骨与胸骨连接处)(F 电极) B:左肩胛前缘的中央(L 电极)
	羊	Ⅰ	A:心尖部(左侧肘头后方约 5 cm)(L 电极) B:左侧鬐甲顶点和肩端连线上 1/4 处(R 电极)
	猪	Ⅰ	A:剑状软骨端部皮肤的腹中线上(L 电极) B:第一胸椎上皮肤的背正中线上(R 电极)
	犬	Ⅰ	A:心尖部(L 电极) B:右肩胛冈上 1/3 处(R 电极)
	兔鼠鸡 (仰卧保定)	Ⅰ	A:置于剑状软骨部(L 电极) B:置于颈部背侧中央(R 电极)
	接地电极		接地电极(RF)的部位,原则上是在右后肢

注:安放肢导联电极的具体部位,两前肢均在掌骨部或腕关节上方(马约 2 指处),两后肢均在蹠骨部或跗关节上方(马约 2 指处)。

三、心电图的描记方法

无论用何种心电图机,其描记步骤和方法如下:

1. 对被检动物行绝缘保定

使其站于橡皮垫上,若保定于钢管六柱栏内时,在柱栏上应缠有薄橡皮。欲安放电极的部位剪毛,用酒精棉球充分脱脂,并将浸透饱和盐水的纱布垫在电极下或涂擦导电糊(氯化钠 29 g,甘油 5 mL,淀粉 10 g,硅砂 5 g,甲基对位羟基苯甲酸 0.2 g,加水 100 mL 配成),供安放电极。

2. 开机准备

开机准备包括连接电源、地线,打开电源开关,校正标准电压。标准电压以 1 mV 使描记笔上下摆动 10 mm 为合适,此 1 mm 相当于 0.1 mV。

3. 连接肢导线

先把肢导线的总插头连接于心电图机上,然后将红(R)、黄(L)、绿或蓝(F)、黑(RF)肢导线电极,依次分别安放于右前肢(R)、左前肢(L)、左后肢(F)及右后肢(RF)上。尚有胸前导线电极,可安放于胸前电极部位上。用 A-B 导联时,按其电极的连接位置和要求,安放好电极。目前兽用电极多用鳄口夹式,用时夹在放电极部位即可。

4. 调节导联选择器

当基线稳定,无干扰时,即可进行描记,每个导联描记 4~6 个心动周期。如遇心律失常的病畜时,为便于分析,可选择一个导程,适当描记一些心动周期,描记时,每一导程应打一个标准电压,作为分析心电图时计算电压的依据。

5. 检毕关机、记录

描记完毕,关闭电源开关,旋回导联选择器,卸下肢导联线及地线,并注明动物号及描记日期。

◉ 四、心电图的测量方法

1. 心电图纸的组成

心电图纸上有纵横细线交错形成的小方格,小方格的各边均为 1 mm,每隔 5 个小方格,各有纵横的粗线。纵向距离代表电压,用以计算各波振幅的高度(向上波)和深度(向下波)的,当输入标准电压为 1 mV 使曲线移位 10 mm 时(心电图纸上的 10 小格),每一小格(1 mm)代表 0.1 mV,横向距离代表时间,用以计算各波及间期所占时间,心电图纸一般移动的速度为 25 mm/s,故每一小格相当于 0.04 s。

2. 心电图各波及间期的测量方法

测量各波的振幅(电压)时,要以等电线(又称基线,是由 P 波起始处引出的水平线)为基础,波高是自等电线上缘到该波顶点的垂直距离,波深是自等电线下缘至该波底端的垂直距离;测量各波时间时,从波形起始部内缘量至波形终末部内缘;测 P-Q(P-R)间期时,从 P 波起始点量至 QRS 波群的 Q 波起始点(若无 Q 波时,则量至 R 开始点);测量 Q-T 间期时,从 QRS 波群起点量至 T 波的终点;测量 S-T 移位时,如上移者,从等电线上缘量至 S-T 段上缘,如下移者,从等电线下缘量至 S-T 段的 T 缘。详见图 4-18。

3. 心率的计算

$$心率 = \frac{60}{P\text{-}P(R\text{-}R)\text{间期}(s)}$$

如有心律不齐,则需测量 5 个以上 P-P 间期取其平均值去除 60。

4. 家畜心电图各波及间期正常参考值

相关数据可参考表 4-9。

◉ 五、心电图各波变化的诊断意义

1. P 波

P 波宽度、振幅及形状的病理变化表明心房内兴奋传导障碍。P 波振幅增大,可见于心房肥大及左、右房室口狭窄时；P 增宽，多为心房扩张的表现；P 波呈锯齿状，见于心房颤动；P 波分裂或多变，则为左、右心房明显不同时收缩的表现。

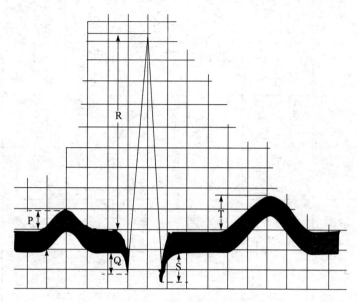

图 4-18　心电图的测量方法

2. QRS 综合波

QRS 波群间期增宽，波形模糊、分裂，为心肌广泛性损伤并伴有房室束支传导障碍的表现；QRS 综合波振幅增大，持续时间延长，波形异常，见于心脏肥大时；QRS 综合波振幅缩小，见于心肌炎、心肌变性及心功能不全等。

3. S-T 段

正常的 S-T 段位于等电线上，无明显移位。S-T 段明显上移，见于心肌梗塞；S-T 段下移，见于心肌炎、贫血等。

4. T 波

其诊断意义在兽医临床上尚不清楚。

5. P-R(P-Q) 间期

P-R 间期延长，见于房室传导障碍、迷走神经兴奋时；P-R 间期缩短，见于预激症候群（又称 WPW 症候群，其特征是 P-R 间期明显缩短，QRS 综合波变大，持续时间延长，往往出现阵发性心动过速）。

6. Q-T 间期

Q-T 间期延长，见于失血性心功能不全、心肌梗塞；Q-T 间期缩短，见于血中电解质紊乱（如高血钙等症等）。

7. P-P(R-R) 间期

代表一个心动周期所占的时间。P-P 间期缩短，见于窦性心动过速，P-P 间期延长，见于窦性心动过缓；P-P 间期不整，见于窦性心律不齐。

家畜几种心脏疾患的心电图变化见表 4-10。

表 4-9　家畜心电图各波及间期正常参考值

畜种	导联	平均值及范围	各波电压/mV					各波及间期时限/s						报道者
			P	Q	R	S	T	P	P-R	QRS	S-T	T	Q-T	
蒙古马	单极胸导联	$\bar{x}$	0.083	0.098	0.57	0.10	0.183	0.11	0.224	0.104	无明显位移	0.13	0.384	中国人民解放军兽医大学
		范围	0.032~0.083	0.013~0.083	0.142~0.998	0~0.100	0.015~0.26	0.05~0.17	0.176~0.312	0.064~0.144		0.086~0.186	0.308~0.46	
奶牛	A-B导联	$\bar{x}$	0.17	0.05	0.19	0.97	0.31	0.06	0.21	0.07	0.19	0.09	0.37	浙江农大牧医系 张德成等
		范围	0.1~0.3	0.6~1.40	0.10~0.50	0.60~1.50	0.10~0.65	0.04~0.08	0.12~0.26	0.04~0.10	0.14~0.28	0.05~0.12	0.32~0.48	
牦牛	A-B导联	$\bar{x}$	0.14		0.09	1.08	0.508	0.06	0.13	0.062	0.15	0.08	0.28	
		范围	0.05~0.20		0.03~0.30	0.75~1.60	0.18~0.92	0.05~0.07	0.12~0.16	0.044~0.080	0.09~0.19	0.06~0.09	0.14~0.33	
细毛羊	A-B导联	$\bar{x}$	0.125	0.09	0.105	0.608	0.177	0.054	0.061	0.066	0.164	0.068	0.288	青海牧医学院 张才骏等
		范围	0.08~0.20	0.03~0.15	0.20~0.25	0.26~1.02	0.08~0.45	0.04~0.10	0.036~0.12	0.036~0.12	0.112~0.212	0.04~0.10	0.24~0.354	
藏羊	A-B导联	$\bar{x}\pm s$	0.107±0.023		0.106±0.090	0.544±0.236	0.160±0.053	0.048±0.010	0.066±0.012	0.045±0.008	0.183±0.029	0.067±0.014	0.295±0.022	
湖羊	A-B导联	$\bar{x}$	0.132	0.893	0.228	0.922	0.279	0.041	0.162	0.048	0.153	0.057	0.261	浙江农大牧医系 李进昌等
		范围	0.10~0.20	0.45~1.25	0.10~0.75	0.4~1.80	0.01~0.55	0.02~0.06	0.08~0.12	0.03~0.07	0.12~0.20	0.02~0.08	0.20~0.30	
猪	A-B导联	$\bar{x}$	0.08	0.18	0.32	0.20	0.12	0.03	0.06~	0.04	0.08~	0.06	0.18~	
		范围	0.05~0.15	0.08~0.30	0.15~0.55	0.15~0.25	0.08~0.15	0.02~0.04	0.13	0.02~0.07	0.20	0.04~0.07	0.28	

表 4-10　家畜几种心脏疾患的心电图变化特征

心脏疾患名称		心电图变化特征
心律不齐	窦性心动过速	P-P(R-R)间期缩短
	窦性心动过缓	P-P(R-R)间期延长
	窦性心律不齐	P-P(R-R)间期不齐
	窦房传导阻滞	P-P 间期延长或缩短
	房室传导阻滞	P-Q 间期延长
	心房性期外收缩	P-QRS-T 波发生较早,P 波有时与前面的 T 波重合
	窦房结性期外收缩	P 波靠近 QRS 综合波或与其重合或出现在 QRS 综合波之后
	心室性期外收缩	过早出现 QRS 综合波,其前无 P 波或 P 波出现于 QRS 综合波之后
	心房纤颤	无 P 波,代替 P 波的是无数小波
	心室颤动	P 波、QRS 综合波及 T 波均消失,代之以形状不同、大小各异、极不均匀的波
心包炎(牛创伤性心包炎)		R 波电压降低,S-T 段病初往往上升,但很快回到等电线上,T 波除 αVR 导联外,其他各导联均呈阴性,P-P(R-R)间期缩短
心肌炎		QRS 综合波振幅变小,P-Q 间期缩短,S-T 段下移,T 波平坦
心脏肥大		QRS 波电压增高,时限增大。左心室肥大时心电轴左偏,右心室肥大时心电轴右偏

Project 5

呼吸系统检查

【学习目标】

　　会进行呼吸运动的检查,能对呼吸类型、呼吸对称性、呼吸节律和呼吸困难进行判定;能正确判别呼出气、咳嗽、鼻液的性质;会进行上呼吸道的检查;熟悉肺部叩诊区的确定,能正确进行听诊和叩诊检查;了解肺部叩诊和听诊的异常表现,了解胸肺 X 线检查的方法和 X 线片病变特征。

【学习内容】

　　1. 呼吸运动检查;

　　2. 呼出气、鼻液、咳嗽的检查;

　　3. 上呼吸道的检查;

　　4. 胸肺的检查;

　　5. 呼吸系统症状的鉴别诊断。

家畜呼吸系统主要由鼻、咽、喉、气管、支气管、肺、胸廓及胸膜腔、膈肌等组成。其中肺是气体交换的器官;鼻、咽、喉、气管、支气管是气体进出肺的通道,称为呼吸道;胸廓、胸膜腔、膈肌以及胸、腹壁的呼吸肌等均为呼吸运动的辅助器官。

呼吸系统各器官在神经、体液调节下,进行协调活动,完成气体交换。在肺泡内氧通过肺泡壁进入肺内毛细血管,然后经肺静脉,通过血液循环将氧输送到全身各部组织器官,并将组织细胞代谢产生的二氧化碳,通过血液循环由肺毛细血管通过肺泡壁进入肺泡腔,并通过呼吸道排出体外。

有机体与外界环境之间进行气体交换的全过程称为呼吸。当呼吸系统任何部分发生病理损害后,都可影响到这种气体交换机能,进而影响到其他器官系统和整个机体的机能活动。同样其他器官系统的机能障碍也可影响到呼吸系统。

呼吸系统疾病在家畜内科病和传染病中比较常见,其发病率仅次于消化系统疾病。寒冷的空气、空气中的粉尘、有害气体、病原微生物等都会侵害呼吸系统;许多传染病(如巴氏杆菌病、牛肺疫、副猪嗜血杆菌病、猪霉形体肺炎、猪蓝耳病、肺结核、禽呼吸道传染病等)及某些寄生虫病(如牛、羊、猪的肺线虫病),都可侵害呼吸系统而致病。因此,呼吸系统的检查有重要的实际意义。

任务一　呼吸运动的检查

家畜呼吸时,鼻翼、胸廓和腹壁呈现有节律的协调运动,称为呼吸运动。呼吸运动的检查主要包括:呼吸频率、呼吸类型、呼吸的对称性、呼吸节律和呼吸困难的检查。

▶ 一、呼吸频率的检查

呼吸频率检查见项目三一般检查。

▶ 二、呼吸类型的检查

呼吸类型也称为呼吸方式,是指呼吸时胸壁与腹壁起伏动作的协调性和强度。健康家畜呼吸时胸壁与腹壁的运动协调,强度也大致相等,称为胸腹式呼吸,但健康犬为胸式呼吸。呼吸类型的病理改变有以下两种情况:

1. 胸式呼吸

胸式呼吸特征为呼吸活动中胸壁的起伏动作特别明显,而腹壁运动微弱。动物采用胸式呼吸表明病变多在腹部,为膈肌、腹壁、腹膜疾病或腹腔器官有某些能使腹内压增高而影响膈肌运动疾病的表现。胸式呼吸见于反刍动物瘤胃臌气,马属动物急性胃扩张,各种动物的重度肠臌气、膈肌麻痹或破裂、腹腔大量积液等;腹壁疼痛性疾病亦使动物出现胸式呼吸,如急性腹膜炎、腹壁创伤等。

2. 腹式呼吸

腹式呼吸特征为呼吸活动中腹壁的起伏动作特别明显,而胸壁活动微弱。动物采用腹式呼吸表明病变多在胸部,为胸壁及胸腔器官疾病时的表现,见于肺气肿、胸膜肺炎、胸腔大量积液、胸膜炎、肋骨骨折、胸壁创伤等。

三、呼吸对称性的检查

健康家畜呼吸时,两侧胸壁的起伏强度均匀一致,称呼吸对称(匀称)。如胸部疾患发生于一侧时,则患侧的呼吸运动减弱或消失,健侧的呼吸运动出现代偿性加强。呼吸不对称可见于一侧性胸膜炎、胸膜肺炎、肋骨骨折、肋间肌风湿、气胸等。当胸部疾病遍及两侧时,胸廓两侧的呼吸运动均减弱,但以病变较重的一侧减弱更为明显,也属不对称性呼吸。

四、呼吸节律的检查

健康动物吸气与呼气所持续的时间有一定的比例,动物每次呼吸的强度一致,间隔时间相等,称为节律性呼吸。呼吸节律可受兴奋、运动、喷鼻、咳嗽、嗅闻等生理因素的影响,发生暂时改变,但很快恢复正常,呼吸节律的病理性改变,常有以下几种情形:

1. 吸气延长

吸气延长特征是吸气时间显著延长,表示空气进入肺内发生障碍,常见于上呼吸道狭窄性疾患,如鼻炎、喉水肿等。

2. 呼气延长

呼气延长特征是呼气时间显著延长,表示肺内气体呼出受阻,常见于细支气管炎、慢性肺气肿等病程中。

3. 间断性呼吸

间断性呼吸特征是在呼吸时出现多次短促的吸气或呼气动作。这种情况由病畜先抑制呼吸,然后补偿以短促的吸气或呼气所致。间断性呼吸常见于细支气管炎、慢性肺泡气肿、胸膜炎等,有时也见于呼吸中枢兴奋性降低的疾病,如脑炎、中毒及濒死期等。

4. 陈-施二氏呼吸

陈-施二氏又称潮式呼吸,其特征是呼吸逐渐加强、加深、加快,达到高峰后,逐渐减弱、变浅、变慢,而后代之以呼吸暂停,约经数秒乃至 $15\sim30$ s 以后,又重新出现同样的呼吸运动,如此周而复始,呈现周期性变化(图5-1)。其发生机制是在呼吸中枢机能严重障碍,而兴奋性降低的情况下,来自肺和血管反射区的正常冲动,只能引起呼吸中枢微弱的应答反应,血液中正常浓度的 CO_2 不足以引起呼吸中枢的兴奋,以致呼吸逐渐减弱而停止,在呼吸暂停期间,血液中 CO_2 浓度又逐渐增高,并刺激呼吸中枢及颈静脉窦与主动脉弓的化学感受器,重新引起呼吸中枢的兴奋,使呼吸运动加强、加深、加快,待达到高峰后,随着血液中 CO_2 浓度的下降,而血氧浓度的升高,呼吸中枢兴奋性也随之降低,呼吸又逐渐变弱、变浅、变慢,最后暂停,待到血液中 CO_2 浓度再次升高,又呈现同样的呼吸运动。陈-施二氏呼吸多为呼吸中枢机能衰竭的早期表现,可见于脑炎、心力衰竭、中毒病及某些重症疾病的后期。

图5-1　陈-施二氏呼吸

动物诊疗技术

5. 毕欧特氏呼吸

毕欧特氏呼吸又称间歇呼吸,其特征是数次连续而深度大致相等的呼吸后,呈现一短时的呼吸暂停,然后重新发生同样的呼吸,并交替发生(图5-2)。这种呼吸多为呼吸中枢兴奋性极度降低,病情重危的表现,可见于脑膜炎、某些中毒症(如蕨中毒、酸中毒及尿毒症等)时。

6. 库斯茂尔氏呼吸

库斯茂尔氏呼吸又称深长呼吸,其特征是呼吸深大而慢,呼吸次数减少,且带有明显的呼吸杂音(如鼾音),但无呼吸暂停现象(图5-3)。这种呼吸为呼吸中枢机能衰竭的晚期表现,可见于脑脊髓炎、脑水肿、某些中毒病,大失血后期及濒死期。

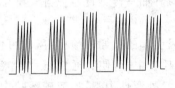

图5-2　毕欧特氏呼吸

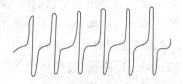

图5-3　库斯茂尔氏呼吸

五、呼吸困难

呼吸运动加强,呼吸频率改变,辅助呼吸肌参与呼吸活动,并伴随呼吸节律及呼吸类型的变化,称为呼吸困难。高度的呼吸困难称为气喘。

根据呼吸困难产生的原因及其表现形式,可分为三种类型。

1. 呼气性呼吸困难

呼气性呼吸困难的特征是呼气时间延长,呼气用力,辅助呼气肌(主要是腹肌)参与呼气活动。临床表现为病畜呼气时脊背弓曲,肷窝变平,多呈二段呼气,肛门突出(由于腹部肌肉强力收缩,腹内压力加大,故呼气时肛门常突出,吸气时肛门反而下陷,称为肛门抽缩运动)。高度呼气困难时,沿肋弓出现一条较深的凹陷沟,称为喘沟,又称喘线或息痨沟。呼气性呼吸困难为肺泡壁组织弹性减弱或细支气管狭窄,而致肺泡内空气排出障碍的表现,见于肺泡气肿、急性细支气管炎、慢性肺气肿、胸膜肺炎等。

2. 吸气性呼吸困难

吸气性呼吸困难的特征是吸气时间延长,吸气费力,辅助吸气肌参与吸气活动。临床表现为病畜吸气时,鼻孔张大,头颈伸直,肘突外展,胸廓开张,严重者张口吸气,肛门内陷,可闻类似口哨的吸气狭窄音。吸气性呼吸困难为上呼吸道狭窄,空气吸入发生障碍的表现,见于上呼吸道狭窄性疾病,如鼻腔狭窄、喉水肿、咽喉炎、猪传染性萎缩性鼻炎、鸡传染性喉气管炎及马腺疫等。

3. 混合性呼吸困难

吸气与呼气均发生困难,同时伴有呼吸频率的增加,甚至呼吸节律的改变,是临床上最常见的一种呼吸困难。这种情况往往由于肺的呼吸面积减少,气体交换不全,致使血中二氧化碳浓度增高而氧缺乏,引起呼吸中枢兴奋的结果。按其发生原因可分为以下几种类型。

(1)肺源性呼吸困难　主要由于肺和胸膜疾患引起,可见于肺实质发炎、实变而使呼吸面积减少的各型肺炎、胸膜肺炎,肺内气体交换受阻的肺充血与肺水肿、肺气肿;能使膈肌运动障碍的胸膜疾病、膈肌疾病及腹内压增高的疾病;侵害呼吸器官的猪霉形体肺炎、猪肺疫、副猪嗜血杆菌病、山羊传染性胸膜肺炎和马鼻疽等传染病。

(2)心源性呼吸困难　心源性呼吸困难是心功能不全时常见的一个症状,是由于心脏衰弱,血液循环障碍,肺换气受到限制,导致缺氧和二氧化碳潴留所致。病畜表现混合性呼吸困难的同时,常伴有明显的心血管症状,运动后心搏和气喘的变化更为突出,肺部可闻湿啰音。心源性呼吸困难见于心内膜炎、心肌炎、创伤性心包炎和心力衰竭等。

(3)血源性呼吸困难　对血氧的输送发生障碍而致的呼吸困难,主要因红细胞和血红蛋白减少,血氧不足,导致呼吸困难,尤以运动后更显著。这种情况可见于致使红细胞减少、血红蛋白含量下降的各型严重贫血,伴发贫血的传染病(如马传染性贫血等)、寄生虫病(如血孢子虫病等)、溶血性疾病(如新生仔畜溶血病等)。

(4)中毒性呼吸困难　内源性中毒,如各种原因引起的代谢性酸中毒,均可使血中二氧化碳增多或血液 pH 降低,反射性地或直接地兴奋呼吸中枢,使肺通气量和换气量增加,表现深而大的呼吸困难,见于酮病和严重的胃肠炎等。外源性中毒,如亚硝酸盐中毒,由于使亚铁血红蛋白变成高铁血红蛋白后,丧失了携氧能力,因而引起呼吸困难。又如有机磷化合物(敌百虫等)中毒时,由于引起支气管分泌增加,支气管痉挛和肺水肿导致呼吸困难;氰氢酸中毒时组织细胞呼吸酶系统受到抑制,对氧的利用障碍而致的呼吸困难。

(5)中枢神经性呼吸困难　主要是由于中枢神经系统发生器质性病变或机能性障碍,刺激兴奋呼吸中枢,引起呼吸困难。这种情况见于脑膜炎、脑出血、脑肿瘤等。破伤风时,由于毒素直接危害神经系统,使中枢的兴奋性增高,并使呼吸肌发生强直性痉挛收缩,导致呼吸困难。

任务二　呼出气、鼻液、咳嗽的检查

▶ 一、呼出气的检查

呼出气检查,应注意两侧鼻孔呼出气流的强度是否相等,呼出气体的温度和气味有无异常。

1. 呼出气流的强度

检查时可用双手置于两鼻孔前感觉。健康家畜两侧鼻孔呼出气流的强度相等。当一侧鼻腔狭窄、一侧鼻窦肿胀或大量积脓时,则患侧鼻孔呼出的气流小于健侧,并常伴有呼吸的狭窄音。当两侧鼻腔同时存在病变时,两侧鼻孔的呼出气流则以病变较重的一侧小于另一侧。

2. 呼出气体的温度

健康家畜呼出的气体稍有温热感。呼出气体的温度升高,见于各种热性病;呼出气体的温度显著降低,有凉感,见于内脏破裂、大失血、严重的脑病和中毒性疾病以及濒死期。

3. 呼出气体的气味

检查时宜用两手掌置于病畜鼻孔前,待 5~6 次呼气之后,嗅闻手掌气味,切不可直接接触病畜的鼻孔。健康家畜呼出的气体,一般无特殊气味。检查时应注意判断臭味是来自一侧鼻孔还是来自两侧鼻孔,臭味来自一侧鼻孔,则为一侧鼻腔或一侧副鼻窦的疾患;两侧鼻孔都发出臭味,则表明病变在支气管和肺(如患腐败性支气管炎和肺坏疽时,两侧呼出气体都有腐败臭味)。尿毒症时,呼出的气体可能有尿臭味。酮病时,呼出的气体有丙酮气味。有机磷农药中毒时,呼出气有大蒜臭味。

▶ 二、鼻液的检查

鼻液是经鼻孔流出的呼吸道黏膜的分泌物、炎性渗出物及其他病理产物。健康家畜一般无鼻液或仅有少量浆液性鼻液,牛则常用舌舔去和咳出,马常以喷鼻和咳嗽的方式排出,若有大量鼻液流出,则为病理现象。呼吸器官疾病(如上呼吸道、支气管和肺的疾病)时,一般都有数量不等、性质不同的鼻液。鼻液检查对呼吸器官疾病的诊断具有重要意义。鼻液的检查的要点是鼻液排出状态、数量、性状、混杂物,必要时进行弹力纤维检查。

1. 鼻液的排出状态

一侧鼻孔流鼻液,仅见于一侧鼻腔、副鼻窦、喉囊的炎症和鼻腔鼻疽等疾病过程中;两侧鼻孔流鼻液,则为两侧鼻腔、副鼻窦、喉以下部分有病变。

2. 鼻液数量

鼻液量的多少依疾病性质、病程和病变的范围而定。鼻液量较少,常见于呼吸道及肺的轻度炎症或急性炎症初期、局灶性病变,以及慢性呼吸道疾病过程中;如急性气管炎和肺炎初期,慢性支气管炎和肺结核。鼻液量多提示炎症过程已达中、后期,见于急性支气管炎、支气管肺炎、肺脓肿破裂、大叶性肺炎溶解消散期、肺坏疽、马腺疫、马鼻疽等。鼻液量不定,常随病畜低头、运动、采食、咳嗽等而流出多量鼻液,见于副鼻窦炎和喉囊炎等。

3. 鼻液性状

鼻液性状可因炎症的种类和病变的性质而有所不同。由于炎症性质和病理过程的不同,鼻液有浆液性、黏液性、脓性和腐败性之分。

(1)浆液性鼻液 无色透明,稀薄呈水样。这种鼻液常见于呼吸道卡他性炎症的初期,如急性鼻卡他、流行性感冒、犬瘟热等疾病的初期。

(2)黏液性鼻液 黏稠似蛋清,因混有脱落的上皮细胞和白细胞而呈灰白不透明,因含黏液蛋白而具牵缕状。这种鼻液见于急性上呼吸道和支气管炎的中后期或恢复期。

(3)脓性鼻液 黏稠呈糊状、膏状、凝乳状,因感染的化脓菌不同而呈黄色、灰黄色或黄绿色,为化脓性炎症的特征,常见于化脓性鼻炎、副鼻窦炎、流感后期、肺脓肿破溃、鼻腔鼻疽等。

(4)腐败性鼻液 污秽不洁,呈褐色或暗褐色,并带有腐败性臭味,有时混有组织碎块,见于肺坏疽或腐败性支气管炎。

(5)铁锈色鼻液 呈红褐色,为大叶性肺炎和传染性胸膜肺炎一定阶段的特征。

4. 混杂物

鼻液中混有饲料碎片和唾液,是来源于咽、食管以及反刍兽的前胃,见于吞咽和咽下障碍的疾病,如咽炎、咽麻痹、食管阻塞、食管炎、食管痉挛等,也见于阻碍食物进入反刍兽皱胃的疾病,如严重瘤胃积食和皱胃阻塞等。

鼻液中混有酸臭的呕吐物,呈酸性反应,是来源于胃和小肠,常见于马的食滞性胃扩张、

模块一 动物诊断技术

幽门痉挛、十二指肠阻塞和小肠变位等，胃内容物经鼻道逆流而出，多提示疾病恶化。

鼻液带血时，多表示鼻或肺出血。如血色鲜红，混有较大气泡，常为鼻出血；血色粉红或鲜红而混有小气泡，应考虑肺出血、肺水肿、炭疽、败血症。

5. 鼻液中弹力纤维的检查

检查弹力纤维时，取黏稠鼻液 2～3 mL 放入试管中，加入等量 10% 氢氧化钠(钾)溶液，

图 5-4　鼻液中的弹力纤维

在酒精灯上边加热边震荡，使鼻液中黏液、脓汁及其中有形成分溶解，而弹力纤维并不溶解。加热煮沸，直到变成均匀一致的溶液后，加 5 倍蒸馏水混合，离心沉淀 5～10 min 后，倾去上清液，取少许沉淀物滴于载玻片上，覆以盖玻片，镜检。

弹力纤维呈细长弯曲的羊毛状，透明且折光性较强，边缘呈双层轮廓，两端尖锐或分叉，多聚集成乱丝状，亦可单独存在(图 5-4)。

鼻液中出现弹力纤维，是肺组织崩解的结果，常见于肺坏疽、肺脓肿。

三、咳嗽的检查

咳嗽是一种保护性反射动作。当喉、气管、支气管、肺、胸膜等部位发生炎症，或受到异常刺激时，使呼吸中枢兴奋，在深吸气后声门关闭，继之以突然剧烈的呼气，则气流猛烈冲开声门，形成一种爆发的声音，即为咳嗽。通过咳嗽可将呼吸道内的异物、分泌物、炎性产物排出体外。咳嗽是呼吸器官疾病过程中最常见的一种症状。

单纯性鼻炎、副鼻窦炎往往不引起咳嗽症状，喉、气管、支气管、肺和胸膜的疾患一般可出现强度不等、性质不同的咳嗽。通常，喉及上部气管对刺激最为敏感，因此喉炎及气管炎时，咳嗽最为剧烈。

1. 检查咳嗽的方法

咳嗽的检查可通过问诊、听取病畜的自然咳嗽和人工诱咳法。

对健康牛人工诱咳比较困难，可用双手或毛巾短时闭塞牛的两侧鼻孔。对小家畜采取捏压其喉部或短时闭塞两侧鼻孔的方法，均能引起咳嗽。对马属动物进行人工诱咳检查时，检查者站在病畜的颈侧，面向头方，一手在鬐甲部做支点，另一手拇指与食、中指捏压喉头或气管的第一、二环状软骨，即可诱发咳嗽(图 5-5)。

采用人工诱咳的方法时，若动物不咳嗽或者仅发生一两声咳嗽者为正常表现，如连续多次发生咳嗽，则为病理表现。

2. 咳嗽的临床表现

检查咳嗽时，应注意其强度、性质、频度和疼痛。

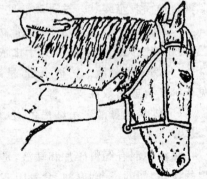

图 5-5　马人工诱咳法

（1）咳嗽的强度 一般分为强咳和弱咳。

①强咳。当肺组织弹性正常，而喉、气管患病时，则咳嗽强大有力，见于喉炎、气管炎。

②弱咳。当肺组织和毛细支气管有炎症和浸润性病变或肺泡气肿而弹性降低时，咳嗽弱而无力，见于细支气管炎、支气管肺炎、肺气肿、胸膜炎等。

（2）咳嗽的性质 一般分为干咳和湿咳。

①干咳。咳嗽声音清脆，干而短，表示呼吸道内无液体或仅有少量的黏稠液体。典型干咳见于喉、气管内存在异物和胸膜炎。在急性喉炎初期、慢性支气管炎、肺结核、猪肺疫等也可出现干咳。

②湿咳。咳嗽声音钝浊，湿而长，表示呼吸道内有大量稀薄的液体，往往随咳嗽从鼻孔流出多量鼻液。湿咳多见于支气管炎、支气管肺炎和肺坏疽等病的中期。

（3）咳嗽的频度 一般分为稀咳、连咳和痉咳。

①稀咳。为单发性咳嗽，每次仅出现一两声咳嗽，常反复发作而带有周期性，故又称周期性咳嗽。稀咳见于感冒、慢性支气管炎、肺结核、肺丝虫病等。

②连咳。即连续咳嗽，咳嗽频繁，严重时呈痉挛性咳嗽，见于急性喉炎、传染性上呼吸道卡他、弥漫性支气管炎、支气管肺炎等。

③痉咳。即痉挛性咳嗽或发作性咳嗽，咳嗽具有突发性和暴发性，咳嗽剧烈而痛苦，连续发作，表示呼吸道受到强烈刺激。痉咳见于呼吸道异物、慢性支气管炎、肺坏疽、急性喉炎、猪霉形体病、猪巴氏杆菌病、幼畜肺炎和猪后圆线虫病等。

（4）痛咳。咳嗽时带有疼痛，病畜表现头颈伸直，摇头不安，刨地和呻吟，见于呼吸道异物、异物性肺炎、急性喉炎、喉水肿和胸膜炎等。

（5）昼轻夜重的咳嗽。常见于慢性喉炎、慢性气管炎及慢性肺泡气肿等病过程中。

任务三　上呼吸道的检查

▶ 一、鼻的检查

鼻检查包括鼻区外部观察和鼻黏膜检查。

（一）鼻区外部观察

注意鼻孔周围组织、鼻甲骨形态变化及鼻的痒感。

1. 鼻孔周围组织

鼻孔周围组织可发生各种各样的病理变化，如鼻翼肿胀、水疱、脓疱、溃疡和结节等。鼻孔周围组织肿胀，可见于血斑病、异物刺伤及某些传染病，如口蹄疫、炭疽、气肿疽及羊痘等。鼻孔周围的水疱、脓疱及溃疡，可见于猪传染性水疱病、脓疱性口膜炎。鼻孔周围结节，见于牛的丘疹性口膜炎和牛的坏死性口膜炎。

2. 鼻甲骨形态变化

鼻甲骨增生、肿胀，见于严重的骨软病。鼻甲骨萎缩、鼻腔缩短、鼻盘翘起或歪向一侧，是猪传染性萎缩性鼻炎的特征。

3. 鼻的痒感

鼻部发痒,可表现经常在周围物体上摩擦,见于羊鼻蝇寄生、猪传染性萎缩性鼻炎、鼻卡他等。

(二)鼻黏膜检查

鼻黏膜检查,对诊断马属动物鼻疽、偶蹄动物口蹄疫和猪传染性水疱病等具有重要意义。检查方法以视诊为主,必要时配合触诊。检查时将鼻孔对着阳光或人工光源即可观察,必要时可用反光镜检查。如疑为鼻疽时,检查者宜戴口罩、眼镜和手套进行防护。

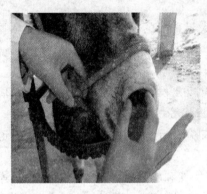

图 5-6　鼻黏膜检查

1. 鼻黏膜检查法

马的鼻黏膜检查法有单手法和双手法两种。单手检查时,一手托住下颌并适当高举马头,另一手拇、中二指捏住鼻翼软骨并向上拉起,同时用食指挑起外侧鼻翼,即可观察(图 5-6)。如用双手检查时,左、右手拇、食二指分别捏住鼻翼软骨和外侧鼻翼,一手向上拉,另一手向外拉,鼻孔即可开张。当动物有骚动不安表现,可由助手握住笼头或应用耳夹子进行保定。

其他家畜鼻黏膜检查法:将病畜的头抬起,使鼻孔对着阳光或人工光源,即可观察鼻黏膜。在小动物可利用开鼻器,将鼻孔扩张,再进行检查。

2. 检查内容及病变

观察鼻黏膜时,应注意其颜色,有无肿胀、水疱、结节、溃疡、瘢痕及出血等。

(1)颜色　健康家畜鼻黏膜颜色均为淡红色。但马的深部鼻中隔黏膜因分布有很多静脉血管和血管间隙,故略呈淡蓝红色。有些牛鼻孔附近的鼻黏膜上常有棕褐色色素沉着,检查时应予以注意。

在病理情况下,鼻黏膜的颜色也有潮红、发绀、苍白、黄染以及出血斑点等变化,其临诊意义与眼结膜的色泽变化大致相同。

(2)肿胀　健康动物的鼻黏膜湿润而有光泽,表面呈颗粒状。

鼻黏膜肿胀时表面光滑平坦,颗粒消失,触诊有柔软增厚感,这是鼻黏膜发炎的结果。见于急性鼻炎、马腺疫、流行性感冒、马鼻疽、牛恶性卡他热、犬瘟热及鼻窦炎等。如鼻黏膜严重肿胀,则引起鼻腔狭窄,在呼吸时伴发异常的鼻狭窄音。

(3)水疱　鼻黏膜出现水疱,主要见于口蹄疫和猪传染性水疱病,其大小由黄豆大到蚕豆大,有时水疱融合在一起,破溃而形成烂斑。

(4)结节　鼻黏膜出现结节,具有特殊诊断意义的是鼻疽结节。初呈浅灰色,以后呈黄白色,由小米粒大到黄豆粒大,周围有红晕,边界清晰,多分布于鼻中隔黏膜及鼻翼软骨内侧面。

(5)溃疡　鼻黏膜溃疡,有表层和深层之分。表层溃疡,偶见于鼻炎、马腺疫、血斑病和牛恶性卡他热等。深层溃疡,多为鼻疽性溃疡,如火山口状,边缘隆突呈堤状且不整齐,底部深并盖以灰白色或灰黄色白膜,常见于鼻中隔黏膜上。严重的溃疡可造成鼻中隔穿孔,也为鼻疽的特征。

(6)瘢痕　鼻中隔下部的瘢痕多为创伤所致,一般浅而小,呈弯曲状或不规则。鼻疽性瘢痕大而厚,呈星芒状为其特点。

(7)出血　鼻黏膜出现出血斑点,见于马传贫等。

二、副鼻窦的检查

副鼻窦检查,在临床上一般检查额窦和上颌窦。多用视诊、触诊和叩诊等检查方法,主要注意局部有无肿胀、隆凸、变形、创伤、疼痛反应、波动及叩诊浊音等变化。必要时应用穿刺术和圆锯术检查,有条件时还可用 X 线检查。

1. 视诊

注意其外形有无变化。额窦和上颌窦部位隆起,变形,多见于窦腔蓄脓、软骨病、肿瘤、牛恶性卡他热、创伤和局限性骨膜炎。牛上颌窦区的骨质增生性肿胀,可见于牛放线菌病。

2. 触诊

注意敏感性、温度和硬度。触诊必须两侧对照进行。窦区病变较轻时,触诊变化往往不明显。触诊时敏感和温度增高,见于急性窦炎和急性骨膜炎。局部骨壁凹陷并有疼痛反应,见于创伤。窦区隆起、变形,触诊坚硬,疼痛不明显,常见于骨软病、肿瘤和放线菌病。

3. 叩诊

对窦区进行先轻后重的叩打,同时两侧对照比较叩打,以确定音响是否发生变化。健康家畜的窦区,呈清晰而高朗的空盒音。如叩诊出现浊音,常见于窦腔蓄脓或被肿瘤充塞以及骨质增生等。

三、喉囊的检查

喉囊仅马属动物具有,是耳咽管的膨大部分,故又称耳咽管憩室。喉囊位于耳根和喉头中间,腮腺的上内侧,寰椎翼的前方,下颌支的后方。喉囊的炎症多发于马。检查喉囊可用视诊、触诊及听诊,必要时进行喉囊穿刺。

在病理情况下,喉囊存在炎性渗出物或积脓时,喉囊区明显肿胀膨隆,通常为一侧性。喉囊严重肿胀引起吞咽和呼吸困难。喉囊炎波及邻近器官,可使咽上淋巴结和颌下淋巴结肿胀。多并发咽峡炎,频频咳嗽,头颈伸直、活动不自如。触诊局部增温、敏感,如蓄脓则有波动感,压迫时缩小,随后在同侧鼻孔往往流出脓性鼻液或鼻液量增多。囊内如有大量积液时叩诊则呈现浊音。如有大量气体产生时,则叩诊呈鼓音,甚至带金属响。喉囊部严重肿胀时,导致喉腔狭窄,听诊可闻啰音(狭窄音)或喘鸣音。

喉囊穿刺术主要用于诊断、治疗喉囊炎或喉囊蓄脓。穿刺点在马第一颈椎横突部(寰椎翼)中央前外缘一横指处(幼驹为半指)。术前使马以头颈下垂伸张姿势站立保定,防止头部左右摆动。术部剪毛消毒后,用长 10~12 cm 的穿刺针垂直刺入皮下,然后将针头转向对侧外眼角的方向,慢慢刺入。刺入深度,壮马为 5~7 cm,幼驹为 3~5 cm。当刺达喉囊膜时会感到微有抵抗,穿破喉囊膜后,则抵抗消失,针下有空虚感,此时可再继续推针1~2 cm,然后拔出穿刺针芯,将穿刺针接上注射器,注入少量生理盐水。此时鼻孔内如有液体流出,则证明刺入部位正确。如鼻孔内或针头内有脓性液体流出,则表示喉囊有化脓性炎症。

◢ 四、喉和气管的检查

喉和气管的外部检查用视诊、触诊和听诊,而内部检查,在大家畜需借助喉气管镜,必要时采用气管切开术,由其切口中观察气管黏膜的变化。某些小动物,如羊、犬和家禽的喉部则可直接视诊。

检查者站在动物头颈侧方,以两手向喉部轻压同时并向下滑动检查气管,以感知局部温度、硬度和敏感度,并注意有无肿胀。猪和肉食兽、禽,可开口直接对喉腔及其黏膜进行视诊。

喉部肿胀并有热感,常见于猪巴氏杆菌病、马腺疫等;局部增温并有疼痛、拒绝触压,时发咳嗽,见于急性喉炎;触诊气管敏感、并发咳嗽,常见于气管的炎症。

禽喉腔黏膜肿胀、潮红或附有黄、白色伪膜,是各型喉炎的特征。

任务四　胸、肺的检查

◢ 一、胸、肺部的叩诊

1. 叩诊方法

大家畜用锤板叩诊法,小动物则用指指叩诊法。当发现病理叩诊音时,应与对侧相应部位的叩诊音相比较判断。

2. 叩诊区确定

牛肺叩诊区:近似椭圆形,比马叩诊区小。其背界为髂肋肌沟止于第 11 肋间隙,前界自肩胛骨后角沿肘肌向下划的"S"状曲线,止于第 4 肋间,后下界自背界的第 12 肋骨上端开始,向前向下经髋结节线与第 11 肋间相交点,经肩端线与第 8 肋间相交点,终止于第 4 肋间(图 5-7)。

马属动物肺叩诊区:马属动物肺部叩诊区一致,略呈一直角三角形。其前界为肩胛骨后角向下所划的垂线至第 5 肋间;上界为髂肋肌沟与脊柱平行的直线,止于第 16 肋间隙,距背中线 10~15 cm;后界为由第 17 肋骨与背界线交界处开始,向下向前经下列诸点所划的弧线,经髋结节平行线与第 16 肋间的交点,坐骨结节平行线与第 14 肋间的交点,肩端平行线与第 10 肋骨间的交点而止于第 5 肋间隙(图 5-8)。

图 5-7　牛肺叩诊区　　　　　　　图 5-8　驴肺叩诊区

动物诊疗技术

猪肺叩诊区:上界距背中线3～4指宽,后界由第11肋骨处开始,向前向下,经坐骨结节线与第8肋间的交点,经肩端线与第7肋间的交点,而止于第4肋间的弧线(图5-9)。

图 5-9 猪肺叩诊区

1. 髋结节水平线;2. 坐骨结节水平线;
3. 肩关节水平线;8、14. 相应的肋骨

3. 病理变化

(1)叩诊敏感 叩诊时动物表现回视、躲闪、反抗等疼痛不安现象,常见于胸膜炎。

(2)叩诊区扩大 叩诊时后下界清音区扩大,见于肺气肿。

(3)叩诊音的变化 叩诊时在清音区内有散在性浊音区,提示小叶性肺炎;成片性浊音区,提示大叶性肺炎(图5-10)。叩诊时有水平浊音存在,主要见于渗出性胸膜炎(图5-11)或胸腔积水。叩诊时在清音区内有鼓音或过清音,主要见于肺泡气肿和气胸,或大叶性肺炎的充血期与吸收期,亦可见于肺疾患时的代偿区。

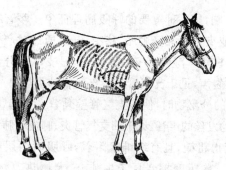

图 5-10 大叶性肺炎(弓形浊音区)

图 5-11 渗出性胸膜炎(水平浊音)

二、肺部的听诊

1. 听诊方法

一般用听诊器进行间接听诊。听诊时,宜先从肺部的中1/3开始,由前向后逐渐听取,其次为上1/3,最后为下1/3,每一听诊点应听取2～3次呼吸音,如发现异常呼吸音,应在附近及对侧相应部位进行比较,以确定其性质。

如呼吸微弱,呼吸音响不清时,可令病畜做短暂的运动或短时间闭塞鼻孔后,引起深呼吸,再行听诊。

2. 正常状态

(1)肺泡呼吸音 健康动物胸部可听到类似轻读"夫"的肺泡呼吸音,是由空气通过毛细支气管及肺泡入口处的狭窄部而产生的狭窄音与空气在肺泡内的漩涡流动时所产生的音响构成。肺泡呼吸音随吸气动作而逐渐加强,又随呼气动作而逐渐变弱。

各种动物中,马的肺泡音最弱,牛、羊较马明显,水牛甚弱。幼年比成年动物肺泡音强。

(2)支气管呼吸音 是一种类似将舌抬高而呼出气时所发生的"赫"音,是空气通过声门裂隙时产生气流漩涡所致。

健康马,由于解剖生理的特殊性,肺部听不到支气管呼吸音。其他动物肺区前部,接近较大支气管的体表处,可听到支气管呼吸音,但并非纯粹的支气管呼吸音,而是带有肺泡呼吸音的混合呼吸音。

3. 病理变化

(1)肺泡呼吸音的变化　肺泡呼吸音普遍性增强,是呼吸中枢兴奋,呼吸运动和肺换气加强的结果,常见于热性病;局限性增强,是病变侵害一侧或部分肺组织,使其呼吸机能减退或消失,而健侧肺或无病变的部分呈代偿性呼吸机能亢进的结果,常见于支气管肺炎和大叶性肺炎。肺泡呼吸音粗厉,是由于毛细支气管黏膜充血肿胀,使肺泡入口处变狭窄、肺泡呼吸音异常增强,常见于支气管炎、肺炎等。肺泡呼吸音减弱或消失,由肺泡弹力降低引起的见于肺气肿,由支气管、肺泡被异物或炎性渗出物阻塞引起的见于细支气管炎、肺炎;呼吸音传导受阻引起的,见于胸水、胸膜炎;胸壁疼痛,使呼吸活动障碍引起的,见于胸膜炎、肋骨骨折;支气管和肺泡被完全阻塞,气体交换障碍者,见于大叶性肺炎及传染性胸膜肺炎。

(2)支气管呼吸音或混合性呼吸音　在胸部听到异常明显的支气管呼吸音,是由于肺组织的密度增加,传音良好,见于大叶性肺炎。

(3)啰音　啰音为伴随呼吸而出现的附加音响,是一种重要的呼吸病理征象。啰音有干啰音和湿啰音之分。干啰音为支气管分泌物黏稠或支气管黏膜肿胀、狭窄,气流通过时产生的音响,似蜂鸣、笛音、哨音,见于慢性支气管炎、肺结核等。湿啰音又称水泡音,是支气管分泌物稀薄,呼吸时气流冲击而发生,似含漱音,为水泡破裂声,见于支气管炎及支气管肺炎等。

(4)捻发音　细支气管黏膜肿胀和积有黏稠的分泌物时,使细支气管壁黏着在一起,吸气时气流通过使其急剧分开所产生的一种爆裂音,似捻发丝的声音,见于细支气管炎、肺炎和肺水肿。

(5)胸膜摩擦音　胸膜发炎时,胸膜表面变得粗糙,且有纤维素附着,呼吸时两层胸膜摩擦而产生的一种声音,类似两粗糙物的摩擦声。胸膜摩擦音见于牛肺疫、犬瘟热、马传染性胸膜肺炎等。

三、胸腔穿刺检查

胸腔穿刺在胸膜炎及胸腔积液等病的诊断上具有重要的作用。穿刺部位、方法见模块二项目十一。

任务五　呼吸系统症状的鉴别诊断

一、呼吸困难的鉴别诊断

1. 发病时间及经过

因气候炎热,长途赶运,忽然发生呼吸急促,体热,口色红燥,脉象洪数,不咳或少咳,这是热喘,见于热射病、日射病、肺充血等。因长期伤力,日渐消瘦,气喘严重,动则更甚,咳嗽连声,日轻夜重,口色暗淡,脉象沉细,这是虚喘,见于马慢性支气管炎、慢性肺泡气肿。灌药后很快发生呼吸困难,见于异物性肺炎。当牧地或农田喷撒过农药后,家畜放牧随即发生呼吸困难,见于农药中毒。新猪购入即见咳喘,传染迅速,多为猪气喘病或猪肺疫。

2. 伴发症状

当病畜伴有低弱咳嗽,且有疼痛哼声(尤其是运动时及夜间),肺部叩诊敏感,叩诊时呈浊音,中热或高热,或有脓性鼻液等,都应考虑有较严重的肺部疾病,如大叶性肺炎或胸膜肺炎。同时出现高热,口色红紫,静脉怒张,脉象细数,心律不齐,听诊肺区有湿啰音,见于急性肺充血继发肺水肿引起的心力衰竭。

3. 呼吸困难的类型和程度

呼吸困难的类型可分析疾病发生的部位。吸气性呼吸困难主要由上呼吸道狭窄,气流不通畅而引起。呼气性呼吸困难是由于肺组织弹性减弱,肺泡内的气体排出困难。混合性呼吸困难主要是肺换气功能障碍,见于肺部病变广泛、腹压增大压迫胸腔器官,导致肺有效呼吸面积减少;也见于发热、中毒等疾病过程中血流加快,使肺泡气与肺毛细血管中血液之间进行气体交换的时间缩短,导致气体交换不完全。

4. 呼吸频率、节律、深度和对称性的变化

吸气性呼吸困难时呼吸频率减少;呼气性呼吸困难时频率增加或减少,呼吸加深;混合性呼吸困难时呼吸频率加快,后期节律发生改变;单侧性胸膜炎、胸膜肺炎、胸腔积液、气胸和肋骨骨折等疾病过程中呼吸对称性发生变化。

5. 其他的临床特征

应根据病史和临床检查进行全面分析。如肺炎时肺部听诊出现啰音、捻发音等;心力衰竭时心音强度、频率及节律发生变化;中枢神经系统的疾病表现意识障碍;胃肠膨气时腹围明显增大;贫血性疾病可视黏膜苍白;中毒性疾病往往有采食毒物的病史等。

6. 实验室(血液检查和毒物分析)和辅助检查(如X线检查)

X线检查对呼吸系统疾病具有重要的价值,一般可确定疾病的部位和性质。血液检查可确定贫血性疾病的程度和类型。

▶ 二、鼻液的鉴别诊断

可从以下几方面入手进行诊断:

①根据鼻液性质、数量、颜色等,结合临床检查结果,确定疾病的原因和部位。怀疑为某些传染病时应进行相应的微生物检查和血清学诊断。

②了解疾病与环境的关系。如吸入过敏原时发病急、鼻腔发痒、打喷嚏、流清水样鼻液,应注意环境中的花粉、饲草料中的真菌孢子等。

③鼻液是呼吸系统患病的主要症状之一,通过X线和实验室检查为确定疾病的部位、性质和鉴别诊断提供依据。

▶ 三、咳嗽的鉴别诊断

1. 根据咳嗽了解疾病的性质

急性咳嗽常见于呼吸器官的急性炎症,慢性咳嗽见于慢性气管炎和支气管炎、慢性阻塞

性肺病、肺结核,猪和羊的肺线虫病、肺棘球蚴病。

2. 咳嗽出现的时间

如猪喘气病时咳嗽在清晨及运动后最为明显;马属动物患慢性肺泡气肿时,咳嗽表现为日轻夜重;上呼吸道感染性疾病,则日夜咳嗽不止。

3. 结合病史、临床检查综合分析

咳嗽是呼吸系统病变的主要症状,不同部位和性质的疾病所表现的症状有一定差异。临床上应根据病史,结合鼻液、咳嗽、呼吸困难、啰音、体温等特征性的变化综合分析。

4. 辅助检查

对长期咳嗽或伴有严重全身症状的病畜,应及时进行 X 线检查和实验室检查,确定疾病的性质、部位和严重程度。

【呼吸系统检查结果的综合分析】

通过检查,如发现病畜咳嗽、流鼻液及呼吸困难,可提示呼吸系统有病,应主要依据对上呼吸道及胸、肺检查的异常所见,并参考整体状态的变化、综合分析,初步判定疾病的部位及性质。

①如见病畜喷鼻(马)、喷嚏(羊、猪)、流多量鼻液、咳嗽声音较粗大,有时还呈现吸气性呼吸困难,但全身症状轻微或不明显,胸肺检查无明显异常,则提示病变的部位在上呼吸道。

a. 如见病畜喷鼻或喷嚏,流鼻液,鼻部敏感,鼻黏膜发红、肿胀,但对喉以下部分检查无明显异常,可提示为鼻炎;病畜单侧或两侧鼻孔流脓性鼻液,特别在低头时流量增多,副鼻窦部肿胀,多为副鼻窦炎的可能;病畜呈现剧烈咳嗽,触诊喉部敏感,并发生连续性咳嗽,但对胸、肺部检查无明显异常,可提示为喉炎。

b. 病畜不仅呈现上呼吸道炎症的症候,还具有传染流行特点时,应考虑某些主要侵害上呼吸道的传染病。例如,在猪见喷嚏,流鼻液,鼻面部短缩,歪曲、变形,可提示为传染性萎缩性鼻炎;在马见流鼻液,剧烈咳嗽,并迅速传染流行,多为传染性上呼吸道卡他的可能;在鸡见呼吸困难,咳嗽、喘气、鼻孔有分泌物,有时咳出带血的黏液,喉黏膜上有淡黄色凝固物附着,不易擦去,迅速传播,多为传染性喉气管炎的可能。初诊后均应进一步确诊。

②如见病畜咳嗽、流鼻液、明显呼吸困难。肺部叩、听诊及 X 线检查异常,可提示疾病主要侵害支气管及肺。

a. 病畜咳嗽,流鼻液,听诊肺部有明显的干性或湿性啰音,叩诊肺部无异常,X 线检查肺纹理增重,并有程度不同的全身症状,可初步诊断为支气管炎。

b. 病畜呼吸困难,低弱痛性咳嗽,流鼻液,肺部叩诊呈现点片状或大面积浊音区,听诊呈现捻发音、病理性支气管呼吸音,病变部肺泡呼吸音减弱或消失,全身症状重剧,X 线检查可见点片状或大面积阴影,可初步诊断为肺炎。

c. 病畜呼吸困难,鼻流淡红色或白色泡沫状鼻液,肺泡呼吸音粗厉或呈现广泛湿性啰音,可提示为肺充血与肺水肿。

d. 病畜高度呼吸困难,叩诊肺部呈现过清音,叩诊界扩大,听诊肺泡呼吸音减弱或消失,可提示为肺泡气肿;如见病畜呼吸困难,叩诊肺部呈现过清音,但叩诊界多不明显扩大,常伴有皮下气肿,可提示为肺间质气肿。

③如见病畜呼吸表浅困难,低弱痛性咳嗽,触、叩诊胸壁敏感疼痛,听诊胸部呈现胸膜摩

擦音或叩诊呈现水平浊音,胸腔穿刺,放出渗出液,可诊断为胸膜炎。

④如见病畜不仅具有肺、胸膜发炎的症候群,而且还具有传染流行特点时,多考虑为主要侵害肺、胸膜的传染病(如牛肺疫、结核病、鼻疽、传染性胸膜肺炎、猪肺疫、猪霉形体肺炎等)和寄生虫病(牛、羊、猪肺线虫病等)。应进一步做流行病学调查及病原学、血清学诊断等,以确诊之。

【考核评价】

任务名称:呼吸系统检查

考核内容	评价标准	评价者与权重		技能得分	任务得分
		教师评价(80%)	学生评价(20%)		
呼吸运动检查	能正确地检查动物呼吸的强度、对称性、频率和气味,对病理性表现能正确地分析和判断				
上呼吸道的检查	能正确进行上呼吸道的检查,对鼻液、咳嗽的性质能进行正确的区分				
胸肺叩诊	能正确地确定肺部叩诊区,并能进行正确的叩诊,对叩诊到的异常音响能正确地分析和判断				
肺部听诊	能正确地进行肺部的听诊,对听诊中的病理性音响能正确进行分析和判断				
呼吸困难、鼻液、咳嗽的鉴别诊断	能正确地鉴别呼吸困难、鼻液、咳嗽等呼吸系统常见症状				

【知识拓展】

胸肺部常见疾病的 X 线诊断

胸部包括胸腔和肺两部分。肺部是含气组织,与周围密度高的组织和器官有良好的天然对比度,而且肺部多数病变能产生局部密度增高或减低的改变,最有利于 X 线检查,在兽医临床上是一种应用最广泛、使用价值最大的检查方法。

(一)胸部的 X 线检查方法

胸部检查以透视为主,摄影为辅。通常先做透视检查,如发现病变需摄影进一步检查时,根据透视结果确定摄片的部位和范围。

模块一 动物诊断技术

1. 中小动物的透视检查

中小动物透视检查,用各型机器均可进行,以便携式X线机最方便。将机器固定于适当的暗房内,如为带暗箱的活动荧光屏也可在室外进行。较大的活动荧光屏用绳悬吊起来,使X线束中心与荧光屏中心相对应即可。猪透视检查通常采用两前肢上举的直立背胸位(正位),必要时辅以侧位或斜位观察。羊胸部透视以侧位为主,必要时辅以正位、直立位或自然站立姿势均可。

2. 大动物透视检查

大动物体躯大,而且需要在诊疗架内保定,一般用大中型X线机。大动物胸部透视取驻立侧位(自然站立姿势),通常将肺部分为3个三角区。

椎膈三角区:呈类三角形,胸椎横突下方,膈肌前方,心脏基部及后腔静脉以上的肺野,称椎膈三角区。此三角区范围最大,其中有主动脉、肺门、肺纹理及气管的阴影。

心膈三角区:后腔静脉下方,心后方及膈肌前方所形成的倒三角形区域。位置最低,许多胸腔疾病(胸膜炎、积液、膈疝)、肺炎和牛创伤性网胃-心包炎等均侵害心膈三角区,是胸部疾病检查的重点。

心胸三角区:心脏前方,胸骨上方的肺野为心胸三角区。较瘦小的牛此三角区较清楚,是牛肺结核病好发部位。其他动物因被臂骨及肩胛骨遮挡而显示不清。

大动物肺野面积较大,透视观察时应按一定顺序进行。习惯上按椎膈三角区、心膈三角区、心及膈肌的顺序观察。充分利用缩光圈,先用小光圈分别观察,最后开大光圈全面观察,如有必要,转换畜体方向来确定病变的位置。

(二)正常胸部的X线解剖

1. 猪直立背胸位(正位)

(1)胸壁软组织 胸廓的最外层为软组织,包括皮肤、皮下脂肪和肌肉不同层次的阴影。

(2)胸廓骨骼 胸廓由肋骨、胸椎、胸骨及肩胛骨组成,呈类圆锥形,为密度最高的阴影。

胸椎与胸骨位于两肺的中央,胸椎密度高,在心上部清楚显现,胸骨在正位不能见;肩胛骨阴影位于两肺上方的外缘;肋骨背段与胸椎相连,胸段与肋软骨和胸骨相连接,构成前后交叉的弧形弯曲阴影,相间于两侧肺野,肋骨胸段肋软骨因不显示阴影,故肋骨呈倾斜的游离状。

(3)膈肌 膈肌呈现向上隆起的弧形阴影,下方为腹腔脏器。左侧膈下有半月形透亮的胃气泡阴影。膈肌的两侧形成左、右肋膈角。膈肌与心分别形成左、右心膈角。正常情况下,膈圆顶光滑锐利,在透视下可见随呼吸而起伏运动,其活动幅度正常为 0.5~1 cm。

(4)纵隔 位于两肺中央较宽大的致密阴影,包括纵隔、心、大血管、食管、气管和淋巴组织所形成的重叠综合阴影,而且又与胸椎和胸骨相重叠,密度较高。心阴影是纵隔中最膨大的部分,为一卵圆形均匀一致的致密影,3/5位于左侧,在正常X线片上边缘整齐光滑,在透视下可见有节律的心搏动。心左上方与心相重叠的粗条状致密影为主动脉阴影。心左下方为后腔静脉阴影。

(5)肺野 肺野位于纵隔两旁的广泛区域,呈透亮影,下部因肺含气量多、软组织较薄而亮度更明显。第5肋骨背段以上为尖叶区;第5肋骨背段以下至该肋骨胸段所围绕的范围为心叶区;肺膈叶大部被心影遮盖而不能单独显现。

肺野两心膈角区,自肺门向外下方呈树枝状放射的中等密度的阴影为肺纹理影像,自近端向远端逐渐变细,于肺野外围则逐渐稀少或消失。肺纹理的阴影由肺动脉、肺静脉、支气管和淋巴管所组成,但主要是肺动脉所形成的阴影(图 5-12)。

2. 猪直立侧位

猪直立侧位有左侧位和右侧位(图 5-13),两种侧位并无差别,为两侧肺野的重叠影,同样可显示软组织、骨骼、膈及肺野不同密度的阴影。

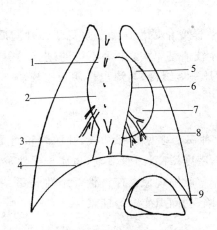

图 5-12　猪直立背胸位示意

1.右心房;2.右心室;3.后腔静脉;4.横膈;5.左心房;
6.主动脉;7.左心室;8.肺门纹理;9.胃气泡

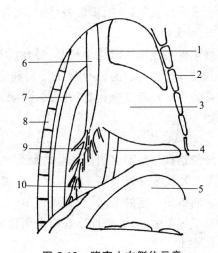

图 5-13　猪直立右侧位示意

1.前腔静脉;2.胸骨;3.心;4.后腔静脉;5.胃气泡;
6.气管;7.主动脉;8.胸椎;9.肺门纹理;10.横膈

羊胸部检查以直立侧位或驻立侧位肺野显示范围最宽广,胸部器官大部分都能显现,适合胸部疾病的检查。

其他中小动物的正侧位 X 线征象与猪大致相同。

3. 马、牛胸部驻立侧位

(1)骨骼　胸椎位于肺野最上方,椎体与棘突显示清楚,椎体下缘呈花边状整齐排列。肋骨显示最清楚,肋骨由前上方斜向后下方,马属动物肋骨密而细小,牛肋骨宽大稀少,两侧肋骨相交错重叠,近侧肋骨阴影清楚而体积较小,远侧肋骨阴影放大而不清。肩胛骨及臂骨因互相重叠不能清楚显现。

(2)膈肌　由后向前隆凸的弧形阴影,膈肌圆顶光滑整齐,膈肌后方为腹腔脏器的密实影,后上方常见半圆形胃气泡影。在透视下膈肌随呼吸前后运动,正常时运动幅度为 1.5～2 cm。

(3)肺野　肺野的上界为胸椎,后界为膈肌,前部肺被肩胛骨及肱骨遮盖而不能见,大动物肺野如前所述分为 3 个三角区,其中心胸三角区除瘦小牛可显示外,其他动物不易显现。正常肺野为广泛的透亮区域,后半部对比度较好,前半部较差。马的肺野较长,牛则短而宽。

心为一类圆锥形致密阴影,犊牛可显示全部心阴影,大动物只能显示心后半部及上半部,在透视下可看到心后缘的搏动。主动脉阴影从心基部升起向后,是沿胸椎下方向后伸延的带状阴影,马比牛清楚。后腔静脉也能清楚显示,位于心后缘至膈肌之间,透视也能看到搏动。

肺门阴影在心基部上方,肺纹理从肺门呈树枝状向肺膈叶延伸。气管为一粗大透亮阴影,由前肺野进入,止于主动脉弓后上方,其末端可清楚看到支气管分叉阴影。

(三)肺部病变的基本 X 线表现

1. 渗出性病变

渗出性病变见于各种肺炎,其位置、大小和范围不定,出现在一侧或两侧肺野的局部或大部分。X 线表现为云雾状或絮状阴影,密度不均匀,边缘不整齐而模糊不清。小片状阴影可融合成大片状阴影,因阴影较淡薄,故称为软性阴影或软性病灶。

2. 增生性病变

增生性病变呈局限性小结节,慢性肺结核的结节样变化最为典型。也见于慢性间质性肺炎和肺外伤出血后的机化现象。X 线表现为边界较清楚,密度中等不均的斑点状阴影。病灶常聚集在一起呈梅花瓣状,大多无融合倾向,病灶进展缓慢,与渗出性病灶比较,属于硬性阴影。

3. 纤维性病变

纤维性病变是肺组织病变愈合修复的现象。此种病变多见于肺结核、肺脓肿和间质性肺炎等。X 线表现粗细不一条索状阴影或网状阴影,密度增高,边缘清晰,也属于硬性阴影。条索状阴影无一定的走向,与肺纹理不同。有时呈聚集收缩现象。广泛性纤维性病变,往往引起肺组织萎缩,导致附近器官向患侧移位,胸廓塌陷,肋间隙变窄等现象。

4. 钙化

钙化是慢性炎症愈合的另一种形式,见于干酪性肺炎、牛肺结核。X 线表现为密度增高、边缘锐利的斑点状、斑块状或形状不规则的球形致密阴影。

5. 空洞

当肺组织坏死液化后经支气管引流排出即形成空洞。洞壁由坏死组织、肉芽组织等形成。根据其病理发展过程分为 3 类。

(1)多发性空洞 X 线见多发性不规则的透亮区,周围有大量炎性实变阴影。这种情况见于坏疽性肺炎、肺结核或转移性肺脓肿。坏疽性肺炎的空洞由于肺组织坏死缺损形状不定,空洞较小,边缘呈虫蚀状,或局部组织呈蜂窝状改变,其周围有大量炎性实变阴影而不见明显的洞壁。

(2)厚壁空洞 空洞周围具有较厚的结缔组织及渗出阴影,空洞内壁光滑,外壁往往不规则。当坏死组织液化而引流不畅,使液体残留洞内时,空洞内则出现液平面,见于肺脓肿、慢性肺结核或肿瘤性空洞。

(3)薄壁空洞 空洞周围有薄层纤维组织围绕,由于肺组织向四周的牵引形成圆形空洞。X 线表现为边界清晰、内壁光滑的圆形透亮区。周围很少有浸润性病变。在空洞底部有时见少量液平面阴影,见于肺结核,且常为多发性的。

6. 囊腔

囊腔或空腔与薄壁空洞形态相似,但壁更薄。囊腔不是由肺组织坏死液化形成,而是由肺组织内的腔隙呈病理扩大引起,如肺大泡、局限性肺气肿、局限性气胸、气囊所致。X 线表现为一环状透亮区,洞壁更薄,周围无炎性渗出及实变影,洞内无液平面。

7. 肿块

肿块性病变是肿瘤或囊肿代替了正常肺组织的表现。X 线表现为圆形或类圆形、中等密度的致密阴影,一般边缘清晰锐利,可单发或多发。肿块最常见于牛、羊的肺棘球蚴病,极少见于犬的肺肿瘤病。

(四)肺部常见疾病的 X 线诊断

1. 支气管肺炎

为斑片状或斑点状的模糊阴影,密度不匀,大小及形状不规则,边缘模糊不清,沿增重的肺纹理分布。通常病灶多见于肺野下部。小片状阴影可融合为大片状阴影,但其密度不匀,且无清楚的肺叶界限,可与大叶性肺炎相区别。支气管肺炎有时也伴有局限性肺气肿或肺不张的 X 线征象。

2. 大叶性肺炎

为肺大片状均匀一致的浓密阴影(大动物需换位检查,以判定患侧部位是一侧性的或两侧性的)。随着病理变化的不同,X 线表现亦有差异。

(1)充血期 于发病后数小时至一昼夜之间,病变部位的肺泡壁毛细血管充血,肺泡内含有少量浆液性渗出物,但仍有气体。X 线无明显阳性表现,仅有肺纹理增加或局部片状较淡薄的模糊阴影。对可疑病例应继续追踪检查。

(2)肝变期 肺泡内充满了凝固性渗出物,已不含空气,坚实如肝。红色肝变期和灰色肝变期 X 线无法区分。马属动物肺的实变主要在肺野下部,X 线表现为大片状密度均匀一致的阴影,上界呈弧形隆起,与临床叩诊时弓形浊音区一致。

(3)消散期 病程经 6~8 d 后,肺泡内渗出物被吸收或排出,肺组织的透亮度逐渐恢复正常。X 线表现为浓厚大片状密实阴影逐渐缩小,稀疏变淡,肺透亮度也随之增加,病变呈不规则大小不一的斑片状模糊阴影。经复查,肺部病变可完全吸收而消失。

3. 猪霉形体肺炎

在直立背胸位检查时,主要表现为在两心膈角部(以右侧多见)及心外围呈现不规则、密度不均、边缘模糊的云絮状阴影。其后沿心外围的肺野逐渐发展扩大,形成肺野中央区大片广泛的弥漫性云雾状阴影,但肺野外围一般仍多正常。依病程经过 X 线可有不同表现。

(1)早期的 X 线所见 最早以心膈角区肺野出现点片状边缘模糊的云絮状阴影。随着病程进展,病变以心膈角为起点向上、下方和周围蔓延,阴影范围增大,密度增加,阴影与心下缘重叠,使心下缘轮廓模糊不清。

个别病例可单独侵害一侧或两侧的肺心叶,以右心叶多见,使整个心叶完全实变。在直立背胸位检查时,于右肺野中出现密度增高、边缘整齐光滑的三角形阴影,尖端指向肺外缘。侧位观察三角形阴影更清楚,其后病变向周围蔓延。

(2)严重期的 X 线所见 病变连续发展,阴影向肺尖叶区和膈叶区蔓延扩大,融合成较广泛的大片状模糊阴影,密度不均匀,边缘模糊不规则,将心影大部遮盖,仅现少部分心影上界,但肺外围仍较正常。

(3)消退期的 X 线所见 大多数患猪在度过较长时间的肺炎阶段后,开始转入消退期。在大片状阴影之间出现斑片状不规则的透明阴影。心及后腔静脉阴影重现。随病情好转,片状阴影也逐渐稀少而全部消散。但此时与初期病例不易区别,应结合病史或在短期内追踪复查而确认。

4. 肺棘球蚴病

肺棘球蚴病可以单发,也可以多发,其位置、大小和数目不定。单发病例棘球蚴囊肿呈圆形、卵圆形或葫芦状阴影,密度均匀,边缘光滑锐利,周围一般无炎性反应。绵羊单发棘球蚴囊肿直径 1～10 cm 不等,牛可达 16 cm。绵羊多发性棘球蚴囊肿有的呈单个散在,但大多数聚集成堆,其间条索状阴影相连,如同葡萄串状征象,周围可能并发炎症变化。牛多发性棘球蚴囊肿多呈单个散在,直径 6 cm 以上的棘球蚴囊肿在透视下可见随呼吸而发生形状的弹性改变。陈旧性囊壁产生钙化。整个囊壁钙化呈环状致密阴影,部分囊壁钙化呈半环状致密阴影;多房性囊壁钙化呈蜂窝状。大的囊肿可以压迫血管、支气管移位。如包囊破裂可以出现下列征象。

①仅外囊破裂时,少量空气进入内、外囊之间,在包囊上部呈现新月形透明区。

②包囊的内、外壁都破裂,空气进入,囊液部分排出,则囊内形成气液面阴影。

③包囊液流入胸腔时则引起胸腔积液或气胸。

5. 肺结核

临床常见的类型包括以下几种。

(1)急性粟粒性肺结核　由于大量结核杆菌一次侵入血液循环所引起,又称血行播散型肺结核。X 线表现为透视时可见整个肺野透明度降低,呈磨玻璃状改变。X 线片上可见整个肺野有均匀分布、大小相等的点状或颗粒状边缘较清楚的致密阴影,有些病例可见到小病灶融合成较大的点状阴影。

(2)结核性肺炎　此型病情较严重,多为大片状渗出性的阴影,与融合性支气管肺炎相似,但在渗出阴影中有较致密的结节样病变为其特点。有时在大片状模糊阴影之间出现密度减低区或较明显的空洞形成。此型常可并发结核性胸膜炎。

(3)肺硬变　为慢性增殖性经过。X 线表现为范围不等,密度较高,边缘较清楚的致密阴影。有时在病变区出现单发或多发的空洞透明区,并有点状或斑片状钙化灶混杂其间。

6. 肺气肿

(1)普遍性肺气肿　X 线表现主要是两肺普遍性透明度增加,肺体积增大,膈圆顶后移,且活动度受限,肺纹理清楚散开,肋间隙增宽和胸廓变形。

(2)局限性肺气肿　X 线表现为局限性肺透明度增加,部位和范围取决于被阻塞支气管所支配的范围而定。细支气管阻塞可引起肺边缘局限性的肺大泡,X 线见圆形或长圆形空腔透明影,边缘光滑而壁薄,应与肺空洞相鉴别。

(3)代偿性肺气肿　X 线可见在实变肺组织以外的健康肺含气量增高,透明度增强,一侧性肺气肿由于另一侧的大面积肺实变所致,背胸位检查时,X 线可见患侧胸廓狭窄,健侧增宽,肺野透亮度增加,膈下降,肋间隙增宽,呼气时纵隔向健侧移位,而吸气时又恢复正常。

7. 胸膜腔积液

胸膜腔积液是由胸膜炎引起的炎性渗出液,还有因心或肾病变所引起的非炎性漏出液,用 X 线不能区分。依胸膜腔积液量的多少而出现不同的征象。

中小动物少量积液时,取驻立侧位观察,见心膈三角区变钝或消失,密度增高;直立侧位见椎膈角变钝或消失,密度增高。大量积液时,不论取正位或侧位,都显现大片状密度均匀一致凹面向上的弧形阴影(渗液曲线),在透视下液面随呼吸可上下移动。

大动物只能取驻立侧位检查,少量积液时心膈角下部变钝或消失,密度增高;大量积液可使心、后腔静脉被积液阴影掩盖,下部呈广泛性浓密阴影,重剧病例上界液平面达肩关节水平线以上,如体位变化,液平面也随之改变,对腹壁冲击触诊时则见液面随之波动。

DR——数字化 X 射线摄影简介

DR(digital radiography)又称数字 X 光机,是可以在几秒钟的时间内直接完成 X 光影像的拍摄并把它显示在电脑显示屏上供医生做诊断的 X 光影像设备。DR 是数字化医疗影像的基本设备,是世界未来 X 光机的主要发展方向。

DR 成像更加清晰、细腻,同时医生可根据需要进行多种图像后处理,以期获得更多更准确的诊断信息。

DR 操作流程简便快捷,大幅度减少放射技术工作人员的劳动负荷及剂量危害,并提高工作效率。传统 X 射线摄影检测效率仅为 20%～30%,而 DR 成像系统的量子检测率则可达 60%以上。与传统 X 射线摄影的剂量相比,DR 射线成像的剂量可降低很多。同时,利用其图像处理功能,一次曝光所得图像数据经处理后可以获得与需要改变条件和多次曝光的传统方法相同的效果。在应用上减少曝光次数,也可减少受检者辐射剂量,提高 X 射线使用效率。

DR 所需 X 线剂量比传统胶片成像要低很多,降低了 X 线辐射的危害。

DR 数字化的诊疗结果有助于医生对病情的远程诊疗,DR 取代传统的 X 光机大大地降低了废片率。传统的 X 光机常因操作者的经验不足导致曝光不足或曝光过度而导致废片。DR 可以在曝光后在电脑上重新调节图像的亮度和对比度,因此废片率极低,从而节约了资源,降低了成本。DR 无需胶片和其他耗材,从而极大地降低了医院和诊所的运行成本,节约了资源,对环境也没有污染。

Project 6

消化系统检查

【学习目标】

能对动物的饮食状态进行检查判定；会进行口腔、咽、食道的检查；能进行胃肠检查和判定；能对动物排粪状态和粪便进行检查判定；了解动物的直肠检查和肝、脾检查。

【学习内容】

1. 饮食状态的检查；
2. 口、咽、食道的检查；
3. 腹部及胃肠检查；
4. 排粪动作及粪便检查；
5. 消化系统常见症状的鉴别诊断。

消化系统包括消化管和消化腺两部分。消化管为食物通过的管道,起于口腔,经咽、食管、胃、小肠、大肠止于肛门。消化腺为分泌消化液的腺体,其中唾液腺、肝和胰腺在消化管外形成独立器官,由腺管通入消化道,称壁外腺,胃腺和肠腺位于胃壁和肠壁内,称为壁内腺。

从口腔摄入的饲料和饮水,经咽和食管,被运送到胃肠,在消化液(内含各种消化酶)的消化作用下,把食物中各种蛋白质、脂肪和碳水化合物等大分子营养物分解为氨基酸、脂肪酸和葡萄糖等结构简单的物质,通过胃肠道的黏膜上皮进入血管和淋巴内,而将不能利用(甚至有害)的物质排出体外,以保证动物的生命活动和生产能力。

消化系统最易遭受理化的、生物的(微生物、寄生虫)刺激和侵害,引起解剖形态和生理机能的变化,不仅直接影响动物的营养、代谢和生长、发育,同时也影响机体其他器官、系统的机能活动;其他器官系统的疾病也会累及消化器官。在兽医临床上,各种家畜消化系统疾病的发病率为最高,消化系统检查在临床上有着特别重要的意义。

任务一　饮食状态的检查

饮食状态的检查,主要包括食欲和饮欲,采食、咀嚼、吞咽、反刍、嗳气、流涎及呕吐等的检查。

一、食欲和饮欲检查

(一)食欲检查

食欲是动物对采食饲料的需求。食欲是动物健康与否的重要标志。生理情况下食欲常因饲料的种类、品质、饲喂方式、饲喂环境、饥饿和疲劳程度以及动物的个体特点等因素的影响而发生变化,应注意与病理状态下的食欲改变加以区别。动物食欲的检查,主要靠问诊和饲喂试验来进行。根据其采食的数量,采食持续时间长短、咀嚼的力量和速度,还可参考是否剩草、剩料以及腹围的大小等综合判定动物食欲。

食欲的病理变化,常见的有食欲减少、食欲废绝、食欲不定、食欲亢进及异食癖。

1. 食欲减退

病畜表现不愿采食或食量明显减少,即使给予动物平时喜食的食物也只是采食少量。食欲减退是许多疾病的共同表现,由于各种致病因素作用,导致舌苔生成、味觉减退,反射地抑制胃的饥饿收缩所引起。同时与胃肠张力减弱,消化液分泌减少有关。食欲减退是消化系统轻度机能障碍的表现,消化器官本身的疾病引起的主要见于轻微的胃肠疾病、口炎、牙齿疾病,其他能引起消化机能轻度障碍的疾病,见于热性病、疼痛性疾病、代谢障碍、慢性心衰、脑病、单胃动物的维生素 B_1 缺乏症等过程中。

2. 食欲废绝

病畜食欲完全丧失,拒食。长期拒食饲料提示疾病严重,预后不良。食欲废绝是消化系统机能的严重障碍或病情重剧的表现,见于急性胃肠道疾病(如急性瘤胃臌气、急性肠臌气、肠阻塞、肠变位等),各种高热性疾病、剧痛性疾病、中毒性疾病、肝病及其他重症疾病。

3. 食欲不定

病畜食欲时好时坏,变化无规律,见于慢性消化不良、牛创伤性网胃炎及慢性传染病(如猪瘟)。

4. 食欲亢进

病畜采食量异常增多,主要是由于机体能量需要增加,代谢加强,或对营养物质的吸收和利用障碍所致。家畜较少见,主要见于犬、猫重病恢复期、肠道寄生虫病、代谢障碍性疾病(如糖尿病)、内分泌病(如甲状腺机能亢进)、机能性腹泻等。营养物质吸收和利用障碍所引起的食欲亢进,尽管采食量增加,但患畜仍呈营养不良甚至逐渐消瘦。

5. 异食癖

异食癖是食欲紊乱的另一种异常表现,病畜喜欢采食异物,如泥土、煤渣、垫草、粪尿、污水及被毛等。异食癖多为矿物质、维生素、微量元素代谢紊乱或某种氨基酸缺乏的征兆,常发生于幼畜,如骨软病、佝偻病、维生素缺乏症、幼畜白肌病、仔猪贫血等。鸡的啄羽癖、啄肛癖,猪的咬尾、吞仔癖或吞食胎衣均系一种恶癖或是饲料中某些营养物质(尤其是蛋白质及矿物质)缺乏的表现。此外,慢性胃卡他、脑病(如狂犬病)的精神错乱、胃肠道寄生虫病(如猪蛔虫病)均可引起异食癖。

(二)饮欲检查

饮欲检查主要是检查家畜饮水量的多少。饮欲是由于机体内水分缺乏,细胞外液减少,血浆渗透压增高,致使唾液分泌减少,口、咽黏膜干燥,反射性地刺激丘脑下部的饮欲中枢所引起的。健康家畜的饮水量常受气温、运动和饲料中含水量及肾、皮肤和肠管机能状态等因素的影响。

饮欲的病理变化有饮欲增加和饮欲减退。

1. 饮欲增加

病畜表现为口渴多饮,常见于热性病、脱水(如剧烈呕吐、腹泻、多尿、大量出汗)、渗出过程(如渗出性胸膜炎和腹膜炎)及猪、鸡食盐中毒。犊牛水中毒时,可见病犊狂饮不止。

2. 饮欲减退

病畜表现为不喜饮水或饮水量少,见于吞咽困难、意识障碍的脑病及不伴有呕吐和腹泻的胃肠病。马骡剧烈腹痛时,常拒绝饮水,如出现饮水,多为病情好转的征兆。

▶ 二、采食、咀嚼与吞咽的检查

各种家畜由于其唇齿舌的结构不一,其采食方式各有不同。牛用舌卷草入口并抬头用下切齿割断,马、羊用唇卷拔并用切齿切取食物,猪张口吞食。家畜饮水时均使唇接触水面,上下唇间略留缝隙,舌向后移造成负压,吸水入口。健畜咀嚼灵活有力,吞咽快速顺利。在病理状态下,常可呈现各种障碍。

1. 采食饮水障碍

病畜表现采食不灵活,或不能用唇舌采食,或采食后不能利用唇舌运动将饲料送至臼齿间进行咀嚼。采食饮水障碍见于唇、舌、齿、下颌、咀嚼肌的直接损害,如口炎、舌炎、齿龈炎、异物刺入口黏膜、下颌关节脱臼、下颌骨骨折等;某些神经系统疾病,如面神经麻痹、破伤风时咀嚼肌痉挛,均可引起采食障碍。在采食时用牙齿去衔草,将饲草衔在口中而忘记咀嚼,饮水时将口鼻伸入水中而不吸饮,直至呼吸困难时急剧抬头,多为脑机能障碍的表现,可见于慢性脑室积水及脑炎等。

2. 咀嚼障碍

可表现为咀嚼缓慢、痛苦和困难。病畜咀嚼无力,次数减少,称咀嚼缓慢,可见于发热疾病初期及消化机能障碍的疾病等;咀嚼时小心谨慎,想咀嚼而又不敢用力,并往往突然停止咀嚼,并将食物吐出,称咀嚼痛苦,可见于口炎、舌伤、牙齿疾患等;咀嚼费力,张口困难或不能咀嚼,则称咀嚼困难,可见于咀嚼肌麻痹、破伤风和士的宁中毒等。

此外,空嚼、磨牙或切齿声,见于伴有疼痛的疾病(如牛前胃弛缓、创伤性网胃炎和皱胃病、马疝痛),神经系统损害(如破伤风、传染性脑脊髓炎)及中毒。

3. 吞咽障碍和咽下障碍

吞咽动作是动物的一种复杂的生理性反射活动,由舌、咽、喉、食管及胃的贲门以及吞咽中枢与其相联系的传入、传出神经共同协调而完成。在病理状态下,可见有吞咽障碍和咽下障碍两种形式。

(1)吞咽障碍 特点是病畜表现明显的吞咽困难,在吞咽时,摇头伸颈、前肢刨地,屡次试图吞咽而中止或吞咽时引起咳嗽并伴有大量流涎,在马常有饲料残渣、唾液和饮水经鼻返流。吞咽障碍常由于咽、食管的机械性阻塞,咽喉部损害(如咽炎、咽肿瘤、咽周围淋巴结肿胀);吞咽中枢或有关神经(三叉神经、面神经、舌咽神经、迷走神经、舌下神经)疾患,使咽肌痉挛或麻痹所致。

(2)咽下障碍 特点是病畜吞咽并不困难,但食物入胃发生障碍,吞咽后不久,呈现伸颈摇头,或食管的逆蠕动,由鼻孔逆流出混有唾液的饲料残渣,或流出蛋清样唾液。咽下障碍常见于食管疾病,如食管阻塞、食管炎、食管痉挛或麻痹、食管狭窄等。

三、反刍、嗳气状态的检查

1. 反刍

反刍动物采食后,周期性地将瘤胃中的食物逆呕至口腔、重新咀嚼后再咽下的过程,称为反刍。反刍是反刍动物特有的消化行为,反刍与前胃、皱胃的机能及动物整体的健康状态有密切关系。因此,观察动物的反刍活动对疾病诊断和预后均有重要意义。

健康反刍动物采食后 1 h 左右开始反刍,对每个食团咀嚼 50～60 次后再咽下,每次反刍持续 0.5～1 h,每昼夜 6～8 个反刍周期。绵羊和山羊的反刍活动较牛为快。反刍活动通常在安静或休息状态下进行,并常因外界环境影响而暂时中断。

反刍的病理变化可表现为反刍机能减弱(反刍迟缓、稀少、短促、无力)、完全停止及反刍痛苦等。

(1)反刍机能减弱 反刍机能减弱表现为反刍迟缓、稀少、短促、无力。开始出现反刍的时间延迟,如采食后 3～4 h 后才出现反刍,称为反刍迟缓;每昼夜反刍的次数减少,如每昼夜仅反刍 1～2 次,称反刍稀少;每次反刍持续的时间过于短少,如每次反刍仅持续 5～15 min,称为反刍短促;反刍时咀嚼无力,时嚼时停,食团未经充分咀嚼即行咽下,称为反刍无力。反刍迟缓、稀少、短促、无力,为前胃兴奋性降低、运动机能减弱的表现,可见于前胃弛缓、瘤胃积食、创伤性网胃炎,瓣胃和皱胃阻塞的前期,皱胃炎及引起前胃功能障碍的多种全身性疾病(热性病、中毒病、代谢病和脑病)时。

(2)反刍停止 病畜完全不进行反刍,称为反刍停止;为前胃运动机能严重障碍,病情危重的表现,可见于重症的前胃、皱胃疾病及其他重症疾病时。

(3)反刍痛苦 反刍时病畜伸颈,不断发出呻吟声,称为反刍痛苦。反刍痛苦可见于创伤性网胃-腹膜炎等。

如出现顽固性或反复出现的反刍机能障碍,多提示为前胃弛缓、创伤性网胃炎或严重的全身性慢性消耗性疾病,如结核病后期、恶病质等。

2. 嗳气

牛瘤胃一昼夜可产生气体 600～1 300 L,其主要成分是二氧化碳、甲烷和少量的氢、氧、氮、硫化氢等,这些气体约有 1/4 被吸收入血液后经肺排出,一部分在瘤胃内被微生物利用,其余靠嗳气排出。嗳气也是反刍动物特有的生理活动,是排出瘤胃内气体的主要途径。嗳气的次数取决于气体产生的速度,采食后和反刍时嗳气增加,早晨空腹时次数减少。健康奶牛一般每小时嗳气 20～30 次,黄牛 17～20 次,绵羊 9～12 次,山羊 9～10 次。嗳气时,可在牛的左侧颈静脉沟处看到由下而上的气体移动波,有时还可听到咕噜声。嗳气的病理性变化可表现为嗳气增加或减少。

(1)嗳气增加 可见于急性瘤胃臌气的初期,但很快转为减少或停止。

(2)嗳气减少 嗳气减少为前胃运动机能障碍或瘤胃内微生物活力减弱发酵不足的表现。这种情况可见于前胃弛缓、瘤胃积食、皱胃疾病、瓣胃阻塞、创伤性网胃炎,继发前胃功能障碍的传染病和热性病。

(3)嗳气停止 嗳气停止可见于瘤胃内气体排出受阻(如食管阻塞)以及严重的前胃收缩力不足或麻痹,常会继发瘤胃臌气。

单胃动物生理情况下由于胃内在正常消化过程中仅形成少量的气体,并可随食物进入肠管,故不表现嗳气现象。若发生嗳气,均为病理现象,如因过食、幽门痉挛、胃酸过少,致使胃内异常发酵,有过量的气体蓄积而出现嗳气。如马出现嗳气现象,多提示急性气胀型胃扩张。

▶ 四、流涎、呕吐的检查

1. 流涎

口腔中的分泌物(正常或病理性)流出口外,称为流涎。健康家畜中,除牛因其唾液分泌比较旺盛,生理状态下有时可见少量流涎外,其他家畜均不流涎,若见牛流涎异常增多及其他家畜呈现流涎,均为病理状态,为唾液腺分泌机能亢进或唾液的咽下障碍所致,可见于重症口炎、唾液腺炎、咽炎、咽麻痹、食道阻塞及某些中毒病等。如在牛群中发现大多数牛发生大量牵缕性流涎,则为口蹄疫特征。

2. 呕吐

胃内容物不自主地经口或鼻孔中排出来,称为呕吐。肉食动物可发生生理性呕吐,但草食动物和杂食动物发生呕吐均为病理现象。由于各种家畜胃和食道的解剖生理特点和呕吐中枢的感应性不同,呕吐的难易程度也不一样。肉食动物(犬、猫)容易发生呕吐,杂食动

（猪）次之，反刍动物（牛、羊）再次之，马属动物最难呕吐。各种家畜呕吐时，一般都有不安、头颈伸直等表现；肉食兽和猪呕吐的胃内容物由口排出，反刍兽呕吐的胃内容物经口、鼻排出，但其呕出的多为前胃（主要是瘤胃）内容物，而非皱胃内容物，故一般称为返流；马一般仅有呕吐动作，在疾病严重时才有胃内容物经鼻孔排出，同时伴腹痛不安等表现，是急性液胀型胃扩张的特征，多提示有继发性胃扩张甚至胃破裂的危险。呕吐依其发生原因可分为反射性呕吐和中枢性呕吐两种。

（1）反射性呕吐　多由于咽、食道、胃肠黏膜或腹膜受到刺激后，反射性地引起吐中枢兴奋所引起。这种呕吐可见于咽梗塞、食道阻塞、牛急性瘤胃臌气以及马急性胃扩张后期、牛皱胃炎、猪胃食滞和胃炎、仔猪蛔虫病等。马发生呕吐，多为预后不良的表现。

（2）中枢性呕吐　多由于呕吐中枢直接受到有毒物质和炎性刺激所引起。中枢性呕吐可见于某些脑病（如乙型脑炎、脑炎）及某些中毒病过程中。

检查呕吐时还应注意呕吐出现的时间、频度及呕吐物的性状等。如刚采食后，一次性吐出大量食物，多因采食过量所致，可见于肉食动物及猪过食时。频繁多次性呕吐，多因胃黏膜长期遭受某种刺激或呕吐中枢机能紊乱所致，可见牛皱胃炎及皱胃溃疡、猪胃溃疡及中枢神经系统重症疾病（如脑炎）过程中。呕吐物呈黄色或绿色，且为碱性，则为混有胆汁的表现，可见于小肠阻塞或变位时。呕吐物呈红色或暗红色，则为混有血液的表现，可见于肉食动物及猪的出血性胃炎及某些出血性疾病（如犬瘟热、猫瘟热及猪瘟等）过程中。

任务二　口、咽、食道的检查

一、口腔的检查

1. 开口方法

动物的开口法，可根据临诊的需要，选用徒手开口法或开口器开口法。各种开口器见图6-1。

（1）牛开口法　在牛常用徒手开口法，用一手的拇指和食指握住鼻中隔并向上提举，另一手从口角伸入口腔牵出舌并下压下颌，即可使口张开（图6-2）。有时需用开口器开口（图6-3）。

（2）羊开口法　对羊常用徒手开口法，用一手拇指与中指由颊部捏握上颌，另一手的拇指和中指由左、右口角处握住下颌，同时用力向上下拉之即可开口。

（3）猪开口法　可用木棒撬开口腔，或

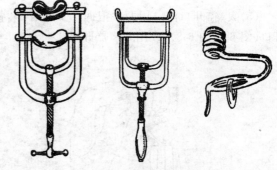

图6-1　各种开口器

用开口器开口。猪用开口器开口时，助手握住猪的两耳，检查者将开口器平伸入猪的口内，将开口器用力下右口角处握住下颌，同时用力向上下拉之即可开口（图6-4）。

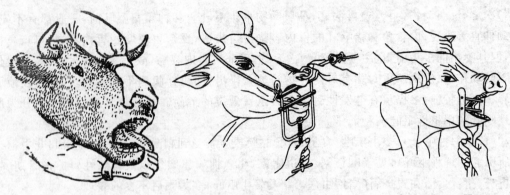

| 图 6-2　牛徒手开口 | 图 6-3　牛开口器开口 | 图 6-4　猪开口器开口 |

（4）马开口法　仅观察口黏膜颜色时，用徒手开口法。检查者站于马头侧方，一手握住笼头，另一手食指和中指从一侧口角伸入口腔，使中指抵于舌系带处，用食指顶住上腭，两指分开，一般即可使口张开（图 6-5）。也可将舌从口角处牵拉出检查。若要检查口腔内部器官时，将舌拉出的同时用另一手拇指从另侧口角伸入并顶住上腭，然后检查者移向马的正前方，进行检查。若开口不充分时，也可用开口器开口（图 6-6）。马可使用单手开口器，一手握住笼头，一手持开口器自口角处伸入，将开口器螺旋形部分伸入上、下臼齿之间，使口腔张开。用重型开口器时，将开口器的齿板嵌入上下切齿之间，再转动螺旋柄，即可逐渐使口腔张开。

| 图 6-5　马徒手开口 | 图 6-6　马开口器开口 |

（5）犬、猫开口法　用两手把握上下颌骨部，将颊压入齿列，使颊被盖于臼齿上，然后掰开口（图 6-7、图 6-8），或用开口器开口。

| 图 6-7　犬徒手开口 | 图 6-8　猫徒手开口 |

2. 口唇的检查

健康家畜的口唇,除老弱马匹因其下唇组织的紧张性降低而松弛下垂外,两唇闭合良好。病理状态下,常可出现下列变化。

(1)口唇下垂不能闭合 可见于颜面神经麻痹、昏迷、某些中毒病(如马霉玉米中毒)等。一侧性颜面神经麻痹时,则口唇歪向健侧。

(2)口唇紧张性增高 双唇紧闭,口角向后牵引,口腔不易或不能打开,可见于破伤风和士的宁中毒等。

(3)口唇肿胀 可见于血斑病、口唇黏膜深层发炎及马传染性脑脊髓炎等。

(4)唇部疹泡 可见于牛和猪口蹄疫、马传染性脓疱性口炎等。

3. 口腔气味

健康动物的口腔一般无特殊臭味。当动物患消化机能障碍的某些疾病时,由于长期饮、食欲废绝,口腔上皮脱落及饲料残渣腐败分解而发生臭味。口腔气味可见于口炎、热性病、胃肠炎及肠阻塞、瘤胃积食等;当患齿槽骨膜疾患时,也可呈现腐败臭味;牛酮血病时,可呈现类似氯仿的酮体气味。

4. 口黏膜的检查

应注意其色泽、温度、湿度及形态变化。

(1)色泽 健康家畜口黏膜颜色淡红而有光泽,在病理情况下,可呈现苍白、潮红、黄染及发绀等变化,其诊断意义与眼结膜颜色变化的意义相同,口腔黏膜极度苍白或高度发绀,提示预后不良。

(2)温度 口腔温度的检查,可将手指伸入口腔内感知,口温升高,可见于口炎、肠炎及一切发热病等;仅口温升高而体温不高,多为口炎的表现。口温降低,可见于肠痉挛、严重贫血、虚脱及濒死期。

(3)湿度 口腔湿度的检查可用视诊,也可用手指检查,检查马骡口腔湿度时,可将食、中指伸入口腔,转动一下后取出观察,检指上干、湿相间为湿度正常,检指干燥者,为口腔稍干的表现,检指湿润者,为口腔稍湿的表现。口腔过于湿润,甚至流涎,为唾液分泌增多或吞咽障碍所致;可见于肠痉挛、口炎、咽炎、食道阻塞、有机磷农药中毒、口蹄疫、狂犬病及破伤风等。口腔干燥,为机体脱水的表现;可见于发热性疾病、马骡肠阻塞、牛瘤胃积食、瓣胃阻塞及其他脱水性疾病时。

(4)口黏膜的形态变化 口黏膜肿胀,并发生水泡、脓疱、糜烂、溃疡等,除见于各型口炎外,还可见于某些传染病,如口蹄疫、传染性水疱病、痘病及维生素缺乏症等。

5. 舌苔及舌的检查

(1)舌苔 是覆着在舌面上的一层疏松或紧密的附着物,主要由脱落不全的上皮细胞所组成,呈灰白色或黄白色,多数情况下混有唾液、饲料残渣等,是胃、小肠消化不良时所引起的一种保护性反应。舌苔可见于胃肠病(胃肠卡他、胃肠炎)和热性病,及引起胃肠消化紊乱的其他疾病时。舌苔厚薄、颜色等变化,通常与疾病的轻重和病程的长短有关。舌苔黄厚,一般表示病情重或病程长,舌苔薄白,一般表示病情轻或病程短。(图6-9、图6-10)

(2)舌色的检查 健康家畜舌的颜色与口腔黏膜相似,呈粉红色且有光泽。在病理情况下,其颜色变化与眼结膜及口腔黏膜颜色变化的临诊意义大致相同(图6-9、图6-10)。舌色绛红(深红或带紫色),多为循环高度障碍或缺氧的表现;舌色青紫,舌软如绵则可提示病到危期,预后不良;牛舌体肿胀、变硬、体积增大,多为放线菌病的表现;舌垂于口角外并失去活动能力,则为舌麻痹的表现,可见于各型脑病后期及某些饲料中毒病(如霉玉米中毒)时;舌部创伤,可能是被口衔勒伤,尖锐异物刺伤,也可因中枢神经机能紊乱而被咬伤。

图6-9　牛舌苔及舌的检查

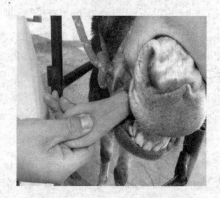
图6-10　驴舌及舌苔检查

(3)形态变化　舌形态的病理变化主要有以下表现。

①舌硬化(木舌症)。舌硬如木,体积增大,致使口腔不能容纳而垂于口外,可见于牛放线菌病。

②舌麻痹。舌垂于口角外并失去活动能力,见于各种类型脑炎后期或饲料中毒(如霉玉米中毒及肉毒梭菌中毒病),同时常伴有咀嚼及吞咽障碍等。

③舌部囊虫结节。猪的舌下和舌系带两侧有高粱米粒大乃至豌豆大的水疱状结节,是猪囊尾蚴病的特征。

④舌体咬伤。因中枢神经机能扰乱(如狂犬病、脑炎等)而引起,马舌体横断性裂伤,多因口衔勒伤所致。

6.牙齿的检查

牙齿病患常为造成消化不良,消瘦的原因之一,检查牙齿在马尤为重要。当马有流涎、口臭、采食和咀嚼扰乱时,应特别注意齿列是否整齐和磨灭情况,有无锐齿、过长齿、赘生齿、波状齿、龋齿及牙齿松动、脱落或损坏等。在幼龄家畜(马、骡)如采食饮水减少,应注意有无赘生齿发生;在成畜及老龄家畜切齿珐琅质失去光泽,表面粗糙,呈现黄褐色斑纹,过度磨损,多为慢性氟中毒的表现;臼齿磨灭不整,牙齿松动,且下颌骨肿胀,多为齿槽骨膜炎的表现;老龄马骡还可见锐齿、过长齿、波状齿等。

二、咽的检查

病畜有吞咽障碍表现时,尤其是在吞咽时有饲料或饮水从鼻孔流出,需做咽部检查。

1.检查方法

咽的检查主要用视诊和触诊。

视诊应注意病畜头颈姿势,咽喉局部肿胀及吞咽机能的变化。咽位于口腔的后方和喉的前上方,其体表投影位于寰椎翼的前下方和下颌支上端的直后方,因其被腮腺等所覆盖,故位置深在。

触诊时,检查者站于病畜颈侧面斜向头的方向,两手拇指放在左右寰椎翼的外角上做支点,其余 4 指并拢向咽部轻轻压迫咽部两侧(图 6-11),以感知局部敏感性、温度变化、有无肿胀及肿胀的硬度等。咽部正常时只感到两手指间被薄层组织分开,无痛无热。

图 6-11 牛咽部触诊法

小动物及禽类还可打开口腔进行咽的内部诊视,以判定咽黏膜的病变。

2.病理变化

视诊见病畜吞咽时头颈伸直,触诊咽部敏感疼痛,甚至诱发咳嗽,局部肿胀发热,可提示为咽炎;但需注意与腮腺炎鉴别,在腮腺炎时吞咽障碍不明显,局部肿胀范围大。若病畜有吞咽机能障碍,但触诊咽部无热、痛、胀,可提示为咽麻痹。如出现明显肿胀、增温并有敏感(疼痛)反应或咳嗽时,多为急性炎症过程;马如伴发邻近淋巴结的弥漫性肿胀,则见于咽炎、腮腺炎、马腺疫;牛的咽部局限性肿胀,于咽的后方触到圆形的肿胀物,见于咽后淋巴结化脓、结核病和放线菌病;猪的咽部及其周围组织肿胀,并有热痛反应,除见于一般咽炎外,应考虑急性猪肺疫,咽部炭疽、仔猪链球菌病等。此外,牛咽周围的硬性肿胀,可见于腮腺炎、结核及放线菌病;猪咽部及周围肿胀、热痛,可见于急性猪肺疫、咽炭疽等;幼驹咽喉及其附近淋巴结化脓性肿胀,可见于马腺疫。

三、食管的检查

病畜表现咽下障碍、大量流涎并怀疑食管疾病时,应做食管检查。

检查食道,常用视诊、触诊及胃管探诊,有条件时可行 X 线造影检查。食管颈段可视诊或用手直接触摸,食管胸段和腹段的检查需用胃管探诊。

1.视诊

健康家畜的食道深在于食道沟内,正常不易看见。视诊时注意观察吞咽动作、食物沿食管通过的情况及局部是否有肿胀。当颈部食道阻塞时,常可看到局限性膨隆,阻塞物前部食管充满饲料、唾液时可出现筒状隆起;马属动物急性胃扩张后期发生呕吐时,可见食管自下而上地逆蠕动现象。

2.触诊

触诊时,检查者站在动物的左颈侧方,面向尾方,左手放在右侧颈沟处固定颈部,用右手指端沿左侧颈沟自上而下直至胸腔入口处,进行加压滑动触摸,而对侧的左手,也应同时向下移动。检查时注意是否有肿胀、异物、波动感及敏感反应等。健康家畜的食道触摸不到,但在牛、马食道阻塞时,如阻塞物在颈部食道,触诊可发现该部肿大、坚硬,触压有疼痛反应,上部食道因贮积饲料、分泌物而扩张,触诊有波动感;食道痉挛时,可感知食道呈索状;食道炎时,触及患部,病畜表现疼痛反应。

3.探诊

胃管的选择:应根据动物种类及大小而选用不同口径及相应长度的胶管(通常称胃管)。大家畜一般选用长 2～2.5 m,内径为 1～2 cm,管壁厚度为 3～4 mm,软硬度适中的胃管;猪、羊可用长约 90 cm,外径 12 mm 的胃管;小动物可用家畜导尿管或其他适宜的橡胶导管。

（1）探诊方法　探诊前先将家畜妥善保定。将胃管用温热的消毒液浸泡软后涂以润滑剂（如石蜡油）。探诊时术者站于马的一侧，一手握住鼻翼软骨，另一手将胃管前端沿下鼻道底壁缓缓送入（牛、羊、猪常用开口器开口后自口腔送入），当胃管前端抵送咽部时即可出现抵抗感，此时不要强行推送，可将胃管轻轻转动或前后移动，趁家畜发生吞咽动作之际将胃管送入食道内。若家畜不吞咽时，可用捏压咽部或牵拉舌等法诱发吞咽动作，再将胃管送入食道内。在判定无误后，继续缓慢送入直达胃内。

胃管通过咽后，应立即进行试验，正确判定在食道内后送入，当胃管进入食道内后，可感到推送有一定阻力，而不像误送入气管内那样畅通无阻；若前后移动胃管或向胃管内吹气时，可于左侧颈静脉沟部见到波动，在胃部也可听到特殊音响；通常在左侧颈静脉沟触摸到胃管；将压扁的橡皮球插入胃管口时不会鼓起。相反，则表明误送入气管内，特别是病畜呈现频咳嗽时更应注意，应将胃管抽回到咽部，重新再送。

（2）临床意义　进行食管探诊的同时，实际上也可做胃的探诊，首先是用于食管疾病和胃扩张的诊断，以确定食管阻塞、狭窄、憩室及炎症发生的部位，并可提示是否有胃扩张的可疑。根据需要借胃管抽出胃内容物进行实验室检查。如食道阻塞时，胃管到达阻塞部位后受阻不能继续送入，若用力推送时，病畜疼痛不安，吹气不通，灌水不下；食道炎时，胃管到达发炎部位后，表现剧烈疼痛，极度不安；食道狭窄时，只能使细小胃管通过；食道扩张并形成憩室时，胃管到达病变部位后往往抵于憩室部受阻，但细心调转胃管方向后又可顺利通过等。胃管插入胃后，如有大量酸臭气体或黄绿色稀薄胃内容物从管口排出，则提示急性胃扩张。其次，胃管探诊也是一种常用的治疗手段。

4．X线检查

X线造影检查能为食道疾病（如食道阻塞、食道狭窄、食道扩张等）的诊断提供可靠的依据。

任务三　腹部及胃肠的检查

▶ 一、腹部检查

腹部检查以视诊及触诊为主。

1．腹部视诊

腹部视诊主要观察判定腹围的大小及有无局限性肿胀等。

（1）腹围膨大　除见于妊娠外，大多由于胃肠积气、积食及腹腔积液等原因所致。

胃肠积气所致者，腹围常于短时内迅速增大，尤以腹部上方显著膨胀，叩诊呈现鼓音。这种情况可见于瘤胃臌气、肠臌气等。

胃肠积食所致者，腹围增大比较缓慢，程度较轻，并且常于接近积食器官部位的腹部明显增大。如牛皱胃积食时，右侧中腹部向后下方局限性膨大；猪胃积食时，在左肋下区明显臌胀。

腹腔积液所致者，腹部对称性膨大下垂，冲击触诊可产生波动感。

（2）腹围卷缩　腹围急剧缩小，多由于重剧腹泻、严重吞咽机能障碍性疾病以及伴有腹壁肌肉高度紧张或痉挛的疾病所引起；可见于急性胃肠炎、重剧咽炎、咽麻痹、急性弥漫性腹膜炎初期、破伤风、蹄叶炎等。腹围逐渐缩小,多由于长期发热,慢性腹泻及慢性消耗性疾病所引起;可见于慢性发热病、慢性胃肠卡他、慢性鼻疽、结核、慢性马传染性贫血及肠道寄生虫病等,亦可见于长期饥饿、剧烈腹泻及腹肌紧张时,如慢性猪瘟、仔猪副伤寒。马患重剧的软骨症,表现甚为明显。

2. 腹部触诊

大家畜腹部触诊主要用于判定腹壁的敏感性、紧张度及有无腹腔积液等,也常用于牛的前胃及皱胃疾病的诊断。触诊时,检查者站在家畜胸侧,面向尾方,一手放在背部作为支点,另一手平放于腹部,用手掌或手指有序地进行触压检查。

健康家畜的腹部柔软无痛。若触诊腹壁时病畜回顾、躲闪,甚至抗拒,腹部肌肉紧张板硬,可提示为腹膜炎;腹壁肌肉紧张性增高,但无疼痛反应,则仅为腹壁肌肉紧张性增高的表现,可见于破伤风及后肢疼痛性疾病(如蹄叶炎等)时;如见腹下部肿胀,触之冰凉,无热无痛,指压留痕,则为腹下水肿,见于牛、羊肝片吸虫病及心力衰竭等;如见下腹部对称性膨大下垂,行冲击触诊产生波动感,多为腹腔积液的表现。

小动物腹部触诊的应用较广,不仅用于腹部敏感性、紧张度及腹腔积液的判定,也可用于腹腔内器官状态的检查。

腹部病变的检查应注意腹部有无局限性膨大及肿胀,如腹壁疝、腹壁浮肿、血肿及腹壁局限性淋巴外渗,以及腹壁创伤等。

3. 腹腔穿刺检查

腹腔穿刺检查目的的主要是查明腹腔穿刺液的性质,借以诊断某些疾病,如腹膜炎、牛创伤性心包炎、膀胱破裂、马肠变位及胃肠破裂等。

二、牛、羊胃肠的检查

反刍动物的胃,包括瘤胃、网胃、瓣胃及皱胃四个部分,共约占腹腔总容积的 3/4(图 6-12、图 6-13)。其中前三个胃合称为前胃,有两大主要生理机能,一是通过胃的机械运动磨碎食物,二是依靠胃内容物中的细菌和纤毛虫,进行微生物学的消化与合成作用。

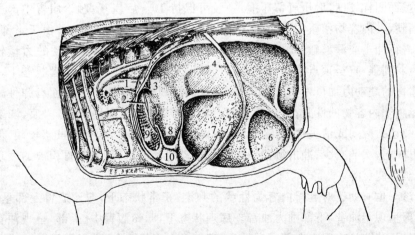

图 6-12 牛胃(剖面)

1. 食管;2. 食管沟;3. 瘤胃前庭;4. 肉柱;5. 后背盲囊;6. 后腹盲囊;7. 前腹盲囊;8. 前背盲囊;9. 网胃;10. 皱胃

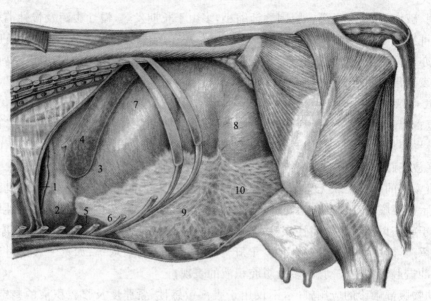

图 6-13　牛腹腔脏器(左侧观)

1. 肝;2. 网胃;3. 瘤胃前庭;4. 脾;5. 皱胃;6. 前腹盲囊;7. 前背盲囊;8. 后背盲囊;9. 大网膜;10. 后腹盲囊

(一)前胃和皱胃的检查

1. 瘤胃的检查

瘤胃位于腹腔的左侧,与腹壁紧贴。对其检查在左侧腹部进行。

(1)视诊　主要判定瘤胃的充满程度。正常时左肷窝部稍凹陷,牛、羊在饱食后接近平坦。病理状态下,可呈现左肷部膨胀,甚至高起,可见于瘤胃臌气、瘤胃积食时;左肷部凹陷加深,可见于饥饿、长期腹泻及前胃消化机能障碍等。

(2)触诊　主要判定瘤胃内容物的性状及瘤胃蠕动力量的强弱,也可测定瘤胃蠕动次数。触诊时,检查者站于动物的左腹侧,左手放于背部作为支点,右手握拳,在左肷部先行反复触压瘤胃,以感知瘤胃内容物的性状,然后用手掌持续抵压瘤胃,检查瘤胃蠕动的强弱及测定其蠕动次数。

触诊健康牛、羊瘤胃上部软而稍带弹性(因有少量气体存在),其内容物在采食前较松软,采食后呈面团样硬度,触压可留压痕,一般可保持 10 s 后恢复;触诊瘤胃中部虽感柔软,但比上部稍硬,其内容物稍坚实;瘤胃下部因食物积聚,触诊有坚实感,并由于下部腹肌张力较大,一般需行冲击或深部触诊,才能辨别其内容物性状。正常瘤胃蠕动的力量较强,随着瘤胃蠕动由弱到强,直至顶点能将检手抬起,而后又逐渐减弱至消失;病理状态下,瘤胃内容物性状及瘤胃的蠕动力均可发生改变。瘤胃臌气时,则其上部腹壁紧张而有弹性,甚至用力强压亦不能感知内容物的性状;瘤胃积食时,瘤胃内容物充实而硬,压之留痕,恢复缓慢,时间延长,其蠕动力减弱或消失;前胃弛缓时,瘤胃内容物通常稀软,有时虽感较硬,但量不多,瘤胃蠕动力减弱,次数减少;冲击触诊瘤胃呈现波动感和振水音,为瘤胃积液的表现,可见于皱胃阻塞、皱胃变位等。

(3)叩诊　也有助于对瘤胃内容物性状的判定,正常状态下,叩诊瘤胃上部呈现过清音或鼓音,中部呈现半浊音,下部则为浊音。病理状态下,叩诊瘤胃中、上部,呈现浊音,多为瘤胃积食的表现;若叩诊瘤胃中上部呈现鼓音,甚至带有金属音色,则为瘤胃臌气的表现。

(4)听诊　通常在左肷部行间接听诊。听诊主要判定瘤胃蠕动音的强度、性质、次数及持续的时间等,以推断瘤胃的兴奋性和运动机能状态。正常情况下,听诊瘤胃时随每次蠕动出现逐渐增强而又逐渐减弱至消失的沙沙音。每 2 min 牛 3～5 次,山羊 2～4 次,绵羊 3～6 次,每次蠕动持续的时间为 15～30 s。病理情况下,瘤胃蠕动音常发生下列变化:

瘤胃蠕动音减弱、次数减少、持续时间短暂,为瘤胃兴奋性降低,运动机能减弱的表现,可见于前胃弛缓、瘤胃积食、瓣胃阻塞及能引起前胃弛缓的其他多种疾病时。瘤胃蠕动音消失,则为瘤胃运动机能严重障碍,甚至瘤胃肌肉麻痹的表现,可见于瘤胃臌气、瘤胃积食等重剧前胃疾病的后期,以及能引起前胃运动机能严重障碍的其他疫病过程中。瘤胃蠕动音明显增强、次数增多、每次蠕动音持续的时间延长,则为瘤胃兴奋性增高,运动机能加强的表现,可见于瘤胃臌气的初期。

2. 网胃的检查

网胃位于腹腔的左前下方,约与第 6 至 8 肋间相对,前缘紧贴膈肌而靠近心,其后部在剑状软骨之上。网胃的检查部位,在左侧心区后方腹壁下 1/3、第 6 至 8 肋骨与剑状软骨之间,但对其触诊宜在剑状软骨之下进行。对网胃的检查可用视、触、叩、听诊法,但以触诊较为有效,亦可用金属探测仪检查,有条件时还可行 X 线检查。

(1)视诊　主要观察病牛有无缓解网胃疼痛的异常姿势,如呈现前高后低站立,四肢缩于腹下,起卧呻吟,下坡斜行等异常姿势,多为创伤性网胃炎或创伤性网胃-心包炎的表现。

(2)触诊　主要判定网胃的敏感性。可用下列方法。

①拳顶法:检查者蹲于病畜左侧,右膝屈曲于其腹下,将右臂肘部置于右膝上做支点,右手握拳并抵在病畜剑状软骨部,然后用力抬腿并以拳顶压,观察病畜有无疼痛反应(图 6-14)。

②捏压鬐甲法:检查者用双手捏提鬐甲部皮肤,或由助手握住牛鼻中隔向前牵引,使头呈水平状态,检查者用手捏提鬐甲部皮肤,观察反应。捏压健康牛鬐甲部皮肤时,虽可呈现背腰下凹姿势,但不试图卧下(图 6-15)。

③抬压法:两人用一木棍,置剑状软骨部向上抬举,并将木棍前后移动,以观察病畜有无疼痛反应(图 6-16)。

图 6-14　拳顶法

图 6-15　捏压鬐甲法

图 6-16　抬压法

前述诸法检查时,病牛发生呻吟、躲闪、反抗或试图卧下等疼痛反应,多为创伤性网胃炎或创伤性网胃-心包炎的表现。

(3)叩诊　可在网胃区进行强叩诊,观察病畜有无疼痛反应。

(4)听诊　正常状态下,在网胃区可听到网胃蠕动音,其性质类似于柔和的噼啪音,次数与瘤胃蠕动音相同,但发生于瘤胃蠕动前。但在病理状态,多不可闻,可见于创伤性网胃炎、创伤性网胃-心包炎等。

(5)金属探测仪检查　用国产金属探测仪,将"I"字形探头接触网胃区,如网胃内有金属异物存在时,电流表(mA)上的指针即发生摆动,金属异物越大,指针的摆动幅度也越大。这种方法只能探明有无金属异物存在,但无法探明金属异物是否损伤了网胃,因此有一定的局限性。

(6)X线检查　有条件进行 X 线检查,也能提供重要的诊断依据。

3. 瓣胃的检查

瓣胃的检查,可在右侧肩端水平线与第 7 至 9 肋骨间相交上、下 3～5 cm 的范围内进行。

(1)触诊　在瓣胃区内用拳轻击,或用手指在第 7、8、9 肋间触压,以观察病畜有无疼痛反应。如出现疼痛反应,多为瓣胃阻塞或瓣胃炎的表现;当瓣胃阻塞而体积显著增大时,如在靠近瓣胃区的肋弓下部,行冲击或深部触诊,可触及坚实的瓣胃壁。

(2)听诊　正常时在瓣胃区可听到微弱的瓣胃蠕动音,其性质类似于细小的沙沙音,常随瘤胃蠕动音之后出现,在采食后较为明显。瓣胃音减弱或消失,常见于瓣胃阻塞。

(3)穿刺　正常情况下,瓣胃针刺入瓣胃后,针头随瓣胃活动做水平 8 字运动。瓣胃阻塞时,针头刺入时阻力较大,并且活动减弱或消失。

4. 皱胃的检查

皱胃位于右腹部,大部分在腹腔的底壁,皱胃底与剑状软骨和网胃相贴,并向后伸至第 12 肋骨与其肋软骨的联合处(图 6-17),在右侧第 9 至 11 肋间肋骨弓区直接与腹壁接触。皱胃的检查部位在右侧第 9 至 11 肋间的肋骨弓下区域。

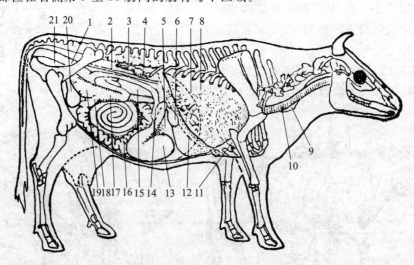

图 6-17　母牛内脏器官(右侧)

1. 直肠;2. 腹主动脉;3. 左肾;4. 右肾;5. 肝;6. 胆囊;7. 横膈膜圆顶轮廓线;8. 肺;9. 食道;10. 气管;11. 心脏;12. 横膈沿肋骨附着线;13. 皱胃;14. 十二指肠;15. 胰;16. 空肠;17. 结肠;18. 回肠;19. 盲肠;20. 膀胱;21. 阴道

(1)视诊　右腹部皱胃区向外侧膨大、下垂,左、右腹壁显得很不对称,可提示皱胃阻塞或扩张。

(2)触诊　主要判定皱胃的敏感性及其内容物性状。牛行站立保定,犊牛和羊可使其呈侧卧姿势。将检手手指深插入皱胃区肋弓下,强力移行触压,以观察动物反应及感知皱胃状态(图6-18)。如病畜呈现呻吟、哞叫、躲闪及抗拒等疼痛反应,多为皱胃炎的表现;皱胃膨大,其内容物充实而硬,则为皱胃阻塞的特征;冲击触诊有波动感,并能听到振水音,多为皱胃积液的表示,可见于皱胃扭转或幽门阻塞、十二指肠阻塞等。

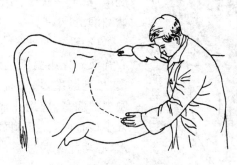

图6-18　皱胃触诊

(3)听诊　皱胃蠕动音类似于肠蠕动音,呈流水音或含漱音。皱胃蠕动音增强,可见于皱胃炎;皱胃蠕动音减弱或消失,可见于皱胃阻塞或扩张等。

(二)肠的检查

牛羊的肠道位于腹腔的右侧。中间是结肠盘,盲肠位于右髂部,其盲端向后伸向骨盆腔,小肠卷曲于结肠盘周围(图6-17、图6-19)。对肠的听诊及外部触诊检查均可在右腹部进行,对成年牛还可用直肠检查法。

1. 听诊

健康牛羊的肠蠕动音较弱、短而稀少,呈流水音或含漱音。如肠音明显增强、频繁似流水状,则为肠蠕动机能病理性增强的表现,可见于各型肠炎及腹泻;肠音变得微弱,可见于一切热性病和消化机能障碍时;肠音消失,可见于肠道不通性疾病,如肠便秘或肠变位等。

2. 外部触诊

正常时有软而不实之感。若触诊有坚实感,多为肠便秘的表现;若右肷部触之有膨胀感,或同时有振水音,叩诊呈鼓音,可疑为小肠或盲肠变位。

(三)直肠检查

直肠检查古称谷道入手,是手伸入直肠内隔着肠壁对腹腔及骨盆腔器官,进行触诊的一种方法。直肠检查是兽医临床上对大家畜常用的一种诊断方法,也是一种有效的治疗方法。直肠检查时,可以触及脾、胃、小肠、大肠、肾、膀胱、子宫、卵巢等,对大家畜发情鉴定、妊娠诊断、腹痛病、母畜生殖器官疾病、泌尿器官疾病具有一定的诊断价值,并对某些疾病具有重要的治疗作用。直肠检查为兽医临床上技术性强、应用广的操作技术,临床兽医应熟练掌握。

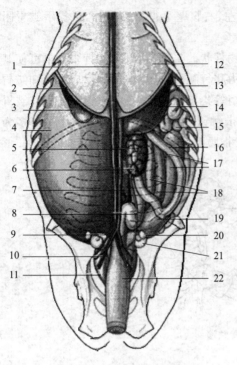

图 6-19　牛脏器(背侧观)

1. 主动脉；2. 膈；3. 脾；4. 瘤胃；5. 肾上腺；6. 右肾；
7. 左肾；8. 输尿管；9. 髂外动脉；10. 髂内动脉；
11. 膀胱；12. 肺；13. 胆囊；14. 肝；15. 空肠；
16. 十二指肠；17. 结肠初襻；18. 结肠终襻；19. 盲肠；
20. 卵巢；21. 子宫角；22. 直肠

1. 术前准备

(1)保定病畜　病畜在四柱栏内进行站立保定,尾巴系于畜体右侧方,头固定确实,为了防止患畜前刨后踢,跳越或卧下,除上前后挡带外,同时用背腹带保定。总之,保定要安全可靠。有时采用放倒检查。

(2)术者的准备　术者指甲剪短磨光,手臂洗净,戴上一次性长臂直检手套,涂肥皂水或石蜡油润滑。

(3)动物的准备　包括灌肠、镇痛、放气、强心补液。先用温肥皂水灌肠,排出直肠内的积粪,松弛肠壁,增加直肠水分,减少干涩。腹痛剧烈的病畜,应用止痛剂镇痛,肠管积气,影响入手检查时,先穿刺放气。对于肠梗阻后期脱水,心功能衰弱患畜,应强心补液,然后进行直肠检查。

2. 操作方法

术者站于病畜的左后方,以右手检查。检查时拇指尖抵于无名指根部,其余四指并拢成圆锥形,手心向上,缓缓旋转进入肛门内,当手入肛门内时,手心旋转向下,遇粪则慢慢掏出。手臂在直肠内遵循"缓则进、缩则停、努则退"的原则。若患畜骚动不安时,应暂停伸入,待安静后继续伸入;病畜骚动努责时可停止前进或稍后退,待其安静后再慢慢伸入,手伸到直肠狭窄部时入手要小心谨慎,手指探索肠腔方向,同时用胳膊轻压肛门,诱使发生排粪反射,直肠峡部放松,使肠管逐渐套在手上。一旦手通过直肠峡部时,即可较自由地向各个方向检查。检查任何器官时,都以指腹触压,严防用手指叉开压粪,以防损伤肠管,检查完毕后,将手缓缓退出。如病畜努责较强,可用1%普鲁卡因行后海穴封闭,使直肠及肛门括约肌松弛。

3. 检查顺序与内容

(1)肛门及直肠检查　检查肛门的紧张程度及其附近有无寄生虫、黏液、血液、肿瘤等,并注意直肠内容物的多少与性状,黏膜的温度及湿度等。

(2)骨盆腔的检查　术者的手稍向前下方即可摸到膀胱、子宫等。膀胱空虚,可感知呈梨形的软物体;当膀胱过度充盈时,感觉似一球形囊状物,有弹性和波动感。触诊骨盆壁是否光滑,有无脏器充塞和粘连现象。如后肢呈现跛行,需检查有无盆骨骨折。

(3)牛腹腔检查　牛直肠内滑润,手伸入直肠后,向水平方向缓慢伸入,达骨盆腔前口上界时,手向前下右方,即进入结肠的最后端"S"状弯曲部,此部可动性大,手可自由移动,触摸瘤胃、结肠圆盘、小肠、肾、膀胱、卵巢、子宫等器官。

①瘤胃。直肠内触诊瘤胃,在耻骨前缘左侧是瘤胃上下后盲囊,感觉呈捏粉样硬度,若瘤胃后背盲囊抵至骨盆入口甚至进入骨盆腔内,多为瘤胃臌气、瘤胃积食、皱胃扩张或瓣胃

阻塞。瘤胃积食时,其内容物充满坚实而硬,但能触压成坑。

牛的肠管完全在腹腔右半部。盲肠位于骨盆腔口右前方,盲肠尖一部分达骨盆腔内。结肠盘在右骹部的上部。

②结肠圆盘。正常时,结肠圆盘内容物呈糊状,若肠管内有拳头大的结粪,结粪前的肠管积气变粗如手臂样,为结肠阻塞。

③小肠。空肠、回肠位于结肠盘及盲肠的下方。正常时各段肠管触之柔软很难分辨。若在耻骨前缘、右腹部发现有硬固的一团肠缕,能移动,肠管积液变粗有波动,在牵拉和压迫时,病牛疼痛不安,为肠套叠。

④盲肠。在骨盆口右前方,其尖端的一部分达骨盆腔内。

⑤肾。手由骨盆腔沿中线直向前伸,第3至6腰椎下方,可触到左肾,右肾靠前不易摸到,如肾体积增大,触之敏感,见于肾炎。

⑥膀胱。位于直肠之下,骨盆腔内。空虚时呈梨状形,充满尿液时,如排球样大,压之有波动感。当发生尿道结石时,膀胱充满膨大如篮球大小,病牛表现腹痛起卧。

⑦其他。母畜可触诊子宫及卵巢的形态、大小和性状;公畜触诊其尿道骨盆部的变化。

三、马胃肠的检查

(一)胃的检查

马胃位于腹腔中部(图6-20至图6-22),偏左侧,其盲囊与左侧第14至17肋骨和髋结节水平线相交区域,由于马胃深在,视、叩、听诊检查的效果有限,主要用胃管探诊和直肠检查,必要时还可行胃液的检验。

1. 胃管探诊

正常状态下,送入胃管仅能排出少量带酸味的气体。但如送入胃管排出大量酸臭气体,病情迅速得到缓解,为气胀性胃扩张的表现;送入胃管导出多量液状胃内容物,病情也能得到缓解,则为液胀性胃扩张的表现;如病情反复加重,能反复导出一定量的液状胃内容物,多为继发性胃扩张的表现;虽有明显的胃扩张症状,但送入胃管仅排出少量酸臭气体,病情也得不到缓解,则多为食滞性胃扩张的表现。

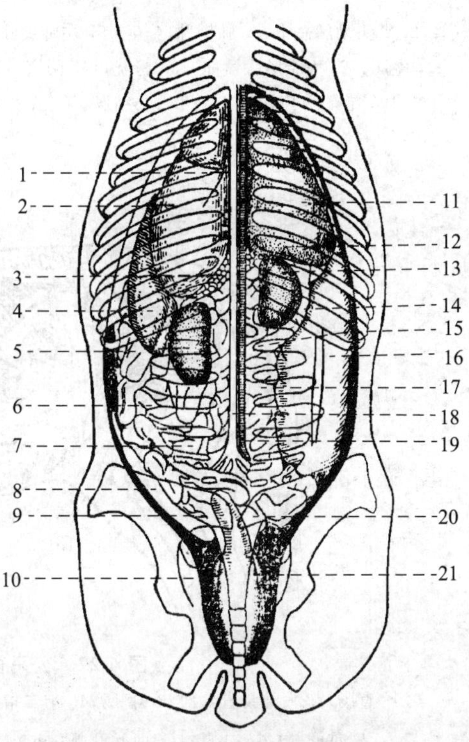

2. 直肠检查

正常状态下,马胃后缘可达第16肋骨,因位置靠前,不易触及。但在胃扩张时,通常能触感到脾位置后移,胃壁扩张而紧张(气胀性),或紧张而有波动(液胀性),或胃内容物充实

图 6-20 马内脏(背侧观)

1.腹主动脉;2.胃;3.胰;4.脾;5.左肾;6、15.空肠;7.小结肠;8.左上大结肠;9.骨盆曲;10.直肠壶腹;11.肝;12.肾上腺;13.右肾;14.十二指肠;16.右上大结肠;17.回肠;18.腹主动脉;19.髂静脉;20.膀胱;21.直肠

而硬,触压留痕(食滞性),并均有疼痛反应。

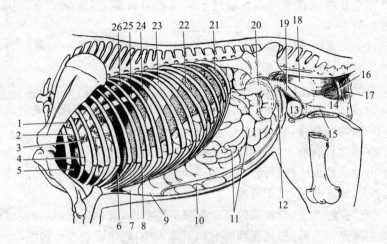

图 6-21   母马内脏器官(左侧)

1. 气管;2. 臂头动脉总干;3. 肺动脉;4. 心;5. 左肺尖叶;6. 左肺心膈叶;7. 盲肠尖;8. 肝;9. 胸骨曲;10. 左下大结肠;
11. 空肠;12. 大结肠骨盆曲;13. 膀胱;14. 阴道;15. 尿生殖道起始部;16. 肛门括约肌;17. 肛门;18. 直肠;
19. 左卵巢子宫阔韧带;20. 小结肠;21. 左肾;22. 脾;23. 胃;24. 横膈膜;25. 食道;26. 胸主动脉

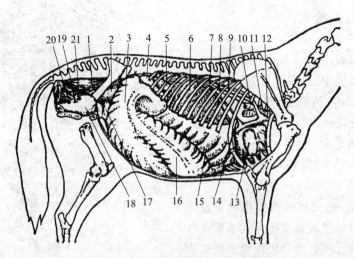

图 6-22   公马内脏器官位置(右侧)

1. 直肠;2. 大结肠骨盆曲;3. 盲肠;4. 十二指肠;5. 右肾;6. 肝;7. 横膈膜;8. 食管;9. 胸主动脉;
10. 奇静脉;11. 气管;12. 前腔静脉;13. 心;14. 后腔静脉;15. 右上大结肠;16. 右下大结肠;
17. 空肠;18. 膀胱;19. 输精管末端;20. 前列腺;21. 贮精囊

(二)肠的检查

马属动物肠的检查主要用听诊和直肠检查法,以判定其机能状态及内容物的性状等。

1. 听诊

主要判定肠蠕动音的频率、性质、强度等,借以推断肠蠕动机能状态。

(1)肠音的听诊部位   听诊马属动物肠音时,分别在左肷部听取小结肠和小肠音(其上 1/3 主听小结肠音,中 1/3 主听小肠音);左侧腹部下 1/3 听取左侧大结肠音;右肷部听取盲肠音;右侧肋弓下方听取右侧大结肠音。由于小结肠与小肠混在一起,在听诊时还应结合肠蠕动音的性质加以辨别。

(2)正常肠音　肠音是由于肠管蠕动时肠内容物的移动而产生的。马的正常肠音,清晰易听,小肠音如流水音或含漱音,平均每分钟 8～12 次,大肠音如雷鸣音或远炮音,平均每分钟 4～6 次。

正常肠音受植物性神经机能状态、肠壁的紧张度及饲料的性质、饮水量的多少、肠内容物的性状等多种生理因素的影响而发生生理性变化。一般在副交感神经相对兴奋的马匹或饲喂多汁饲料及刚饮水后,肠蠕动音可呈现生理性增强,反之,可呈现生理性减弱。因此,在临床上遇到轻微的肠音变化时,应结合饲养管理情况来考虑,以免误诊。

(3)肠音的病理变化　肠音的病理性改变常见有下列几种:

①肠音增强。其特点是肠音高朗,连续不断,有时离数步远也能听到。肠音增强为副交感神经过度兴奋或肠黏膜发炎而敏感性增高,使肠蠕动机能明显增强所致。常见于肠痉挛、肠卡他、肠臌气初期及传染病、寄生虫病所引起的肠炎过程中。

②肠音减弱。其特点是肠音短促而微弱,次数减少。肠音减弱为肠蠕动机能减弱,肠内容物积滞的表现,常见于重剧胃肠炎后期及肠阻塞等。

③肠音消失。肠音完全停止,为肠麻痹或病情重剧的表现。肠音消失常见于肠阻塞后期及肠变位时。

④肠音不整。其特点是肠音时强时弱,时快时慢,持续时间时长时短,为肠蠕动机能紊乱的表现。常见于消化不良及大肠便秘的初期。

⑤金属音性肠音。其性质类似于水滴落于金属板上所产生的声音。这是因肠内充满气体,特别是一段肠管臌气,肠壁紧张,邻近的肠内容物移动冲击该部紧张的肠壁发生振动而产生。多见于肠臌气、肠痉挛等。健康马骡的盲肠底部也能听到金属音性肠音。

2.直肠检查

(1)直肠检查前的准备　基本与牛的直肠检查相同,但更要做好病畜的保定及必要的先前处理工作。在四柱栏内站立保定时,应用腹带和鬐甲部压绳,在野外可保定于车辕内或用双绊保定;对腹痛剧烈的病畜应先行镇静止痛;对腹胀严重的病畜先行穿肠放气;对心机能严重不全病畜,应先用强心剂;为了清除直肠内积粪和使肠管松弛,一般应进行温肥皂水灌肠,必要时可用 0.5% 普鲁卡因溶液 20～30 mL 行后海穴封闭。

(2)检查方法　马属动物的直肠检查方法也与牛基本相同。术者站于病畜的后外侧,将病畜尾抬起或由助手保定,一手置于腰荐部或髋结节作为支点,使检手呈圆锥形,缓慢旋转伸入直肠内,当检手伸入到直肠狭窄部后,用指端轻轻探查肠腔的方向,使狭窄部肠段套在手上,即可进行对各器官、部位的检查,在检查过程中如遇病畜努责不安和肠蠕动时应暂停检查,待病畜安静和肠管弛缓后继续进行。检查完毕后,应将检手缓慢退出。

(3)直肠检查的顺序　为能容易发现异常和确定诊断,一般可按"肛门→直肠→膀胱→小结肠→左侧大结肠→骨盆曲→腹主动脉→左肾→脾→前肠系膜根→十二指肠→回肠→胃→胃状膨大部→盲肠"的顺序进行,但这并非是不变的规定,在临诊实际中,可根据需要,直接检查某一器官。

(4)直肠检查病变及意义　直肠检查时脏器的位置、特征及其病理改变的诊断意义介绍如下。

①直肠。手通过肛门即入直肠内。直肠膨大部空虚,表明肠内容物后送停止,可见于肠阻塞(结症)的中、后期及肠管的机械性阻塞时;直肠壁紧张,同时肠内有多量黏液蓄积,可见于直肠炎和肠变位时;检手上附有血液,并感知黏膜有损伤或破口,表明直肠破裂。

②膀胱。位于骨盆腔底部直肠之下,母马需隔着子宫体才能摸到。膀胱无尿时,为拳头大梨状物,当尿液充满时呈囊状,触压有波动。其诊断意义见项目七泌尿生殖系统检查。

③小结肠。大部分位于骨盆腔前方,体中线左侧,少部分位于体中线右侧,内有鸡蛋大粪球,呈长串状排列,且有较大的移动性,如小结肠内有拳头或双拳头大的圆形或椭圆形坚硬结粪块存在,触压时病畜疼痛明显,则为小结肠阻塞的特征。

④左侧大结肠。位于腹腔左侧,左下大结肠具有纵肌带和肠袋,左上大结肠,肠壁光滑,有一条纵肌带,但感觉不明显,重叠于左下大结肠之上或在左下大结肠内上方与其平行。其内容物呈捏粉样硬度,如左下大结肠内容物充实而硬,触压疼痛,并伴有腹疼症状,可提示为左下大结肠阻塞(或称蓄粪)。

骨盆曲较细而光滑,呈游离状态。通常位于骨盆腔入口前方左侧或体中线处,也有时稍偏右侧。检查时,顺粗大的右下大结肠向后,即可摸到。如骨盆曲有结粪存在,使之呈肘状或长圆柱状,触压时病畜疼痛明显,则为骨盆曲阻塞的特征。

⑤腹主动脉。位于腹腔顶部,椎体下方稍偏左侧,是体中线的标志。

⑥左肾。在腹主动脉左侧,在第2、3腰椎横突下可触摸到左肾后缘。其诊断意义见项目七。

⑦脾。脾紧贴于左腹壁,呈边缘薄的扁平镰刀状,正常时其后缘一般不超过最后肋骨。脾位置明显后移,见于急性胃扩张。

⑧前肠系膜根。沿腹主动脉向前,在第1腰椎下方,指尖可感到前肠系膜动脉的搏动,当有动脉瘤时,可摸到蚕豆大至鸽蛋大的硬固物,并随动脉搏动发出一种特殊的震动,可见于马肠系膜动脉栓塞性腹痛症。

⑨十二指肠。在前肠系膜根的后方,上距腹主动脉 $10\sim15$ cm,从右向左横行,呈扁平带状,正常时不易触知。若十二指肠呈手臂粗的香肠状或有鸡蛋大的积食块存在,触压时疼痛明显,为十二指肠阻塞的特征。

⑩回肠。正常时不易触知,当回肠阻塞时,可在耻骨前缘摸到呈香肠状或鸡蛋大阻塞的回肠,触压时疼痛明显。

⑪胃。位于腹腔左前方,正常时很难触及,但在胃扩张时,容易摸到,其诊断意义已经前述。

⑫胃状膨大部。在右侧腹腔上 1/3 处,盲肠的前内侧。正常时不易摸到。当胃状膨大部阻塞时,可触感到其内容物充实而硬,且呈半球状,并随呼吸运动前后移动。

⑬盲肠。在右肷部,可触摸到盲肠底或盲肠体,具有从后上方走向前下方的盲肠后纵肌带,当盲肠阻塞时,其内容物充满而有坚实感,触压时病畜头痛明显。

四、猪的胃肠检查

1. 检查方法

猪取站立姿势,检查者自两侧肋弓后开始,渐向后上方滑动加压触摸;或取侧卧,用屈曲的手指,进行深部触诊。用听诊器于剑状软骨与脐中间腹壁听取胃蠕动音,腹腔左、右侧下部听取肠蠕动音。图 6-23、图 6-24 示猪内脏的具体位置。

图 6-23 猪内脏(右侧观)　　　　　　　图 6-24 猪内脏(左侧观)

2. 病理变化

触诊胃区有疼痛反应,见于胃食滞,当胃食滞时行强压触诊可感知坚实的内容物或引起呕吐;肠便秘时深触诊可感知较硬的粪块。胃肠炎时蠕动音增强,便秘时肠蠕动音减弱,肠臌气时叩诊呈鼓音。

任务四　排粪动作及粪便的检查

一、排粪动作

观察动物排粪时的动作和姿势。大家畜排粪时,背部微弓起,后肢开张并前伸;犬排粪采取近似蹲坐姿势。排粪的次数与采食饲料的种类、数量以及消化机能有密切关系。排粪动作异常常见下列几种。

1. 便秘

病畜表现排粪费力,次数减少,动物屡呈排粪动作而排出粪便量少,粪便干固、色深。便秘见于热性病、慢性胃肠卡他、肠阻塞、牛前胃弛缓、瘤胃积食、瓣胃阻塞。

2. 腹泻

病畜表现排粪频繁,粪便呈粥状、液状甚至水样。腹泻见于各型肠炎、牛副结核、猪大肠杆菌病、副伤寒、传染性胃肠炎、犬瘟热及某些肠道寄生虫病以及有毒植物或农药中毒等。

3. 排粪失禁

患病动物表现动物不取排粪动作,粪便自行从肛门排出,主要是由于肛门括约肌松弛或麻痹所致。排粪失禁常见于顽固性腹泻,荐部脊髓损伤或脑病。

4. 里急后重

病畜表现屡呈排粪动作,并强烈努责,但仅排出少量粪便或黏液。这种情况见于直肠炎或牛的子宫、阴道炎症。

二、粪便的感官检查

各种动物的粪便均有其固有的性状,但也受饲料数量和质量的影响。粪的形态、颜色变化,多反映胃、肠的病变。粪便其有特殊腐败或酸臭味、粪便稀薄,见于肠炎、消化不良;粪便呈灰白色或黄白色,见于仔猪大肠杆菌病、雏鸡白痢;粪便呈黑色,见于胃及前部肠管出血,粪球表面附有鲜红血液,见于后部肠管出血;粪便少而干硬,见于热性疾病、猪瘟,牛瓣胃阻塞时粪便呈算盘珠状;粪便混有未消化的饲料,见于消化不良、传染性胃肠炎;混有血液,见于出血性肠炎;粪内混有呈块状、絮状或筒状纤维素,见于纤维素性肠炎。由于家畜不同,粪的形、色各不相同。

1. 牛

牛的正常粪形落地时为轮层状,呈黄褐色,水牛粪比较稀软,落地后呈堆状,奶牛粪较黄牛粪稀软,落地后粪堆边缘高,中心低,有少量溅出粪堆。若不排粪或排少量干粪球,见于瓣胃阻塞(百叶干)、发热性病的高热期;排稀黑腥臭粪,多见于肠炎;排粪少,稀软呈柏油状,见于皱胃、小肠等部位有出血;排稀水样粪,多见于急性肠炎。

2. 羊

羊的正常粪形为黑色珠状。羊排稀臭黑粪,多见于肠炎;过食精料时也排稀粪。

3. 猪

猪的正常粪形为圆筒状,呈黑褐色。若见猪粪变的干小、色黑,粘有黏液或血液,多见于热性病;猪排黑色稀臭粪,见于肠炎;仔猪排白色稀粪,见于仔猪白痢,色黄者为黄痢。

4. 马

马正常粪形为球形,呈黄褐色。落地后易破碎。若粪球干小,色黑,常见于发热性疾病;粪稀而腥臭,见于肠炎等;粪稀如水,混有消化不全的饲料颗粒,多见消化不良;久泻不止多见于慢性肠炎;若不排粪,并伴有腹痛起卧,为肠道阻塞不通,见于肠阻塞或便秘。

5. 鸡

鸡正常粪的色形有两种:一种是条形粪,其一头色黑,一头色白;另一种是稀粪,呈黄褐色。前一种是没有经盲肠的粪,后一种是经过盲肠的粪。一般是条形粪占3/4,稀粪占1/4。雏鸡排白色稀粪,黏着肛门,多为鸡白痢;育成鸡、成年鸡排黄、绿色稀粪,多见于伤寒、副伤寒、大肠杆菌病;雏鸡粪中带血,多为球虫病。

三、粪便的化学检验

(一)酸碱度测定

草食动物的粪便为碱性,有的为中性或酸性;肉食及杂食动物为一般性混合饲料时,粪为弱碱性,有的为中性或酸性。

1. 方法

(1)溴麝香草酚蓝法 取粪球表面和粪球内部的粪块(大小如玉米粒)各一块,分别放在一张洁净的载玻片的两端,玻片下面衬放一块白纸。在每块小粪块上,各加1~2滴0.04%溴麝香草酚蓝溶液,1 min后观察反应并记录结果。

呈现绿色的为中性反应,呈现黄色的为酸性反应,呈现蓝色的为碱性反应。

(2)广泛pH试纸法 取试纸一小条,放在粪便的表面,等到纸条被粪便的水分湿润后,取下纸条与pH标准色板进行比较,记下与它相似的pH数字,然后把粪球或粪块打开,用同样的方法检验粪便内部的酸碱反应。pH 7为中性反应,pH低于7为酸性反应,低于7越多,表明酸度越大,反之,高于7越大,表明碱度越大。

2. 临床意义

草食兽的正常粪便,都呈现弱碱性反应,如果粪便变为酸性反应,表明胃肠内的食物发酵产酸增多,常见于胃肠卡他;如果粪便变为较强的碱性反应,表明胃肠内产生了炎性渗出物或蛋白质腐败分解生成游离氨,多见于胃肠炎。

(二)粪便潜血的检验

粪中不能用肉眼观察到的血液叫作潜血。消化系统不论何部出血,都可以使粪便含有潜血。这项检验对于消化系统的出血性疾病的诊断,治疗及预后都有意义。肉食动物应禁食3天肉类食物,方可进行这项检验。

1. 原理及试剂

与尿液潜血检验相同。

2. 方法

用竹签或竹制镊子在粪的不同部位各取一小块,于干净载玻片上涂成直径约1 cm大小的涂片(粪干时,可加少量蒸馏水,混合涂布)。将玻片在酒精灯上缓缓通过数次,以破坏粪中的酶类,待冷后,滴加1‰联苯胺冰醋酸液和过氧化氢液各1 mL,将玻片轻轻摇晃数次,1 min内观察结果。正常无潜血的粪便不呈现颜色反应。呈现蓝色反应为阳性,蓝色出现越早,表明粪便内的潜血也越多。

3. 临床意义

胃肠道任何部位出血,粪便潜血检验都可呈现阳性,见于出血性胃肠炎、胃溃疡、牛创伤性网胃炎、马肠系膜动脉栓塞、羊的血矛线虫、犬钩虫等。粪便检查对消化系统疾病、营养不良、内寄生虫病,特别对出血性肠炎或其他原因所造成的胃肠出血的诊断具有一定的作用。

任务五　肝、脾的检查

一、肝的检查

1. 检查方法

(1)触诊　触诊肝区以观察动物反应,有时可感知肿大的肝边缘。

牛:于右侧肋弓下(图6-25)进行深部触诊。

马:于右侧肋弓下强压诊或用并拢且呈屈曲的手指进行深触诊。

猪:取左侧卧,检查者用手掌或并拢屈曲的手指沿右季肋下部进行深触诊。

(2)叩诊　大动物用锤板叩诊法,仔猪用指指叩诊法,于右侧肝区行强叩诊,以确定肝浊音区。

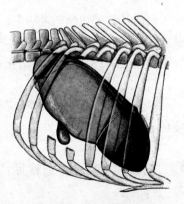

图6-25　牛肝的位置

2. 病理变化

(1)触诊　肝区敏感,提示急性肝炎;于肋弓下深触诊感知肝脏的边缘,提示肝的高度肿大。

(2)叩诊　肝浊音区扩大,提示肝肿大。

▶ 二、脾的检查

1. 检查方法

马的脾位于左侧腹部,肺叩诊区后方,其后缘接近左侧最后肋骨。马直肠检查时,由左肾下方向左腹壁滑动,在最后肋骨部可感知脾的后缘,脾后缘呈镰刀状。

2. 病理变化

一般个体较大的马,只有在患急性胃扩张时,才可触及脾及光滑的篮球状胃后壁,并随呼吸而前后移动。急性胃扩张时脾有一定的后移,但脾后移原因很多,并非脾后移都是急性胃扩张,亦见于脾肿大。

任务六　消化系统症状的鉴别诊断

▶ 一、流涎的鉴别诊断

1. 口腔黏膜病变

根据病史、口腔黏膜的变化确定疾病性质和部位。口腔黏膜的炎症性疾病使黏膜的完整性受到损伤,表现潮红、肿胀、水疱、糜烂、溃疡、假膜等变化。外伤、粗硬饲料、营养缺乏等引起的口炎无传染性。口蹄疫、传染性口炎均具有高度的传染性,体温升高,蹄部发生同样病变。念珠菌病主要发生在牛、犬、鸟类等动物,以口黏膜发生假膜和糜烂为特征。放线菌病主要损伤下颌骨,表现局部增生、肿胀和化脓,特征是骨组织呈粗糙的多孔海绵状。

2. 吞咽障碍症状

吞咽障碍时,应重点检查咽部和食道,常见于咽炎、食道阻塞等。

3. 中毒症状

农药及其他化学药品引起的流涎,常表现明显的中毒症状。有机磷农药中毒时表现流涎、腹泻和肌肉痉挛等,砷中毒时引起吸收部位的黏膜广泛性损伤及神经症状,食盐中毒则表现血液浓缩、神经症状和消化紊乱。

4. 实验室检查

对怀疑为传染病的病畜,应尽快通过实验室病原学检查确诊,并及时采取相应的防疫检疫措施。

▶ 二、异食癖的鉴别诊断

异食癖是动物采食的一种异常行为,症状诊断并不困难,但病因较复杂诊断,一般从以下几个方面入手。

1. 应激因素调查

过去对集约化管理条件下动物的有关行为反应缺乏了解,经过大量的实践,发现许多异常行为都与环境中的有害刺激物或应激因素有关。可能是动物为了试图适应环境的限制、过度拥挤或环境中缺乏转移注意力的刺激时所表现出的异常行为,如集约化饲养条件下的同类相残,主要见于禽类啄肛、啄羽等。

2. 营养分析

放牧动物和舍饲动物表现异食癖,可能与饲草料中某些营养物质缺乏或比例失调有关,特别是矿物质营养缺乏。应采集饲草料和动物组织等相关样品进行常量元素、微量元素或维生素含量的分析。

3. 临床检查

对异食癖动物应详细进行临床检查,某些特征症状可为诊断提供依据,结合实验室检查和营养分析综合评价。动物钙磷代谢紊乱时,幼龄动物发生佝偻病,表现四肢长骨变形、肋骨与肋软骨交接处出现串珠状的突起、关节肿大等;成年动物则表现以跛行、步态僵硬、容易骨折等为特征的骨软病。家禽锰缺乏时,表现骨骼短粗,膝关节肿大,腓肠肌腱从侧方滑离跗关节;铁缺乏主要发生在 10 周龄前的仔猪,表现黏膜苍白和黄染。

▶ 三、呕吐的鉴别诊断

1. 依据呕吐的频度和呕吐物的性质进行判断

猪、犬、猫采食后不久或近期发生一次性大量呕吐,且呕吐物为正常胃内容物时,一般为过食性胃扩张;但采食同样饲料的动物大多数或全部出现呕吐,且发生突然,可能由毒物中毒引起。动物采食后即出现呕吐,呕吐动作持续而频繁,呕吐物中含较多黏液,多见于慢性胃炎、胃溃疡、十二指肠溃疡、慢性胰腺炎等。夜晚或清晨呕吐,见于尿毒症、犬猫妊娠呕吐等。呕吐物为红色是混有血液,为消化道出血性炎症的特征。呕吐物为黄绿色是混有胆汁的呕吐物,见于十二指肠阻塞。

2. 通过有无神经症状判断呕吐的类型

中枢性呕吐的动物表现明显的意识障碍,如患脑炎、脑膜炎等;反射性呕吐的病畜不表现任何神经症状,如胃肠炎、肠扭转等。

3. 实验室检查

对群发性呕吐,重点应考虑中毒性疾病和传染病,并通过实验室检查确定病因。中毒性疾病一般无体温反应(如食盐中毒等),而传染病则体温呈不同程度的升高(如犬瘟热、犬病毒性肠炎等)。

▶ 四、腹围的鉴别诊断

1. 根据腹围增大的临床表现,确定患病的部位

反刍动物瘤胃臌气发展迅速,腹部左侧明显增大,左肷窝隆突,臌气严重者肷窝与髋结节等高或超过脊柱;瘤胃积食、过食谷物性瘤胃酸中毒时,左侧腹下部膨大下坠;右侧第 9 至

11肋骨弓后下缘向外突出,左右两侧腹壁不对称,见于皱胃阻塞。单胃动物腹部上方明显增大,䏰窝平坦或突出,见于急性胃扩张、肠臌气等;肠阻塞、肠便秘等疾病继发肠臌气时,腹围轻度或中度增大。腹部下方增大,冲击触诊有波动感或振水音,主要见于瘤胃积液和肠道积液。腹围对称性下垂并向两侧方增大,触诊有波动感,为腹腔积液的标志,腹腔穿刺可判定积液的性质和产生原因。

2. 病史调查

反刍动物采食大量精料或饲草,可发生瘤胃积食、过食谷物性瘤胃酸中毒;草食动物采食大量易发酵的幼嫩豆科植物常导致胃肠臌气。腹围增大发展缓慢,主要见于腹腔积液;迅速发生,常见于瘤胃臌气、胃扩张、肠臌气等。

3. 注意伴随症状

瘤胃积食、过食谷物性瘤胃酸中毒、马急性胃扩张、肠阻塞、肠变位等疾病常伴有脱水、腹痛等症状;而瘤胃臌气、急性胃扩张、肠臌气等疾病,腹压增大病畜表现出呼吸浅表、呼吸式为胸式等呼吸困难的症状。

4. 腹腔积液检查

对腹腔积液的病畜,应通过腹腔穿刺抽取液体进行实验室检查,鉴别渗出液和漏出液。偶尔也见于动物膀胱破裂,特点为动物突然不排尿,腹部逐渐增大,两侧腹壁对称性向外向下突出,腹腔穿刺流出大量淡黄色、微混浊、有尿味的液体,主要发生于牛、羊和猪。

5. 腹围缩小一般发展缓慢,为机体营养不良的标志

应重点询问饲草料的供给,检查消化功能、肠道寄生虫感染及是否患慢性消耗性疾病(如结核病、布鲁菌病、马鼻疽、肿瘤等)。

▶ 五、腹泻的鉴别诊断

1. 病史及临床表现

根据病史和临床表现确定腹泻的病因,一般急性腹泻发病突然,病情严重,主要是感染或食物中毒引起。对群发性腹泻,应尽可能收集传播速度、首次发生腹泻的动物年龄、发病率、死亡率及免疫接种等资料,初步判断可能的传染病和寄生虫病。

2. 注意伴随症状

发病快,伴有呕吐、体温升高、脱水和全身状况严重的病畜,应考虑急性传染病。饲喂后不久出现呕吐、腹泻等症状的病畜,应怀疑食物中毒。

3. 实验室检查

怀疑为传染病、寄生虫病及中毒性疾病引起的腹泻,应通过实验室检查确定病因。

▶ 六、腹痛的鉴别诊断

1. 临床检查

根据临床检查判断腹痛的程度和性质。腹痛的性质与病变的性质密切相关,轻度的腹痛可能是胃肠炎、溃疡等,剧烈的腹痛见于肠阻塞、肠变位和胃肠内异物等。病畜腹围增大见于胃扩张、瘤胃臌气、肠臌气、膀胱积尿等。

2. 直肠检查

大动物可通过直肠检查确定疾病的部位。

3. 询问病史

询问腹痛发生的时间，一般马属动物在剧烈运动和使役后，饮用大量冷水，或动物受到寒冷的刺激，而发生的腹痛可能是肠痉挛。单胃动物采食大量精料而发生剧烈腹痛，可能是急性胃扩张。马属动物采食未晒干的青草，容易发生肠阻塞。

4. 发热情况

伴有发热的腹痛，应考虑马肠型炭疽、巴氏杆菌病、出血性肠炎、腹膜炎、肠变位、犬胰腺炎等。

七、便血的鉴别诊断

1. 根据便血的颜色和便血量，可判断出血部位及程度

一般认为，后段肠道出血呈鲜红色或暗红色，胃和小肠出血呈煤焦油状。少量的出血，肉眼无法检查；大量的出血，混在粪便中清晰可见。犬细小病毒病表现的便血呈番茄酱样，带有明显的腥臭味。

2. 注意特征性的伴随症状

特征性的伴随症状对判断疾病的性质具有重要意义。突然出现呕吐、便血、腹泻，并有神经症状的病畜应考虑中毒性疾病；发热及全身反应明显的病畜，可能是传染病；少量便血，但腹痛严重者，应怀疑肠套叠和肠扭转；具有全身出血倾向的病畜，应考虑血液疾病。

3. 实验室检查

可为便血性疾病的诊断提供依据。潜血试验可确定粪便中是否存在血液；怀疑为传染病、寄生虫病和中毒性疾病，通过实验室检查可确定病因。

【消化系统检查结果的综合分析】

病畜饮食减少或废绝，采食、咀嚼、吞咽机能紊乱，腹痛、腹胀、便秘或腹泻等症候群的出现，可提示为消化系统的疾病。应结合对该系统各组成器官的检查所见，进一步综合分析，初步推断疾病主要侵害的部位、器官及性质。还应考虑主要侵害消化系统的某些传染病、寄生虫病。

（1）消化道前段的疾病　病畜流涎、采食、咀嚼及吞咽机能障碍，可提示疾病发生于口腔、咽及食道。

①病畜采食小心，咀嚼缓慢，口内过度湿润或流涎，口温较高，口黏膜红肿或有水疱、溃疡，但无明显全身症状，吞咽正常，可提示为口炎。但在偶蹄动物不仅口黏膜上发生水疱而且在趾间、乳房部也发生水疱，并具有重剧全身症状及大流行特征，可疑为口蹄疫。在猪还应考虑水疱病。

②病畜特别是马属动物，呈现咀嚼小心，疼痛，甚至吐草，检查牙齿有异常者，可提示为牙齿疾患。但还应考虑佝偻病、骨软症及慢性氟中毒等。

③病畜吞咽困难，甚至食物、饮水从鼻腔逆流而出，触诊咽部敏感疼痛、肿胀，可提示为咽炎。但还应考虑并发咽炎的某些传染病及寄生虫病。

④病畜虽现严重吞咽机能障碍,但触诊咽部则无热、痛、肿胀者,应考虑为咽麻痹。

⑤常于采食过程中受惊而突然发病,不能下咽,胃管探诊食道不通或在颈段食道触摸到阻塞物,为食道阻塞。

(2)反刍动物前胃疾病　反刍动物的反刍、嗳气机能障碍,食欲减退或废绝,鼻镜变干,前胃蠕动音减弱或消失,可提示为前胃疾病。在此基础上,再结合对各胃的检查结果,进一步确定疾病性质。

①病畜腹围迅速增大,左肷部隆起,呼吸困难,触诊瘤胃充胀而有弹性,瘤胃蠕动音初期短时增强,但很快减弱或消失,可诊断为急性瘤胃臌气。

②病畜腹部胀满,瘤胃内容物充实而硬,压之留痕,复平缓慢,听诊瘤胃蠕动音减弱或消失,可提示为瘤胃积食。

③病畜食欲减退,反刍缓慢,瘤胃内容物通常稀软,有时虽感较硬,但量不多,听诊瘤胃蠕动音减弱、短促、次数减少,可提示为前胃弛缓。

④病牛常于采食谷物饲料后突然发病,全身症状重剧,具有明显神经症状,排粪稀软或呈水样腹泻,脱水、酸中毒症状明显,可提示为瘤胃酸中毒。

⑤长期不明原因的顽固性前胃弛缓,并可呈现缓解网胃疼痛的异常姿势,网胃疼痛反应检查时有痛感,多为创伤性网胃炎。

⑥前胃疾病的一般症状重剧,粪便干、小、黑、硬,呈算盘珠状,排粪困难,触诊瓣胃区敏感疼痛,其蠕动音消失,可提示为瓣胃阻塞。

(3)反刍动物皱胃疾病　反刍动物消化机能障碍,皱胃检查异常,多应考虑皱胃疾病。如病牛消化障碍,前胃弛缓,皱胃区明显膨胀,触诊皱胃区敏感疼痛,甚至于触感充实而硬的皱胃,可提示为皱胃阻塞;病牛消化障碍,口黏膜发黄,舌苔白腻,触诊皱胃区敏感疼痛,可提示为皱胃炎。

(4)马属动物腹痛性胃肠病　马属动物呈现腹痛起卧,饮食欲通常废绝,提示为腹痛性胃肠病。

①病马腹痛急剧,呼吸困难,腹围不大,胃管探诊检查导出多量气体或液状胃内容物,病情得到缓解,直检脾后移,可触到扩张胃壁,提示为急性胃扩张。

②病马间歇腹痛,排稀软粪便,口色青白,舌津滑利,肠音增强,胃管检查无异常,直检肠管紧张性增高,摸不到结粪,提示为肠痉挛。其他家畜也常发生此病,症状相似。

③病畜呈现不同程度的腹痛起卧,排粪迟滞或停止,口干舌燥,肠音减弱或消失,直检摸到结粪块,提示为肠阻塞。

④病畜腹胀,腹痛不安,肠音减弱或停止,金属音明显,为肠臌气的特征。

⑤病畜腹痛重剧,一般止痛药无效,肠音减弱或停止,直检肠管位置紊乱,常可摸到局限性肠管臌气,腹腔穿刺物为血样液体,提示为肠变位。

(5)胃肠卡他/胃肠炎　病畜食欲减退或废绝,呕吐(犬、猫及猪),腹泻或便秘,肠蠕动音异常,可提示为胃肠卡他或胃肠炎。胃肠卡他患畜全身症状较轻,体温正常,口色青白或青黄,肠音不整,粪便稀软或呈水样,混有黏液,不含脓血或伪膜;胃肠炎患畜全身症状明显,体温升高,口色红燥,舌苔黄厚,肠音在中、后期减弱,泻粪腥臭呈粥状或水样,混有脓血或伪膜。这两种疾病常继发于多种传染病、寄生虫病及中毒病,应注意对原发病的诊断。

(6)肝病　病畜食欲减退,可视黏膜黄染,严重时表现昏睡或昏迷,心动徐缓,触诊肝区敏感,叩诊肝浊音区扩大,肝功能检查明显异常,可提示为肝脏疾病。

(7)腹膜炎 病畜呈现缓解腹壁疼痛的异常姿势,触诊腹壁紧张板硬,敏感疼痛,体温升高,腹腔穿刺有渗出液,可提示为腹膜炎。

【考核评价】

任务名称:消化系统检查

考核内容	评价标准	评价者与权重		技能得分	任务得分
		教师评价（80%）	学生评价（20%）		
饮食状态的检查	能对动物饮食欲、采食、咀嚼、吞咽、反刍、嗳气、流涎和呕吐进行正确的判断				
口腔、咽、食管的检查	能采用正确的开口方法,并进行口腔、咽、食管的检查,对检查到的病理状态进行正确的判定				
胃肠检查	能正确确定胃肠的检查部位,能用正确的方法实施胃肠的检查并对胃肠机能状态进行判定				
排粪动作及粪便检查	能根据排粪动作的异常判定动物的疾病,能对粪便进行感官检查和判定				
直肠检查	熟悉直肠检查的准备工作、注意事项和直肠检查的顺序。熟悉动物骨盆腔、腹后部各脏器的位置、性状及相互关系				
鉴别诊断	对消化系统常见症状进行分析和判断				

【知识拓展】

瘤胃内容物检验

▶ 一、瘤胃内容物的采取

采取瘤胃内容物最简便的办法是,当动物反刍时,借食团随食管逆蠕动送至口腔之际,检查人员突然打开口腔,一手抓住舌头向外拉,另一手伸入舌根部,即可将瘤胃内容物收集在手掌中。然而这种方法仅对健康牛奏效,且每次采取的数量有限。在临床上,常用胃管抽取。

经口或鼻插入胃管,到达食管瘤胃口时,感到有一定的抵抗,此时再继续送入 50～80 cm,按上电动(或手压式)胃液吸引器,即可吸出瘤胃内容物。也可在左肷部用消毒后的长针头,穿刺吸取瘤胃内容物。采样的数量,一般 100～200 mL 即可,用四层纱布过滤后,及时送化验室进行检验。

二、酸碱度的测定

1. 方法

可用广泛 pH 试纸测定,也可用酸度计测定。

2. 正常值

正常瘤胃液 pH 一般为 6.0~7.5。

3. 临床意义

瘤胃液 pH 在 4.0~6.0 时,为乳酸发酵所致,常见于过食精料引起的瘤胃酸中毒症;pH 在 5.0 以下时,多数微生物及纤毛虫死亡,发生严重消化障碍;pH 在 8.0 以上时,可认为由于蛋白质给予过多,引起消化障碍,在前胃弛缓时,pH 也升高。

三、纤毛虫计数

1. 稀释液

①甲基绿福尔马林。35%甲醛溶液 100.0 mL,氯化钠 8.5 g,甲基绿 0.6 g,蒸馏水 900.0 mL,混合,溶解,常温保存,备用。此液有利于纤毛虫着色,因此具有固定与染色作用,便于和瘤胃内其他物质区别。

②0.3%冰醋酸液。

以上两种溶液任选一种。

2. 方法

①准备计数板。用血细胞计数板,在计数室的两侧用黏合剂粘上 0.4 mm 厚的玻片两条,使计数室与盖玻片之间的高度变成 0.5 mm,这样才能使全部纤毛虫顺利进入计数室。制成的该计数板,专供纤毛虫计数用。

②吸取稀释液 1.90 mL,置于小管中,再加入用四层纱布过滤的胃液 0.1 mL,混匀,即为 20 倍稀释。

③用滴管吸取稀释好的瘤胃液,充入计数室,静置片刻,用低倍镜观察。

④计数。计数四角四个大方格内纤毛虫的数目(计数方法与白细胞计数相同),代入公式(纤毛虫数/mL=纤毛虫数/mm³×1 000)计算出 1 mL 的纤毛虫数目。

3. 注意事项

①取样时,如用胃管抽取,应将胃管插到瘤胃背囊,而前庭区往往混有较多唾液,纤毛虫相对较少,采样量至少应在 100 mL 以上。

②目前我国无统一的专用于纤毛虫计数的计数板,可根据具体情况自行设计制作计数板。

4. 临床意义

健康牛羊瘤胃液内纤毛虫的数量随饲料种类、季节、采样时间的不同而异。生理状态下纤毛虫的平均值:黄牛 30 万~65 万/mL;水牛 20 万~50 万/mL;绵羊 40 万~70 万/mL。瘤胃内纤毛虫是保证正常消化必不可少的原虫,在前胃弛缓时,纤毛虫可明显减少,如下降至 5 万/mL 左右。而在瘤胃酸中毒或瘤胃积食时,可下降至 5 万/mL 以下,甚至纤毛虫消失。在治疗前胃疾病时,纤毛虫计数是推断消化机能是否恢复的一个重要指标。

泌尿生殖系统检查

【学习目标】

　　熟悉排尿动作及尿液的感官检查；会进行肾、膀胱、尿道的检查；了解家畜外生殖器及乳房的检查。

【学习内容】

　　1. 泌尿系统的检查；

　　2. 生殖系统的检查。

泌尿系统与生殖系统在解剖形态和生理机能上联系紧密。如母畜的泌尿生殖前庭和阴门既是尿道又是生殖道;公畜的阴茎既是尿道也是交配器官和精液排出的通道。由于关联紧密,泌尿生殖系统的一些疾病,常相互蔓延或互相形成继发感染。在临床检查时,不能截然分开。

任务一　泌尿系统的检查

泌尿系统是由肾、输尿管、膀胱和尿道所组成。肾是生成尿液的器官,其余部分是排出尿液的通路,简称尿路。泌尿系统在神经、体液调节下,不仅通过泌尿和排尿不断地排出动物机体内的代谢产物和侵入机体内的有害物质,而且在生成尿液的过程中维持水、电解质和酸碱平衡,在保持机体内环境稳定方面,具有重要的作用。肾机能减退或衰竭,就会使代谢产物蓄积而造成自体中毒,以及引起其他器官系统的机能障碍或病理形态等变化,严重危及动物的生命。其他器官系统的疾病,同样会引起泌尿系统的机能变化或器质性损害,如肠炎、肺炎、心肌炎过程中,常可出现影响肾机能障碍或发生病理形态学变化。因此,泌尿系统的检查不仅是为了泌尿器官系统本身疾病的诊断,而且对其他器官系统疾病的诊断也具有重要的意义。

一、排尿动作及尿液的感官检查

尿液在肾形成之后,由肾盂经输尿管进入膀胱暂时贮存。当膀胱内充满尿液时,膀胱壁内的压力感受器兴奋,冲动沿传入神经纤维传入脑干及大脑,产生尿意。大脑皮质发出冲动至腰荐部脊髓的排尿基本中枢,通过副交感神经(盆神经)而达膀胱,从而引起膀胱壁肌肉收缩和括约肌弛缓,同时沿交感神经(腹下神经)发出抑制冲动,使膀胱内括约肌弛缓,另一方面抑制阴部神经,使膀胱外括约肌弛缓,腹肌收缩,腹压增大,引起排尿动作。

(一)排尿动作

正常动物依其性别的不同而采取固有的排尿姿势。家畜因种类和性别的不同,所采取的排尿姿势也不尽相同。了解各种家畜正常的排尿特点,有助于发现排尿异常。

公牛和公羊排尿时,不做排尿准备动作,腹肌也不参与,仅借助会阴尿道部的收缩,尿液呈细流状排出,在行走或进食时均可排尿。母牛和母羊排尿时,后肢张开下蹲,拱背举尾,腹肌收缩,尿液呈急流状排出。

公猪排尿时,尿液呈急促而断续地射出。母猪排尿动作与母羊相似。

公马排尿时,四肢向前后张开站立,背腰下沉,伸出阴茎,举尾排尿,最后部分尿液借腹肌收缩而断续排出。母马排尿时,后肢略向前踏,并稍下蹲,排尿之末,阴门启闭数次。

正常的排尿次数和尿量多少,与肾的分泌机能、尿路的状态、饲料的含水量、气温、使役等因素有密切关系。

健康状态下,每昼夜排尿次数,牛为 5～10 次,尿量 6～10 L,最高达 25 L;绵羊和山羊 2～5 次,尿量 0.5～2 L;猪 2～3 次,尿量 2～5 L;马 5～8 次,尿量 3～6 L,最高达 10 L。

泌尿、贮尿和排尿的任何障碍,都会表现出排尿异常。排尿障碍常可表现为多尿、少尿、尿潴留、尿淋漓、尿失禁和排尿痛苦等。

1. 多尿与频尿

多尿表现为排尿次数增多,并且每次均有大量尿液排出。多尿见于肾小球滤过机能增强,如大量饮水后,一时性尿量增多;肾小管重吸收能力减弱(如慢性肾病);渗出液吸收过程(渗出性胸膜炎的吸收期),以及应用利尿剂,尿崩症、糖尿病等。

频尿则表现为时常呈排尿动作,而每次仅有少量尿液排出,甚至呈滴状排出,是由于膀胱或尿道黏膜受刺激而兴奋性增高的结果,主要见于膀胱炎、肾盂肾炎及尿道炎。

2. 少尿与无尿

少尿表现为排尿次数和尿量的减少,无尿亦称排尿停止。无尿按原因可分为真性无尿和假性无尿,真性无尿是泌尿机能的严重障碍,患畜不排尿液,如患急性肾炎;假性无尿可见动物有排尿动作,但无尿液排出,见于尿道完全阻塞(如公牛尿道结石)或膀胱颈痉挛。

少尿和无尿常密切相关。按其病因一般可分为肾前性、肾源性及肾后性少尿或无尿。

(1)肾前性少尿或无尿　由于血浆渗透压增高和外周循环衰竭,肾血流量减少时所致。表现尿量轻度或中度减少,一般不出现完全无尿,见于脱水、休克、心力衰竭、组织内水分潴留等。

(2)肾源性少尿或无尿　是由于肾泌尿机能高度障碍的结果,多由于肾小球和肾小管的严重病变引起。这种情况见于急性肾小球肾炎、各种慢性肾病(如慢性肾炎、肾盂肾炎、肾结核、肾结石等)引起的肾功能衰竭。

(3)肾后性少尿或无尿　主要由于尿路阻塞所致,见于肾盂、输尿管或尿道结石,或被血块、脓块阻塞等。

3. 尿潴留

肾泌尿机能正常,但膀胱充满尿液不能排出。尿液呈少量点滴状排出或完全不能排出,见于尿路阻塞(如尿道结石、尿道狭窄)、膀胱麻痹、膀胱括约肌痉挛及腰荐部脊髓损害。

4. 尿失禁与尿淋漓

动物不取排尿姿势与动作,而尿液自行流出,称尿失禁,见于脊髓挫伤、膀胱括约肌麻痹及脑病昏迷和濒死期的病畜中枢神经系统疾病;排尿困难,尿呈点滴状流出,称尿淋漓,见于尿路不完全阻塞、膀胱括约肌麻痹及中枢神经系统疾病。

5. 排尿疼痛

病畜在排尿过程中,有明显的疼痛表现或腹痛姿势,排尿时呻吟,努责,摇尾踢腹,回顾腹部和排尿困难等。动物排尿时表现疼痛、不安、呻吟或屡取排尿姿势而无尿排出或点滴状排出,多见于膀胱炎、尿道炎、尿道结石、生殖道炎症及腹膜炎。

(二)尿液的感官检查

可在动物排尿时收集尿液或导尿抽取。感官检查时注意检查尿的气味、透明度、颜色及混有物等。

1. 尿液采集及导尿管的应用

观察或检验尿液时,可待家畜自然排尿时用清洁容器收集,或用导尿管采取。导尿管除用于导尿外,亦可用于膀胱的洗涤治疗以及尿道阻塞时的探诊。

(1)母牛和母马导尿管插入法　母畜导尿或尿道探诊时,可取站立保定,用0.1%高锰酸钾溶液消毒导尿管及外阴,然后将消毒过的右手伸入阴道内,手指在阴道前庭下壁摸到尿道外口,左手持涂润滑剂的橡皮导尿管沿右手指缓慢插入其中,从尿道口继续送入10 cm左右深度,即达膀胱,如膀胱内有尿液,即可流出。

母牛尿道外口之后方有一深2.5 cm左右的盲囊,如导尿管误插入盲囊,即感到有阻力而不能推进,可将导尿管微向后抽,再稍抬起,紧贴尿道口上壁插入,即可进入膀胱(图7-1)。

(2)公马导尿管插入法　一般采用站立保定,并固定后肢。术者蹲在马的右侧,右手伸入包皮内,握住龟头,或用食指捏住龟头窝,把阴茎拉出,交左手固定。用温水洗去污垢后,再以无刺激性的消毒液(2％硼酸水、0.1％新洁尔灭溶液等)拭净尿道外口。右手持已消毒并涂润滑剂的公马导尿管,缓慢地插入尿道内,当导尿管前端达坐骨切迹处遇有阻力时,可由助手在该部稍加压迫,使导尿管前端弯向前下方转向骨盆腔,再向前推进约10 cm,即可进入膀胱(图7-2)。如膀胱有尿,即见尿液流出。如遇膀胱括约肌痉挛,导尿管送入困难时,可行直肠按摩,或以温水灌肠,或向导尿管内灌入0.1％普鲁卡因溶液,以解除膀胱括约肌痉挛。

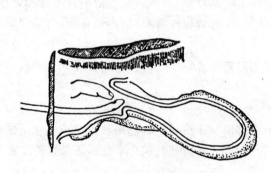

图7-1　母牛导尿管插入法　　　　　图7-2　公马导尿管插入法

(3)公牛和公猪的导尿　一般不能用导尿管进行探诊和导尿。必要时可用3％普鲁卡因溶液行脊髓硬膜外腔麻醉,或用1％～3％普鲁卡因溶液20～30 mL于尿道"S"状弯曲部行阴茎背神经封闭,使"S"状弯曲弛缓,再用导尿管插入尿道,进行探诊。

2. 正常尿液

牛、羊的尿清亮而略带黄色,猪尿透明无色,马属动物正常尿因含有大量的碳酸钙混浊而色黄。尿量随季节寒热,饮水量多少而有变化。

3. 病理变化

①尿具强烈的氨臭味,见于膀胱炎;尿呈酮味(氯仿味),见于牛酮尿病;尿有腐败臭味,见于猪瘟等。

②马尿变透明,多呈酸性,见于骨软症。

③尿色变深,尿量减少,见于热性病;尿呈深黄色,振摇后可产生黄色泡沫,提示尿中含有胆红素,常见于肝胆疾病;尿中混有血液,称血尿。尿液浑浊红色,静置或离心沉淀有红细胞沉淀层,见于肾或尿路出血。排尿初期呈现血尿,多为尿道出血;排尿终末出现血尿,多为膀胱出血;排尿全程出现血尿,多为肾、输尿管出血。血红蛋白尿,尿液呈透明红色或暗红色,静置或离心无沉淀,镜检无红细胞,常见于新生仔畜溶血病、牛血红蛋白尿、马肌红蛋白尿、血孢子虫病等。

④尿液混浊不透明,且有黏液、脓液,多见于肾、膀胱、尿道化脓性炎症和猪肾虫病等。

二、肾、膀胱及尿道的检查

(一)肾的检查

临床检查中,当发现排尿异常、排尿困难及尿液的性状发生改变时,应重视泌尿器官,特别是肾的检查。

1. 肾的位置

肾是一对实质性器官,位于脊柱两侧腰椎下方,右肾一般比左肾稍在前方。

牛肾为表面有沟的多乳头肾。左肾由系膜悬垂于第 3～5 腰椎横突下方,当瘤胃充满时,可完全移向右侧。右肾呈长椭圆形,位于第 12 肋间及第 2～3 腰椎横突的下方。

羊肾为表面光滑的单乳头肾。右肾位于第 1～3 腰椎横突的下面,左肾位于第 4～6 腰椎横突的下面。

猪肾为表面光滑的多乳头肾,猪左右两肾几乎呈相对位置,位于第 1～4 腰椎横突的下面。

马肾为表面光滑的单乳头肾。左肾呈长豆形,位于最后肋骨及第 1～3 腰椎横突的下面,右肾呈圆角等边三角形,位于最后 2～3 肋骨及第一腰椎横突的下面(图 7-3)。

2. 肾的检查方法

对大家畜的肾一般采取触诊和叩诊进行检查,中、小动物(如绵羊、山羊、犬、猫和兔等)肾的触诊检查,可在腰肾区腰椎横突下方用两手手指前后滑动触诊,拇指常置于腰椎横突上方。猪因皮下脂肪厚,腹壁又紧张,故肾难于触诊。但确诊肾的疾病还需尿液检验。

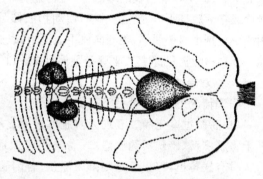

图 7-3 马泌尿生殖系统局部解剖(背面观)

(1)叩诊 检查者先将左手掌平放于肾区腰背部,然后用右手握拳,轻轻在手背上叩击,同时观察动物反应。牛及猪肾区叩诊,常无明显反应。

(2)触诊 大家畜可行外部触诊和直肠触诊。外部触诊可用双手在腰肾区捏压或用拳槌击,亦可施行叩诊,观察有无疼痛反应,如表现不安、拱背、摇尾或躲避压迫等。直肠内触诊肾,可感觉其大小、形状、硬度、敏感性及表面是否光滑等。肾正常时,触诊坚实,表面光滑、没有疼痛反应。

3. 病理变化

肾区的叩击或触诊时动物呈疼痛不安,多为急性肾炎或有肾损害的可能;触诊肾体积增大,敏感疼痛,见于急性肾炎、肾盂肾炎等;触诊肾表面粗糙不平,增大,坚硬,见于肾硬化、肾肿瘤和肾盂结石等;触诊肾体积缩小,多因肾萎缩或间质性肾炎所致,此种情况比较少见。

某些肾疾病(急性肾炎、化脓性肾炎等)情况下,由于肾的敏感性增高,肾区疼痛明显,病畜除出现排尿障碍外,常表现腰脊僵硬、弓起,运步小心,后肢向前移动迟缓。牛有时腰肾区呈膨隆状。马间或呈轻度肾性腹痛。猪患肾虫病时,弓背、后躯摇摆。此外,应特别注意肾性水肿,通常多发生于眼睑、垂肉、腹下、阴囊及四肢下部。

(二)肾盂和输尿管检查

肾盂位于肾门之内的肾窦之中。输尿管起自肾盂,止于膀胱,是一对细长的管道。肾盂和输尿管检查,大家畜可通过直肠内进行触诊。如触诊肾门,病畜疼痛明显,见于肾盂肾炎;发现一侧或两侧肾门部肿大,呈现波动,有时还发现输尿管扩张,提示肾盂积水。健康动物的输尿管很细,经直肠检查难于触及。如触到手指粗的索状物,紧张有压痛,见于输尿管炎。在肾盂部或输尿管结石时,可触到坚硬的石块和结石相互摩擦的感觉,肾盂结石比输尿管中的结石稍大,同时病畜呈现疼痛反应。

(三)膀胱的检查

膀胱为储尿器官,上接输尿管,下和尿道相连。大家畜的膀胱位于骨盆腔底部,小动物的膀胱比较靠前,位于耻骨联合前方的腹腔底部。

1. 检查方法

大动物膀胱检查可通过直肠内部触诊,检查时注意其位置、大小、充满度、紧张度、厚度及敏感性。健康马牛膀胱内无尿时,触诊呈柔软的梨形体,如拳大。膀胱充满尿液时,壁变薄,紧张而有波动,呈轮廓明显的球形体,可占据整个骨盆腔。中、小动物则可将手指伸入直肠进行触诊或在后腹部下方或侧方触诊,使动物取仰卧姿势,用一手在腹中线处由前向后触压,也可用两手分别由腹部两侧,逐渐向体中线压迫,以感知膀胱,以判定膀胱内容物、充满度及其敏感性。小动物膀胱充满时,在下腹壁耻骨前缘触到一个有弹性的光滑球形体,过度充满时可达脐部。

2. 病理变化

病理情况下,膀胱可见下列变化。

(1)膀胱过度充满 表现为膀胱体积明显增大,充满于整个骨盆腔并伸向腹腔后部。多见于膀胱麻痹、膀胱括约肌痉挛、膀胱颈或尿道阻塞。若为膀胱麻痹引起的过度充满,按压膀胱时有尿排出,停止压迫则排尿停止;若因膀胱括约肌痉挛引起者,膀胱紧张度明显升高,导尿管在膀胱颈部插入困难。触诊膀胱敏感,见于膀胱炎,呈波动感,见于膀胱积尿;膀胱空虚,见于膀胱破裂或急性肾炎。

(2)膀胱空虚 常因肾功能不全、急性肾炎或膀胱破裂造成。若患畜长期无排尿,腹腔下部对称性膨大,腹腔穿刺流出大量淡黄、微浑浊、有尿臭气味的液体,或为污红色浑浊的液体,或伴发腹膜炎症状,有时皮肤散发尿臭味,为膀胱破裂所致。

(3)膀胱压痛 见于急性膀胱炎和膀胱结石。若触诊膀胱空虚、敏感,膀胱壁增厚,动物尿频,多为膀胱炎。若触诊敏感,在尿少时能触到膀胱内有坚硬的硬块物或沙石样物,多为膀胱结石。

(四)尿道检查

1. 检查方法

可通过外部触诊、直肠内触诊及导尿管探诊进行尿道检查。

母畜尿道较短,开口于阴道前庭的下壁,可将手指伸入阴道,在其下壁直接触摸到尿道外口,亦可用开膣器对尿道口进行视诊,还有尿道探诊。

公牛、公马位于骨盆腔部分的尿道,可通过直肠内触诊,位于骨盆及会阴以下的部分,可行外部触诊。公牛及公猪的尿道有"S"状弯曲,导尿管探查较为困难。公马可行导尿管探查。

2. 病理变化

母畜尿道常发生炎症变化。病畜呈现尿频和尿痛,尿道外口肿胀,常有黏液或脓性分泌物排出，为急性尿道炎。公畜尿道的常见异常变化是尿道结石，表现为尿淋漓或无尿，触诊结石部位膨大坚硬并有疼痛反应，导管探查会遇到梗阻。此外，公畜还有尿道炎、尿道损伤、尿道狭窄、尿道阻塞等。

▶ 三、尿液实验室检查

(一)尿液的采集和保存

用清洁容器接取动物自然排出的尿液或用导管采集。采集的尿液应立即检验，如不能立即检验时，可加入防腐剂保存，100 mL 尿液中加入硼酸 0.25 g 或甲苯 0.5～1.0 mL，或加入福尔马林(37％～40％甲醛溶液)3～4 滴，或加入麝香草酚 0.1 g。

(二)尿比重的测定

1. 测定方法

将尿盛于适当大小的量筒内，然后将尿比重计沉入尿内，比重计稳定后，读取尿液凹面的读数即为尿的比重数。如尿量不足时，可用蒸馏水稀释数倍，将测得尿比重的最后两位数字乘以稀释倍数，即得原尿的比重。如被检尿液温度高于或者低于比重计上所标明的测定温度每 3℃加减密度为 0.001。

2. 正常值

牛：1.025～1.050，猪：1.018～1.022，羊：1.015～1.065，马：1.025～1.055，犬：1.020～1.050，猫：1.020～1.040。

3. 临床意义

尿比重的大小，与尿中固体物质的含量成正比，其中影响最大的是尿素和氯化钠。尿比重病理性增高，见于伴有少尿的疾病，如热性病、腹泻、呕吐、急性肾炎或心力衰竭等。尿比重病理性降低，见于伴有多尿的疾病，如肾机能不全、间质性肾炎、肾盂肾炎及神经性多尿症、牛酮病或服用利尿剂之后等。

(三)尿液 pH 测定

1. 器材

广泛 pH 试纸。

2. 方法

取一条广泛 pH 试纸浸于被检尿中，数秒钟后取出试纸条，与标准色板比色以判定尿液的 pH。

3. 正常值

健康家畜尿液的 pH：牛 7.2～8.7，犊牛 7.0～8.0，羊 8.0～8.5，羔羊 6.4～6.6，猪 6.5～7.8，马 7.2～7.8。

4. 临床意义

草食动物尿液变为酸性，见于牛酮血病、骨软病、大出汗、饥饿、消耗性疾病、营养不良以及某些热性病。肉食动物尿液变为碱性或草食动物尿液变成强碱性，见于剧烈呕吐、膀胱炎等。

(四)尿中蛋白质的检验

1. 原理

蛋白质遇酸类物质，可发生凝固或沉淀。

2. 器材

中试管,滴管,试管架等。

3. 试剂

35%硝酸。装入滴瓶中备用。

4. 方法

取中试管 1 支,滴加 35%硝酸 1～2 mL(20～40 滴),再沿试管壁缓缓滴加尿液,使两液重叠,静置 5 min,观察结果。两液重叠面产生白色环者为阳性反应。白色环愈宽,表示蛋白含量愈高,可用 1～3 个"＋"号表示之。

5. 注意事项

马的尿液中含有大量的碳酸钙,因此应事先加入适量 10%醋酸液使尿呈酸性,尿液透明,便于观察结果。

6. 临床意义

健康动物的尿中含有微量的蛋白质,用一般方法难以检出。病理性蛋白尿见于肾炎、大多数急性热性传染病(如猪瘟、猪丹毒、流感等)和某些传染病。

(五)尿中潜血的检验

健康家畜的尿液中不含有红细胞或血红蛋白。尿液中不能用肉眼直接观察的红细胞或血红蛋白叫作潜血,可用化学方法进行检查。

1. 原理

尿液中的血红蛋白或红细胞被酸破坏所产生的血红蛋白,有过氧化氢酶的作用(但并非酶,因为被煮沸后仍有触媒作用),它可以分解过氧化氢而产生新生态氧,使联苯胺氧化为蓝绿色的联苯胺蓝。

2. 器材与试剂

小试管,滴管,联苯胺,冰醋酸,3%过氧化氢溶液。

3. 方法(联苯胺法)

取联苯胺少许,溶解在 2 mL 冰醋酸中,加 3%过氧化氢溶液 2～3 mL。混合后,加入等量尿液,如果液体变绿色或蓝色,表示尿中有血红蛋白存在。

4. 临床意义

尿中出现红细胞,多见于泌尿系统各部位的出血,如急性肾炎、膀胱炎等。此外,某些溶血性疾病,如新生仔猪的溶血性黄疸、中毒等,尿中也可出现潜血阳性。

(六)尿胆素原的检验

1. 原理

尿胆素原在酸性溶液中可与对二甲氨基苯甲醛发生醛化反应而生成红色化合物,此醛化反应与尿胆素原所含的吡咯环有关。

2. 试剂

艾(Ehrlich)氏试剂:对二甲氨基苯甲醛 2.0 g,蒸馏水加至 100 mL,浓盐酸 20 mL。混合贮于棕色瓶中。

3. 方法

取 10 mL 刻度试管 1 支,加尿液 9 mL,再加艾氏试剂 1 mL,充分颠倒混合,静置 10 min,在试管底衬一白纸,于光线明亮处,两眼自管口垂直视向管底,观察尿液垂直柱面的颜色,呈樱桃红色者为阳性反应。

必要时,可将被检尿液做 2、4、6、8、16、32、64 倍稀释,取稀释尿液 9 mL,加艾氏试剂 1 mL,经 10 min 后观察结果,记录红色反应的最后一管的稀释倍数。

一般正常时仅 2～4 倍稀释管呈现红色反应;如 8 倍以上的稀释管呈明显红色反应,则证明尿胆素原增加。

4. 注意事项

碱性尿,应事先加 10％乙酸液酸化。

5. 临床意义

健康家畜的尿中含有少量的尿胆素原,溶血性疾病及肝实质性疾病,尿中尿胆素原大量增加。当家畜患阻塞性黄疸时,尿胆素原消失。

(七)尿中葡萄糖的检验

健康家畜的尿中仅含微量的葡萄糖,用一般化学方法无法检查。若用一般方法能检出尿中含有葡萄糖时,称为糖尿,表示机体的碳水化合物代谢障碍或肾的滤过机能严重破坏。

1. 原理

葡萄糖含有醛基,在热碱性溶液中,能将硫酸铜还原成黄色的氧化铜或黄红色的氧化亚铜。

2. 试剂

班(Benedict)氏试剂:先将 173.0 g 枸橼酸钠及 100.0 g 无水碳酸钠溶解于 700 mL 蒸馏水中,可加热促其溶解。另将 17.3 g 硫酸铜溶解于 100 mL 蒸馏水中,然后将硫酸铜液慢慢倾入已冷却的上液内,并加蒸馏水至 1 000 mL,过滤保存于棕色瓶内备用。

3. 方法

取班氏试剂 5 mL 置于试管中,加尿液 0.5 mL(约 10 滴)充分混合,加热煮沸 1～2 min,静置 5 min 后观察结果。管底出现黄色或黄红色沉淀者为阳性反应。黄色或黄红色的沉淀愈多,表示尿中葡萄糖含量愈高;也可按判定表估计葡萄糖的大约含量(表 7-1)。

模块一 动物诊断技术

表 7-1 尿中葡萄糖含量判定表

符号	反应	葡萄糖的大约含量
－	试剂仍呈清晰蓝色	无糖
＋	仅在冷后才有微量黄绿色沉淀	0.5 g/100 mL 以下
＋＋	静置后,管有少量黄绿色沉淀	0.5～1 g/100 mL
＋＋＋	静置后,管底有多量黄色沉淀	1～2 g/100 mL
＋＋＋＋	静置后,管底有多量黄红色沉淀	2 g/100 mL 以上

4. 注意事项

①尿液中如含蛋白质,应把尿液加热煮沸,然后过滤,再行检验。

②尿液与试剂一定要按规定的比例加入,如尿液加得过多,由于尿液中某些微量的还原性物质,也可产生还原作用而呈现假阳性反应。

③应用水杨酸类、水合氯醛、维生素 C 及链霉素治疗时,尿中可能有还原性物质而呈假阳性反应。

5. 临床意义

生理性的糖尿,为暂时的,见于一时性恐惧、兴奋、饲喂大量含糖饲料等。病理性的糖尿,可见于肾疾病,化学药品中毒,肝病等。

(八)尿中酮体的检验

1. 原理

酮体在碱性溶液中与亚硝基铁氰化钠作用可产生紫红色的五氰化亚铁,这种产物在乙酸溶液内不但不褪色,反而颜色会加深。

2. 试剂

①5%亚硝基铁氰化钠溶液。此液应新配制,贮于棕色瓶中可保存一周。

②10%氢氧化钠溶液。

③20%乙酸溶液。

3. 方法

取中试管1支,先加尿液5 mL,随即加入5%亚硝基铁氰化钠溶液和10%氢氧化钠溶液各0.5 mL(约10滴),颠倒混合,再加20%乙酸约1 mL(20滴),再颠倒混合,观察结果。

判断:尿液呈现红色者为阳性,如尿液开始变红,加入20%乙酸后红色又消失者为阴性。根据颜色深浅的不同,可估计酮体的大约含量(表7-2)。

表 7-2　尿中酮体含量判定表

符号	反应	酮体的大约含量/(mg/100 mL)
+	浅红色	3～5
++	红色	10～15
+++	深红色	20～30
++++	黑红色	40～60

4. 临床意义

酮体包括 β-羟丁酸、乙酰乙酸、丙酮三种物质。健康家畜尿中含有微量的酮体,用一般化学试剂无法检出。尿中出现酮体,主要见于奶牛的酮病、奶羊的妊娠毒血症、仔猪的低血糖等。

(九)尿沉渣的检查

尿沉渣有两类:有机沉渣和无机沉渣。有机沉渣包括各种细胞和各种管型,无机沉渣包括碱性尿中的盐类结晶和酸性尿中的盐类结晶。

1. 尿沉渣标本的制备与检查方法

①将尿液静置1 h或低速(1 000 r/min)离心5～10 min。

②取沉渣物1滴,置于载玻片上。用玻棒轻轻涂布使其分散开来。滴加1滴稀碘溶液(也可不加),加盖玻片,低倍镜观察。

③镜检时,宜将聚光器降低、缩小光圈,使视野稍暗,用低倍镜观察到大体印象后再转换高倍镜仔细观察。

2. 尿中的有机沉渣

(1)上皮细胞　主要有以下几种(图7-4):

①肾上皮细胞。呈圆形或多角形,细胞核大而明显,核呈圆形或椭圆形,位于细胞中央,细胞质中有小颗粒。

②肾盂及尿路上皮细胞。比肾上皮细胞大,肾盂上皮细胞呈高脚杯状,细胞核较大,偏

心。尿路上皮细胞多呈纺锤形,也有呈多角形及圆形者,核大,位于中央或略偏心。

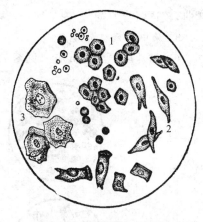

图7-4 尿中的上皮细胞
1. 肾上皮细胞;2. 肾盂及尿路上皮细胞;
3. 膀胱上皮细胞

③膀胱上皮细胞。为大而多角的扁平细胞,内有小而圆或椭圆形的核。

(2)血细胞、脓细胞及黏液 在病理情况下出现。

①红细胞。小而圆,淡黄褐色,无细胞核。

②白细胞。比红细胞略大,有细胞核。

③脓细胞。为变性的嗜中性分叶核白细胞。结构模糊,细胞核隐约可见,常聚集成堆。

④黏液。为无结构的带状物,被稀碘液染成淡黄色,比透明管型宽,称为假管型。

(3)管型 指肾小管排出的一种柱状物(图7-5),一端圆或齐,长而略曲,其长度及表面性质极不一致,如肾小管的柱型,故称为管型(又叫圆柱)。由肾小球滤出的蛋白质在肾小管内变性凝固或由蛋白质与某些细胞成分相黏合而形成的。尿中出现管型是肾炎的特征。

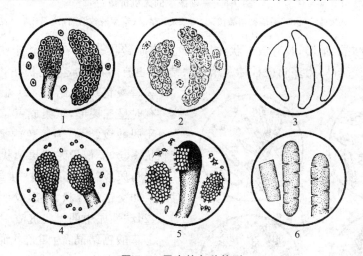

图7-5 尿中的各种管型
1. 上皮管型;2. 颗粒管型;3. 透明管型;4. 红细胞管型;5. 脂肪管型;6. 蜡样管型

①上皮管型。由脱落的肾上皮细胞与蛋白性物质黏合而成。显微镜下能看到其中具上皮细胞结构的细胞。

②颗粒管型。为肾上皮细胞变性,崩解所形成的管型。细胞结构不明显。表面散在有大小不等的颗粒。

③透明管型。结构细致、均匀、透明、边缘明显,长短不一,伸直而少弯曲。

④红细胞管型。由红细胞与蛋白性物质黏合而成,或是红细胞聚积在透明管型之中而形成。

⑤脂肪管型。为上皮管型和颗粒管型脂肪变性而形成,是一种较大的管型,表面有脂肪滴和脂肪结晶,有强的屈光性。

⑥蜡样管型。质地均匀,轮廓明显,具有毛玻璃样的闪光,表面似蜡块,长而直,很少有

弯曲,较透明管型宽。

3. 尿中的无机沉渣

(1)碱性尿中无机沉渣　见图 7-6。

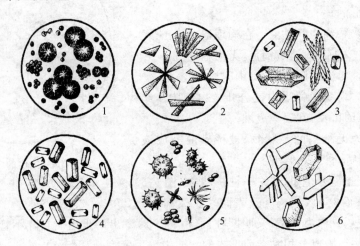

图 7-6　碱性尿中的无机沉渣

1. 碳酸钙结晶;2. 磷酸钙结晶;3、4. 磷酸铵镁结晶;5. 尿酸钙结晶;6. 马尿酸结晶

①碳酸钙结晶:圆形,具有放射状线纹。此外有哑铃状、磨刀石状、饼干状等。

②磷酸铵镁结晶:为多角棱柱体及棺盖状结晶,也有雪花状或羽毛状。

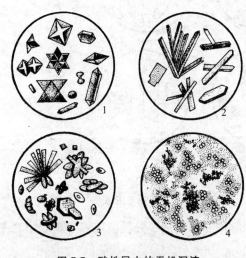

图 7-7　酸性尿中的无机沉渣

1. 草酸钙结晶;2. 硫酸钙结晶;
3. 尿酸结晶;4. 尿酸盐结晶

③磷酸钙(镁)结晶:为无定形浅灰色颗粒。有时呈三棱形,聚集成束。

④尿酸铵结晶:为黄色或褐色,圆形,表面有刺状突起,类似曼陀罗果穗状。

⑤马尿酸结晶:为棱柱状或针状结晶,有时成束如交错的针状、扇形或小帚状。

(2)酸性尿中的无机沉渣　见图 7-7。

①草酸钙结晶:为四角八面体,如信封状,有十字形折光体。

②硫酸钙结晶:为长棱柱状物或针状,有时聚集成束状、扇状。

③尿酸结晶:为棕黄色的磨刀石状、叶簇状、菱形片状、十字状或梳状等。

④尿酸盐结晶:呈棕黄色小颗粒状,聚积成堆。

【泌尿系统检查结果的综合分析】

排尿状态的异常,尿液物理性状的变化往往提示为泌尿系统疾病。应结合对泌尿器官的检查、尿液的化学检验及尿沉渣检查结果,综合分析,初步判断疾病的发生部位、器官及性质。

①病畜排尿量减少甚至呈现无尿,具有较明显的全身症状,触诊检查肾敏感疼痛,尿液

检查有多量的肾上皮细胞及管型,可提示为急性肾炎。慢性肾炎的临床症状不明显,主要依据尿液检验结果而确诊。

②病畜频尿,尿液混浊或混有脓血、触诊膀胱敏感疼痛,可提示为膀胱炎。

③病畜排尿痛苦,有时呈现腹痛,血尿明显,多提示为尿石症,可进一步通过直肠内触诊等法确定结石存在的部位。

④有肾功能严重障碍的病史和症状,病畜精神由沉郁转为昏迷,食欲废绝,甚至腹泻或呕吐,时呈阵发性痉挛,可考虑为尿毒症。

任务二　家畜外生殖器及乳房的检查

一、公畜外生殖器的检查

公畜生殖系统主要包括阴囊、睾丸、附睾、精索、阴茎及副性腺(前列腺、精囊腺和尿道球腺)。临床检查中凡发现外生殖器局部肿胀、排尿障碍、血尿、尿道口有异常分泌物及肿胀痛苦等症状时,均应考虑有生殖器官本身疾病的可能,但也可能是由泌尿器官或其他器官的疾病引起的继发性损害。

1. 检查方法

检查时用视诊和触诊。注意阴囊及睾丸的大小、形状、硬度,有无肿胀、发热和疼痛反应等。检查阴囊及阴囊内容物包括睾丸、附睾、精索和输精管等。注意马属动物阴筒、阴茎有无变化,并配合触诊进行检查。

2. 病理变化

阴囊一侧性显著膨大,触诊时无热,柔软而现波动,并伴有疼痛不安,有时经腹股沟管可以还纳,这是腹股沟管阴囊疝的特征表现。

阴囊肿大,同时睾丸实质也肿胀,触诊时有热痛反应,睾丸在阴囊中的移动性较小,见于睾丸炎或睾丸周围炎;睾丸炎有时继发于传染病(如猪布鲁菌病、马鼻疽等)。阴筒肿胀,触诊留指压痕,多为皮下浮肿的表现;猪的包皮囊肿时,提示包皮囊积尿或包皮炎。

阴鞘和包皮发生肿胀时,应注意鉴别是由于全身性皮下水肿还是精索、睾丸、阴茎、腹下邻近组织器官的炎性渗出物浸润所致。

阴茎脱垂常见于支配阴茎肌肉的神经麻痹或中枢神经机能障碍过程中。此外,公畜阴茎损伤、龟头局部肿胀及肿瘤亦为常见。

二、母畜外生殖器的检查

母畜生殖器官包括卵巢、输卵管、子宫、阴道和阴门。

1. 检查方法

观察阴门分泌物及外阴部有无病变;必要时可用开腟器进行阴道深部检查(图7-8),观察黏膜颜色、有无疱疹、溃疡等病变,同时注意子宫颈口状态。

2. 病理变化

(1)外阴　检查时如发现阴门红肿,应注意母畜是否处于发情期或有阴道炎症等。阴道

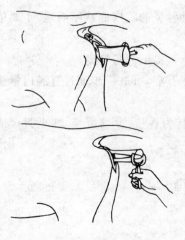

图 7-8 开膣器插入的方法

分泌物增多,流出黏液或脓性液体,阴道黏膜潮红、肿胀、溃疡,见于阴道炎、子宫炎;母牛胎衣不下时,阴门外常吊挂着部分胎衣;阴门流出腐败坏死组织块或脓性分泌物时,常提示胎衣不下或患有阴道炎、子宫炎。

猪、牛的阴户肿胀,见于镰刀菌、赤霉菌毒素中毒病。马外阴部皮肤有圆形或椭圆形褪色斑块,并表现水肿,应考虑马媾疫的可能。

(2)阴道 健康母畜阴道黏膜呈粉红色,光滑而湿润。当发现阴门红肿或有异常分泌物流出时,应借助开膣器,详细观察阴道黏膜的颜色、湿度、损伤、炎症、肿物、溃疡及阴道分泌物的变化。同时注意子宫颈的状态。

阴道黏膜潮红、肿胀、糜烂或溃疡,分泌物增多,流出浆液黏性或黏液脓性、污秽腥臭的液体,是阴道炎的表现。阴道黏膜呈现出血斑,可见于马传染性贫血、血斑病等。

(3)子宫 子宫颈口潮红、肿胀,为子宫颈炎的表现。子宫颈口松弛,有多量分泌物不断流出,则提示子宫炎。子宫脱出时,在阴门外有脱垂的阴道或子宫。

三、乳房的检查

1. 检查方法

检查乳房时,首先要注意全身状态,其次应注意生殖系统有无异常变化。乳房检查的主要内容包括以下几个方面。

(1)乳房视诊 注意乳房的大小、形状,乳房和乳头的皮肤颜色,有无发红、橘皮样变、外伤、隆起、结节及脓疱等。

(2)乳房触诊 注意乳房皮肤的温度,厚度,硬度,有无肿胀、疼痛和硬结以及乳房淋巴结的状态。检查乳房各部位温度时,应将手贴在相对称的部位进行。检查乳房皮肤厚薄和软硬时,应将皮肤捏成皱襞或由轻到重施加压力而判定。触诊乳房实质及硬结病灶时,需在挤奶后进行。

2. 病理变化

当乳房肿胀,发硬,其范围局限于乳腺的一叶或一个叶的某部分,也可侵害整个乳房,皮肤呈红紫色,有热痛反应,有时乳房淋巴结肿大,乳汁呈絮状、凝块或混有血液、脓汁,这是乳房炎的表现;如乳房表面出现丘状突出,急性炎症反应明显,以后有波动感,则提示是乳房脓肿;如乳房淋巴结显著肿大,硬结,触诊无热无痛,常见于奶牛乳房结核。

牛、绵羊和山羊的乳房皮肤上出现疹泡、脓疱及结痂多为痘疹的特征。

四、乳汁的感官检查

除轻度炎症外,多数乳房炎患畜,乳汁性状都有变化。检查时,可将乳汁挤入器皿内进行观察,注意乳汁颜色、黏稠度及性状有无变化。如挤出的乳汁浓稠,内含有絮状物或纤维

动物诊疗技术

蛋白性凝块,或混有脓汁、血液,是乳房炎的重要特征。必要时对乳汁进行实验室检查。

【生殖系统检查结果的综合分析】

生殖系统检查结果综合分析如下:

①公畜睾丸肿胀、硬结、伴有热痛反应,运步时后肢强拘,常伴有全身症状,为睾丸炎的特征。

②母畜阴道分泌物增多,或混脓、血并有恶臭,阴道黏膜潮红、肿胀或有溃烂,可提示为阴道炎。

③阴道内流脓性分泌物,子宫颈口弛缓甚至开张,直检子宫体积增大并有波动感,全身症状明显,可提示为化脓性子宫内膜炎或子宫蓄脓症。

【考核评价】

任务名称:泌尿生殖系统检查

考核内容	评价标准	评价者与权重		技能得分	任务得分
		教师评价(80%)	学生评价(20%)		
排尿动作及尿液的检查	能根据排尿动作的异常判定动物的疾病,能对尿液进行感官检查和判定				
泌尿器官及外生殖器的检查	能采用正确的方法进行检查,对检查到的病理状态进行正确的判定				
导尿	能正确进行导尿,能用正确的方法保存待检尿液				
鉴别诊断	对泌尿生殖系统常见症状进行分析和判断				

【知识拓展】

B超在畜牧兽医领域的应用

B超是在无任何损伤和刺激的情况下对活体进行切面观察的一种高科技手段,根据动物不同组织器官具有不同的密度和不同的超声传播速度,即不同的声阻抗的特性,使其产生一定频率的超声波,将这种超声波射入动物体内,经体内不同脏器的界面而产生反射回波;接收反射的不同大小的回波,将接收的回波经检波及数字扫描变换等处理后,形成标准视频信号,在监视器屏幕上显示出脏器截面图像。B超已成为兽医诊断活动的有利助手和活体采卵、胚胎移植等科研必备的监测仪器。

模块一 动物诊断技术

(一)兽用 B 超功能

①检测怀孕、胎仔数;

②检测猪、牛、犬、马、猫、山羊、骆驼、绵羊的孕周和预产期、距离、周长、面积、心率、胎重;

③检测猪背膘厚度和眼肌面积;

④产科疾病检测(包括子宫内膜炎、子宫蓄脓、卵巢囊肿等)。

(二)在动物繁殖与产科疾病上的应用

1. 监测卵泡和黄体

主要以牛马等大动物为主,主要原因是大动物可在直肠内把握卵巢,清晰地显现卵巢的各个切面;中、小动物的卵巢较小,常被肠管等其他内脏所遮挡,在非手术状况下很难把握,故不易显现卵巢切面。牛马卵巢可用 5.0~7.5 MHz 的线阵或凸阵探头通过直肠或阴道穹隆部,在手握卵巢的情况下观察到卵泡和黄体的状况。

2. 监测发情周期子宫

发情期和性周期中其他时期的子宫声像图明显不同。发情期子宫颈内膜层和子宫颈肌层分界明显,由于子宫壁加厚,子宫内含水量增多而使声像图上有较多的低回声暗区,质地不均。发情后期和间情期子宫壁图像较亮,可见子宫内膜皱褶,但腔体内无液体。

3. 监测产后子宫复旧

初产牛子宫角多在产后 40 d 时复旧完全,经产牛约需 50 d,复旧接近完成时子宫肌层与其他组织界限明显,子宫内膜逐渐增厚,图像变白。犬完成子宫复旧约需 15 周。

4. 监测子宫疾病

B 型超声波对子宫内膜炎、子宫积脓等较为敏感。炎症时子宫腔轮廓模糊不清、宫腔膨胀伴有部分回声及雪片状物;积脓时子宫体增大,宫壁清晰,宫腔内有液性暗区。

5. 早期妊娠诊断

早孕诊断主要是探测到孕囊或孕体作为依据。孕囊是子宫内的圆形液性暗区,孕体为子宫内的圆形液性暗区内的强回声光团或光斑。

6. 观察胚胎发育

通过对胎儿的胎外结构和胎内结构的变化观察判断胚胎发育。

7. 监测胎儿死活

用超声检测胎儿心跳,可以预测胎儿的死活。胚胎死亡之前,心跳明显减少。胎动消失,胎囊中充满液体暗区,看不到胚芽,子宫内回声紊乱,不能辨清胎囊、胎盘和胎儿结构等都预示着胚胎死亡。

8. 鉴别胎儿性别

用超声探测胎儿的生殖结节与周围结构的位置关系能准确鉴别胎儿性别。在牛配种后 50~105 d,鉴定胎儿性别的准确率为 96%。

9. 估测怀胎数目及预测胎龄

估测怀胎数目主要用于怀多胎的动物。B 超还可以高度准确地判断胎儿的大小,并可根据胎儿的尺寸预测产犊日期。利用胎囊直径大小可以粗略地估计胎龄大小,也有用绒毛囊腔直径和子宫直径判定胎龄的。

动物诊疗技术

10. 监测公畜生殖器官

用 7.5 MHz 或 5.0 MHz 的探头经体表探查公畜睾丸及副性腺,用以诊断公畜生殖器官疾病。这主要是观察组织中有无积液及钙化,探查尿道结石、副性腺囊肿、积液、肥大、萎缩等。

(三)兽用 B 超在畜牧生产上的应用

1. 早期妊娠监测

用 B 型超声波做定期妊娠监测,以及早识别空怀母猪而减少饲养浪费,增加经济效益。通过 B 超进行早孕监测及时检出了未孕母体,避免了"无效饲养"。同时,B 超监测可及早准确掌握妊娠母猪数,起到保证均衡生产的作用。由于及早发现空怀母猪,及时采取措施,减少经济损失。B 超还可对卵巢机能异常或疾病、空怀和子宫疾病、死胎流产及公猪的睾丸、副性腺等疾病进行监测。

2. 测定猪的背膘厚度和计算眼肌面积

种猪场可用 B 超在活体无损伤地准确测定猪的背膘厚度和计算眼肌面积,提高育种选育的科学性和准确性。

3. 转基因羊与克隆羊的妊娠分析

胚胎移植后 28~102 d 试验羊妊娠诊断阴性(B 超判断未怀孕)的准确率为 100%,自然交配羊和细胞核移植受体羊妊娠诊断阳性(B 超判断怀孕)和阴性的准确率为 100%,部分转基因受体羊因胎儿发育停止或流产而出现假阳性。

4. 导引采集牛卵母细胞

利用 B 型超声波导引采集牛卵母细胞简便、可靠,对牛阴道、卵巢造成的损伤小,对牛的健康和生殖机能无不良影响。在一周时间内对同一头牛间隔 4 d 重复采卵两次,卵母细胞回收率 41%。

5. 胚胎移植

超声诊断技术已较多地应用于哺乳动物胚胎工程和基因工程研究中的妊娠检查、孕期监测、超数排卵等方面。如在波尔山羊胚胎移植产业化中的应用。

(四)兽用 B 超在养猪场中的实际应用

1. 早期妊娠诊断

利用 B 型超声波第一时间检测是否怀孕(第一个发情期:19~21 d),在这时检测出有无怀孕,对于养殖户来说是最省钱的,如果空怀可以及时再配,从而大大缩短了无效饲养的时间。

早期估测胚胎个数,有利于妊娠母猪日粮中营养配方以及饲喂量的调整。当胚胎个数较多而营养和日粮跟不上时,容易造成流产或弱胎;而当胚胎个数较少而营养和日粮过剩时,容易造成胚胎个体发育过大,引起难产。

利用 B 型超声波及早发现死胎,配种 65 d 以后可检出有无死胎,若出现死胎,可据情况进行相关处理。

2. 产科疾病检查

卵巢囊肿俗称猪的不孕症,其主要症状就是屡配不孕,母猪发情症状明显,发情时间较有规律,但就是配不上。B 型超声诊断技术可检出是否有子宫炎、卵巢囊肿等繁殖障碍疾病。

3. 妊娠中期可检出有无胚胎吸收

妊娠中期如果有胚胎吸收可表现为配种后不再有发情表现,2个月左右时肚子有点大,到了产期有下奶现象,但过了产期也无产仔的表现。B型超声诊断技术可检查出胚胎的发情况,及早发现胚胎的吸收,尽早终止妊娠。

【知识链接】

DB 37/T 2036—2012　奶牛隐性乳腺炎诊断技术。

神经系统检查

➤ 【学习目标】

　　能识别畜禽精神状态的异常表现；会识别动物运动障碍并做出分析判断；会进行基本的反射机能检查并做出判断。

【学习内容】

　　1. 精神状态的检查；

　　2. 运动机能的检查；

　　3. 反射机能的检查；

　　4. 植物性神经机能检查；

　　5. 神经系统症状的鉴别诊断。

神经系统主要包括大脑、小脑、脑干、脊髓和外周神经等。神经系统对机体各器官系统活动起着调节作用。神经系统的检查不仅对神经系统本身的疾病有意义，而且对其他系统的许多疾病，如某些中毒、代谢疾病、创伤以及颅脑和椎管的占位性疾病等，都具有重要意义。

兽医临床上，主要通过问诊和视诊，观察动物的行动、精神状态、姿势和步样，通过触诊检查了解感觉神经的敏感度；依据动物神经机能的表现形式等，进行全面客观的综合分析，判断是否为神经系统疾病引起的症状，并分析推断发病的原因、病变的性质和发病部位等。

任务一　神经系统检查

▶ 一、精神状态的检查

动物的精神状态是中枢神经系统特别是大脑皮层机能活动的直接反应，主要通过问诊、视诊对动物神态和对各种刺激的反应进行检查。健康动物对外界刺激往往以眼、耳、尾及四肢的动作迅速做出反应，行为敏捷，姿势自然，动作协调。中枢神经机能发生障碍时，可出现精神兴奋或精神抑制。

图 8-1　马脑炎兴奋不安

（一）兴奋

兴奋是中枢神经机能亢进的结果。轻度兴奋时，动物表现骚动不安、惊恐、竖耳刨地；重度者受轻微刺激即产生强烈反应，不顾障碍地前冲、后退，甚至攀登饲槽或跳入沟渠，狂奔乱跑，有时攻击人畜。兴奋见于脑炎、流行性脑脊髓炎、脑膜脑炎（图 8-1）、日射病与热射病、狂犬病及某些中毒病（如食盐中毒等）。

（二）抑制

抑制是中枢神经系统机能障碍的另一种表现形式，根据程度不同可分为 3 种。

1. 精神沉郁

精神沉郁是大脑皮层活动受到最轻度的抑制现象。病畜对周围事物注意力降低，离群呆立，低头奄耳，眼睛半闭，但对外界刺激尚能迅速发生反应。牛常卧地，头颈弯向胸侧，猪常卧于黑暗处，鸡常两翅下垂，垂头缩颈，闭目呆立或独自呆卧于僻静处。但对轻度刺激仍有反应。精神沉郁可见于各种热性病、缺氧、鸡新城疫（图 8-2）等多种疾病过程中。

图 8-2　鸡新城疫缩头呆立

动物诊疗技术

2. 嗜睡

嗜睡为中枢神经系统中度抑制的现象。病畜处于不自然的熟睡状态,对外界刺激反应异常迟钝,给以强刺激(如针刺)才能产生短暂醒觉反应,但很快又陷入沉睡状态。嗜睡见于脑膜脑炎、脑室积水及中毒病后期等。

3. 昏迷

昏迷为大脑皮层机能高度抑制的现象。患畜意识完全丧失,对外界的刺激全无反应,卧地不起,全身肌肉松弛,反射消失,甚至瞳孔散大,粪尿失禁;仅保留节律不齐的呼吸和心脏搏动;对强烈刺激也无反应。昏迷常为预后不良的征兆,见于严重的脑病、中毒、生产瘫痪、肝肾机能衰竭等。

昏迷应与临床上出现的晕厥相鉴别,后者多是由于心血管机能障碍(心输出量减少或血压骤降)、低血糖等引起的一时性大脑缺血,突然发生的短暂的意识丧失状态。

精神兴奋和抑制,随病程的发展其症状轻重不一,有时可互相转化而交错出现。

二、运动机能的检查

家畜的运动是在大脑皮层的调节下,通过锥体系统和锥体外系统实现的。在病理状态下,在各种致病因素的作用下,使支配运动的神经中枢、传导径路、感受器等任一部位受损,家畜的运动就发生机能障碍。对运动机能的检查有助于神经系统疾病的定位诊断,动物运动机能障碍一般表现为强迫运动、共济失调、痉挛、麻痹(瘫痪)等。

(一)强迫运动

强迫运动是指由于大脑、中脑和小脑的病变引起的不受意识支配和外界环境影响,而出现的强制发生的有规律的运动。

1. 圆圈运动

患畜按一定的方向做游走运动(顺时针或逆时针),有的转圈直径不变,有的则转圈的直径逐渐缩小,甚至以一后肢为中心,在原地转圈,称时针运动。转圈直径的大小和转圈方向与病灶发生的部位、病灶大小及发病的时间有关。圆圈运动系大脑皮层的运动中枢、中脑、桥脑、小脑、前庭核、迷路等部位受损害,特别是一侧性损害时所致。这种情况见于脑炎,脑脓肿,一侧性脑室积水和牛、羊脑包虫病等。

2. 盲目运动

动物表现无目的地行走,不注意周围事物,不顾外界刺激而不断前进,遇障碍物时则头顶于障碍物而不动。盲目运动见于脑部炎症。

3. 暴进及暴退

患畜将头高举或低下,以常步或速步不顾障碍向前狂进,甚至跌入沟渠而不知躲避,称暴进,见于大脑皮层运动区、纹状体、丘脑等受损害。暴退是头颈后仰、连续后退,甚至倒地,见于小脑损害、颈肌痉挛等。

4. 滚转运动

患畜不自主地向一侧倾倒或强制卧于一侧,或以躯体的长轴为中心向患侧滚转,见于延脑、小脑脚、前庭神经、内耳迷路受损的疾病。小动物易发,在大动物应与疝痛引起的滚转或共济失调引起的一侧性倾倒相区别。

(二)共济失调

共济失调是在运动时肌群动作相互不协调所导致动物体位和各种运动的异常表现,称为共济失调。健康动物依靠小脑、前庭、锥体系统和锥体外系统来调节肌肉的张力(收缩力),协调肌肉的动作,维持姿态的平衡和运动的协调。共济失调可分为静止性共济失调和运动性共济失调。

1. 静止性共济失调

静止性共济失调是动物在站立状态下的体位平衡失调现象(图8-3)。表现为头和体躯摇摆不稳,偏斜,倚墙靠壁,四肢肌肉紧张力降低,常以四肢叉开站立而力图保持体位平衡,如"醉酒状"。此情况提示小脑、前庭神经或迷路受损害。

图8-3 马立克病劈叉姿势

2. 运动性共济失调

运动性共济失调是动物在运动时出现的共济失调,动作缺乏节奏性、准确性和协调性。表现为运步时整个后躯摇摆,身躯摇晃,步态笨拙,举肢很高,用力踏地,称"涉水样"动作。这种共济失调提示深部感觉障碍,见于大脑皮层(颞叶或额叶)、小脑、脊髓(脊髓背根或背索)及前庭神经或前庭核、迷路的损害。

(三)痉挛

痉挛是指横纹肌不随意的收缩,是由于大脑皮层运动区、锥体径路及反射弧受损害所引起大脑皮层下中枢兴奋的结果。痉挛分阵发性痉挛和强直性痉挛两种。

1. 阵发性痉挛

阵发性痉挛是单个肌肉或肌组织发生短而快的不随意收缩,突然发生,并且迅速停止,肌肉收缩与弛缓交替出现,呈间歇性。阵发性痉挛见于脑炎、脑脊髓炎、膈肌痉挛、中毒和低血钙症等。

单个肌纤维束的轻微收缩,而不扩及整个肌肉,不产生运动效应的轻微性痉挛,称为纤维性颤搐,多由于脊髓腹角细胞或脑干的运动神经核受刺激所致。纤维性颤搐见于热性病或传染病(如犬瘟热)、伴有疼痛的疾病(如牛创伤性网胃-心包炎)及神经兴奋性增强的疾病。

高度的阵发性痉挛,引起全身性激烈颤动,称为搐搦或惊厥,见于马的胃破裂、中毒(如尿毒症)、青草搐搦等。大脑皮层性的全身性阵发痉挛,伴有意识丧失、粪尿失禁,称为癫痫,见于仔猪或幼犬。

单个肌肉或单个肌群发生迅速、有规律性、细小的阵发性痉挛,称为震颤。此种现象,常为小脑或基底神经节受损害的特征,见于中毒(如醉马草中毒)、过劳、衰竭、缺氧、危重病畜的濒死期等。

2. 强直性痉挛

肌肉长时间均等地持续性收缩,无迟缓或间歇。强直性痉挛常发生于一定的肌群,如头颈部肌肉痉挛所致角弓反张等。全身性强直性痉挛见于脑炎、脑脊髓炎、破伤风(图8-4)、有机磷农药及士的宁中毒等。

(四)麻痹

麻痹指动物的骨骼肌随意运动减弱或丧失,又称瘫痪(图8-5)。随意运动机能减弱称不全麻痹,丧失为完全麻痹。根据瘫痪的程度分为两种。肌肉运动机能完全丧失者,称全瘫;肌肉运动机能不完全丧失者,称不全瘫痪或称轻瘫。

图 8-4　马破伤风颈项强直　　　　　图 8-5　马肌红蛋白尿症

1. 根据病变部位划分

可分为外周性麻痹和中枢性麻痹。

(1)外周性麻痹　是脊髓腹角细胞以下的脊髓神经疾患或脑神经核以下的外周神经疾患所致,也就是下位运动神经元损害引起的瘫痪。临床特征为麻痹范围局限,肌肉紧张性减弱,软弱而松弛,严重者发生肌肉萎缩,皮肤和腱反射减弱。常见的有面神经麻痹、坐骨神经麻痹、三叉神经麻痹、肩胛上神经麻痹、坐骨神经麻痹、桡神经麻痹等。

(2)中枢性麻痹　临床特征为麻痹范围大,腱反射增加,皮肤反射减弱和肌肉紧张性增强,肌肉萎缩不显著。此种瘫痪提示脑或脊髓的损害,见于脑炎、脑出血、脑积水、脑软化、脑肿瘤及脑寄生虫病等,常见于产后瘫痪(图 3-2)、奶牛酮病、狂犬病、马的流行性脑脊髓炎、某些重度中毒病等。

2. 根据发生部位划分

可分为单瘫、偏瘫、截瘫。

(1)单瘫　麻痹只侵及某一肌群或一肢体,见于桡神经、面神经等单个神经的损伤。

(2)偏瘫　麻痹侵及躯体的半侧,见于脑病及脑脊髓病时,是由大脑半球或锥体传导径路损伤所致。

(3)截瘫　躯体两侧对称部分(如两后肢)发生麻痹,见于脊髓炎、脊髓震荡与挫伤,脑脊髓丝虫病时。

三、反射机能的检查

反射是神经活动的基本方式。在反射弧具备结构完整性和生理完整性的前提下,反射活动才能得以实现。当反射弧的结构完整性或生理完整性受致病因素作用而发生改变时,反射机能随即发生改变。对反射的检查有助于神经系统疾病的定位诊断。检查反射机能时,应将动物的眼睛加以遮挡,避免视觉的参与。

(一)皮肤反射及检查方法

1. 耳反射

检查时用纸卷或毛束轻触耳内侧被毛,正常时动物摇耳或转头。反射中枢在延脑及第

1、2 颈髓段。

2. 鬐甲反射

轻触鬐甲部被毛或皮肤,则皮肌收缩抖动。反射中枢在第 7 颈髓及第 1、2 胸髓段。

3. 腹壁反射和提睾反射

用针轻刺腹部皮肤,相应部位的腹肌收缩、抖动,为腹壁反射。刺激大腿内侧皮肤时,睾丸上提,即为提睾反射。反射中枢均在胸、腰髓段。

4. 肛门反射

轻触肛门皮肤,肛门外括约肌收缩。反射中枢在腰荐髓段。

5. 会阴反射

轻刺激会阴部或尾根下方皮肤时,引起向会阴部缩尾的动作。反射中枢在腰荐髓段。

6. 蹄冠反射

用针轻刺蹄冠,动物立即提肢或回缩。前肢蹄冠反射中枢在颈膨大,后肢蹄冠反射中枢在腰膨大。

(二)黏膜反射

1. 喷嚏反射

刺激鼻黏膜则引起喷嚏。反射中枢在延脑。

2. 角膜反射

用羽毛或纸片轻触角膜,则立即闭眼。反射中枢在脑桥。

3. 咳嗽反射

刺激喉、气管和支气管黏膜时,引起咳嗽反射。反射中枢在延脑。

(三)深部反射

1. 膝反射

检查时使动物横卧,使上侧后肢肌肉保持松弛状态,当叩击髌骨韧带时,由于股四头肌收缩,而后肢伸展。反射中枢在第 4 至 5 腰髓段。

2. 跟腱反射

又称飞节反射,检查时使动物横卧,叩击跟腱,则引起跗关节伸展与球关节屈曲。反射中枢在荐髓段。

(四)病理变化

1. 反射减弱或消失

这是反射弧的传导径路受损所致。常提示脊髓背根(感觉根)、腹根(运动根)或脑、脊髓灰质的病变,见于脑积水、多头蚴病等。极度衰弱的病畜反射亦减弱,昏迷时反射消失,这是由于高级神经中枢兴奋性降低的结果。

2. 反射亢进

这是反射弧或中枢兴奋性增高或刺激过强所致,见于脊髓背根、腹根或外周神经的炎症、受压和脊髓膜炎等。在破伤风、士的宁中毒、有机磷中毒、狂犬病等疾病时常见全身反射亢进。

▶ 四、感觉机能检查

动物的感觉机能受感觉神经系统的支配。当感觉神经元或感觉传导径路任何部分受到损害,均可出现感觉障碍。临床检查中根据感觉发生的障碍,就能判断出相应传导结构所发生的某些损害。

(一)一般感觉

一般感觉又称浅感觉,包括皮肤的触觉、痛觉、温觉和对电刺激的感觉。在动物主要检查痛觉和触觉。

1. 检查方法

检查时应在动物安静的状态下或由饲管人员协助保定,用布将动物的眼睛遮住,用针头或尖锐物以不同力量先从臀部开始,沿脊柱两侧逐渐向前刺激,直到颈部和头部。对四肢的检查从最下部开始,做环形刺激直至脊柱。必要时应做对比检查或多次检查。注意观察动物的反应。健康动物针刺时,出现相应部位的被毛颤动,皮肤或肌肉收缩,竖耳、回头,或四肢蹴踢动作。

2. 病理反应

(1)皮肤感觉性增高(感觉过敏) 给予轻度刺激,即可引起强烈反应,见于脊髓膜炎、脊髓背根损伤,视丘损伤,末梢神经发炎或受压,局部组织的炎症。

(2)皮肤感觉性减弱(感觉减退)或感觉消失 皮肤感觉迟钝或完全消失,对各种刺激的反应减弱或感觉消失,甚至在意识清醒下感觉能力完全消失。这种情况表明感觉神经、传导径路发生器质性病变,或神经机能处于抑制状态。

局限性感觉迟钝或消失,是支配该区域内的末梢感觉神经受侵害,体躯两侧对称性感觉迟钝或消失,多因脊髓的横断性损伤(如挫伤、脊柱骨折、压迫和炎症等),体躯一侧性感觉消失,多见于延脑和大脑皮层传导径路受损伤,引起对侧肢体感觉消失;体躯多发性感觉消失,见于多发性神经炎、马媾疫和某些传染病。

(3)感觉异常 由于传导径路上存在异常刺激所致,是一种自发产生的感觉,如发痒、蚁行感、烧灼感等。动物不断啃咬、搔抓、摩擦,使部分皮肤严重损伤。感觉异常见于狂犬病、伪狂犬病、羊痒病、神经性皮炎、荨麻疹等。

(二)深感觉

深感觉又或称本体感觉,指皮下深部的肌肉、关节、骨骼、腱和韧带等的感觉。主要是对肢体空间位置和活动状态产生感觉。

1. 检查方法

检查时应人为地将动物肢体改变自然姿势(如使马两前肢交叉站立等)而观察其反应。

2. 病理表现

健康动物在除去外力后,立即恢复到原状。如深部感觉障碍时则较长时间保持人为姿势而不变,提示大脑或脊髓受损害。如马慢性脑积水时,两前肢交叉站立(图8-6),鸡马立克病时,两肢前后叉开卧地。类似表现也见于脑炎、脊髓损伤、严重肝病等。

(三)感觉器官

感觉器官包括视觉、听觉、嗅觉及味觉器官。某些神经系统疾病,可使感觉器官与中枢神经系统之间的正常联系破坏,

图8-6 马慢性脑积水

导致相应的感觉机能障碍。通过感觉器官检查,有助于发现神经系统的病理过程。但应与非神经系统病变引起的感觉器官异常相区别。

1. 视觉器官

检查时应注意眼睑肿胀、角膜完整性(角膜浑浊、创伤等)、眼球突出或凹陷等变化。对神经系统疾病诊断有意义的项目如下。

(1)斜视 是眼球位置不正,由于一侧眼肌麻痹或一侧眼肌过度牵张所致。眼球运动受动眼神经、滑车神经、外展神经及前庭神经支配。当支配该侧眼肌运动的神经核或神经纤维机能受损害时,即发生斜视。

(2)眼球震颤 是眼球发生一系列有节奏的快速往返运动,其运动形式有水平方向、垂直方向和回转方向。提示支配眼肌运动的神经核受害,见于半规管、前庭神经、小脑及脑干的疾患。

(3)瞳孔 注意瞳孔大小、形状、两侧的对称性及瞳孔对光的反应。瞳孔对光反应是了解瞳孔机能活动的有效测验方法。用手电筒光从侧方迅速照射瞳孔,以观察其动态反应。在健康动物,当强光照射时,瞳孔很快缩小,除去照射后,随即恢复原状。当"视网膜——视神经——中脑动眼神经核——动眼神经纤维——虹膜瞳孔括约肌"这一反射弧受损害时,则瞳孔对光反应发生障碍,其表现包括以下方面。

①瞳孔扩大。交感神经兴奋(与剧痛性疾病,高度兴奋、使用抗胆碱药有关)或动眼神经麻痹(与颅内压增高的脑病有关)使瞳孔辐射肌收缩的结果。

②瞳孔缩小。动眼神经兴奋或交感神经麻痹使瞳孔括约肌收缩的结果,见于脑病(如脑炎、脑积水)、使用拟胆碱药及虹膜炎等。

③瞳孔大小不等。两侧瞳孔不等,变化不定,时而一侧稍大,时而另一侧稍大,伴有对光反应迟钝或消失,提示脑干受害。

(4)视力 当动物前进通过障碍物时,冲撞于物体上,或用手在动物眼前晃动时,不表现躲闪,也无闭眼反应,则表明视力障碍。提示在视网膜、视神经纤维、丘脑、大脑皮层的枕叶受损害。伴有昏迷状态及眼病时,可导致目盲或失明。

(5)眼底检查 观察视神经乳头(位置、大小、形状、颜色及血管状态)和视网膜(清晰度、血管分布及有无斑点等)。

2. 听觉器官

内耳损害所引起的听觉障碍,在内科疾病诊断上具有一定意义。听觉增强是病畜对轻微声音即把耳转向声音的来源一方,或两耳前后来回移动,同时惊恐不安,乃至肌肉痉挛,见于脑和脑膜疾病。听觉减弱或消失,与大脑皮层颞叶、延脑受损有关。

3. 嗅觉器官

犬、猫、牛、马、猪、羊的嗅觉高度发达,但禽类的却不发达。将动物眼睛遮挡或蒙住后,用动物熟悉物件的气味(饲料、饲养护理人员的随身物品),或有芳香气味的物质,让动物闻嗅,观察反应。健康动物嗅闻到熟悉的食物气味后则寻食,出现咀嚼动作,唾液分泌增加。对犬则检查其对一定气味的辨识方向。当嗅神经、嗅球、嗅传导径和大脑皮层受害时,则嗅觉减弱或消失。但应排除鼻黏膜疾病引起的嗅觉障碍。

1. 交感神经紧张性亢进

交感神经异常兴奋时,可呈现心搏动亢进,外周血管收缩,血压上升,口腔干燥,肠蠕动减弱,瞳孔散大,出汗增加(马、牛)和高血糖等症状。

2. 副交感神经紧张性亢进

可呈现与前者相拮抗的症状。即心动徐缓,外周血管紧张性降低,血压下降,腺体分泌机能亢进,口内过湿,胃肠蠕动增强,瞳孔缩小,低血糖等。

3. 交感、副交感神经紧张性均亢进

可出现恐怖感、沉郁、眩晕、心跳加快、呼吸加快或困难、排尿和排粪异常,子宫痉挛,发情减退等现象。

任务二　神经系统症状的鉴别诊断

◆ 一、昏迷的鉴别诊断

诊断要点:

①通过详细的问诊和临床检查判断昏迷的病因、性质和程度。如发病的时间、发病前后的情况,有无呕吐、腹泻、皮肤黏膜出血,是否有毒物接触史。突然发生昏迷多见于脑部疾病或外源性中毒,代谢性昏迷发展比较缓慢。中暑引起的昏迷主要在炎热、潮湿闷热的环境下发病,颅脑外伤引起的昏迷常有颅脑受到损伤的病史。感染引起的脑膜脑炎同时表现意识障碍。

②物质代谢性昏迷常有临床病理学的特征变化,通过测定血糖含量、肝和肾功能状态及血液电解质水平,可为鉴别诊断提供依据。

③化学物质中毒引起的昏迷,通过详细的调查可发现动物接触化学物质的病史。有条件的应进行体内有毒物质或其代谢产物的检测。

④特殊检查对脑部疾病的鉴别诊断具有重要意义。如脑内出血、肿瘤和脑包虫病等通过 X 线、核磁共振等可确诊。

◆ 二、瘫痪的鉴别诊断

诊断要点:

①要注意区分中枢性瘫痪和外周性瘫痪。中枢性瘫痪时,肌肉张力增高,伴有肌肉痉挛,肌肉萎缩缓慢或不明显,腱反射亢进;而外周性瘫痪时,肌肉张力降低,伴有肌肉弛缓,腱反射减弱或消失。

②对于中枢性瘫痪的病畜,要注意检查脑和脊髓的病变,如脑和脊髓的损伤、病毒性脑

脊髓炎、霉玉米中毒性脑病、狂犬病、脑脊髓丝虫病、肉毒中毒等；对于外周性瘫痪的病畜，应着重检查外周神经的损伤。

③对于母牛产后瘫痪的诊断，要注意与生产瘫痪、低镁血症、毒血症、闭孔神经麻痹，以及物理性损伤等加以区别。

a. 生产瘫痪。典型的生产瘫痪主要发生于3～6胎的高产母牛，且在产后3 d内出现特征性的生产瘫痪姿势，血钙不足1.25 mmol/L。对静脉注射钙剂、乳房送风疗法有良好效果。

b. 低镁血症。各类牛都有发生，但主要发生于最近产犊的母牛，不限年龄，如产犊几个月的母牛、妊娠的肉牛和放牧的水牛等。血清镁含量降低，不足0.25～0.5 mmol/L。

c. 毒血症。严重的毒血症仅呈散发性，在卫生条件差的养殖场，最常见的是乳房炎引起的毒血症，也可见于创伤性网胃炎引起的腹膜炎，以及子宫和阴道破裂。病牛偃卧，沉郁至昏睡、昏迷，鼻干，体温低，胃肠运动机能减弱，心率超过100次/min。白细胞明显减少，血清钙含量可降低至1.75～2.0 mmol/L。

d. 母牛闭孔神经麻痹。常见于初产母牛和青年母牛的产程过长、分娩困难，或胎儿过大，助产时过分用力牵引。病牛精神好，采食、饮水、排粪正常，体温、脉搏、呼吸及瘤胃运动均正常，只是欲站不能，或蹩滑腿。若肌肉损伤，则肌酸磷酸激酶活性可能增高。

c. 物理性损伤。常见于跟腱断裂或股关节脱臼等。伴有跟腱断裂的闭孔神经麻痹时，站立时跗关节着地；伴有股关节脱臼时，后肢过分侧方运动。

【神经系统检查结果的综合分析】

病畜精神状态明显异常，运动机能紊乱，可提示为神经系统疾病，应依据各种神经机能及头盖、脊柱检查所见，进一步分析、推断疾病发生的部位和性质。

1. 脑部疾病

病畜具有明显的异常兴奋或抑制，意识障碍，行为反常等一般脑症状，多提示为脑病。

①病畜先呈现一般脑症状，进而呈现灶性脑症状（如口眼歪斜、咽或四肢麻痹等），并有明显的体温升高，呼吸、心跳节律不齐等症状，多提示为脑膜脑炎。但临诊实际中更应考虑主要侵害神经系统的某些传染病（狂犬病、伪狂犬病、马传染性脑脊髓炎、乙型脑炎、李氏杆菌病、神经型猪瘟等）及寄生虫病（如多头蚴病、猪脑囊虫病及脑脊髓丝虫病等）的可能。为此，要进行流行病学调查，并配合细菌学和血清学诊断，综合分析，确定诊断。

②病畜精神沉郁，行动呆笨，前肢交叉后不易自行恢复，意识障碍，口衔饲草而忘记咀嚼，有时耳朵转向与声音来源相反的方向，病程缓慢，可提示为慢性脑室积水。但还应考虑棘豆草中毒等。

③病畜呈现明显的一般脑症状，伴有心、肺机能障碍，并有烈日长时照射头部或外界气温过高等病史，多提示为日射病或热射病。

2. 脊髓疾病

动物运动机能障碍，感觉反射机能异常，在排除脑病前提下，应多考虑为脊髓疾病。

①病畜先发生脊柱某部敏感而后发生瘫痪，多可提示脊髓膜炎。还应考虑侵害脊髓的某些传染病和寄生虫病的可能，进一步确定诊断。

②病畜突发截瘫，并有受伤病史，应多考虑脊髓震荡与挫伤。

【考核评价】

任务名称:神经系统检查

考核内容	评价标准	评价者与权重		技能得分	任务得分
		教师评价（80%）	学生评价（20%）		
精神状态的检查	能正确判定动物的精神状态				
感觉机能检查	能采用正确的方法进行检查,对检查到的病理状态进行正确地判定				
运动机能检查	能正确利用不同反射检查动物运动机能,并对异常现象能正确分析和判断				
鉴别诊断	对神经系统常见症状进行分析和判断				

模块一 动物诊断技术

Project **9**

建 立 诊 断

【学习目标】

　　理解建立诊断的步骤；掌握建立诊断的方法；会进行预后判断。

【学习内容】

　　1. 建立诊断的步骤；

　　2. 建立诊断的方法；

　　3. 预后的判断；

　　4. 病历记录。

一、建立诊断的步骤

认识疾病和认识其他事物一样,必须遵循"实践、认识、再实践、再认识"这一辩证唯物主义认识论的原则。

通过病史调查、一般检查和分系统临床检查、实验室检验等,系统全面地搜集症状和有关发病经过的资料。然后对所搜集到的症状、资料进行综合分析、推理、判断,初步确定病变的部位、疾病的性质、致病的原因及发病的机制,建立初步诊断。

依据初步诊断,实施防治,根据防治效果来验证诊断,并对诊断给予补充和修改,最后对疾病做出确切的诊断。

搜集病料、综合分析、验证诊断是诊断疾病的三个基本步骤。三者互相联系,相辅相成,缺一不可。其中搜集症状是认识疾病的基础;分析症状是建立初步诊断的关键;实施防治、观察效果是验证和完善诊断的必由之路。

二、建立诊断的方法

建立诊断的方法,一般有论证诊断法和鉴别诊断法。

(一)论证诊断法

论证诊断就是将实际所具有的症状、资料和所提出的疾病所应具备的症状、条件,加以比较。若全部、大部分及主要症状、条件相符合,所有现象、变化均可用该病予以解释,则这一诊断成立。

论证诊断是以丰富而确切的病史、症状资料为基础,但同一疾病的不同类型、不同程度和时期,所表现的症状不尽相同;而病畜的种属、品种、年龄、性别及个体的营养条件和反应能力不一,会使其呈现的症状出现差异。所以,论证诊断时不能机械去对照书本,或只凭经验去主观臆断,应对具体情况具体分析。

论证诊断应以病理学为基础,从整个疾病着想,以期解释所有现象,并找出各个变化之间的关系。如对并发症与继发症、主要疾病与次要疾病、原发病与继发症要有一个明确的认识,以求深入认识疾病的本质和规律,制定合理的综合防治措施。

(二)鉴别诊断法

在疾病的早期,对一些复杂的或不典型的病例,或当缺乏足以提示明确诊断的症状时,可根据某一或某几个主要症状,提出一组可能的、相近似的有待区别的疾病,然后通过深入的分析、比较,采用排除诊断法逐渐地排除可能性较小的疾病,缩小考虑的范围,最后留一个或几个可能性较大的疾病,这就是鉴别诊断过程,或称类症鉴别。

在鉴别诊断时,应以主要症状及其综合症候群是否符合;具体的致病因素和条件是否存在;疾病的发生情况和特点与一般规律是否一致;防治的效果是否能予以验证等条件作为基础,对你提出的一组疾病进行肯定或否定。

如缺少假定疾病应具有的特殊或主要症状,以及引起该病明确的致病因素,或假定疾病不能解释其全部症状,则该病可暂被否定。如病牛呈现慢性消化不良、反复瘤胃臌气、瘦弱等症状,但同时粪中混有潜血、白细胞总数增多,可暂排除前胃弛缓,因单纯的前胃弛缓,不能解释后两个症状。再如，具有一般神经症状的猪，应提示食盐中毒，但经反复了解并无摄取含食盐饲料的病史，化验又不见血中钠离子升高，因而可排除食盐中毒的可能。

如具有某一疾病所应具备的特殊症状或综合症候群和已查明足以引起该病的具体致病原因；发病情况符合其一般规律，通常即可肯定。

论证诊断法和鉴别诊断法在疾病诊断过程中相互补充、相辅相成。一般当提出某一种疾病的可能性诊断时，主要通过论证方法，并适当与近似的疾病加以区别而肯定或否定；但当提出有几种疾病的可能性诊断时，则首先应进行比较、鉴别，经逐个排除，对最后留有的可能性疾病，加以论证。

这样，经论证、鉴别及鉴别、论证的过程，假定的可能性诊断即成为初步诊断。

三、预后的判断

预后是对动物所患疾病的发展趋势和可能结局的估计与推断。预后分为预后良好、预后不良、预后慎重和预后可疑。

1. 预后良好

可以治愈，而且不影响动物的生产性能和经济价值，称为预后良好。如患胃肠卡他、感冒等预后一般良好。

2. 预后不良

病情严重，虽经各种方法治疗，随时有死亡的可能；或虽能控制、消除疾病，但已丧失生产能力和经济价值；或因目前尚缺乏有效的治疗方法及药物，而无治愈可能者，均称为预后不良。如胃捻转、肠变位、肺气肿、乳牛化脓性乳房炎等往往预后不良。

3. 预后慎重

结局良好与否，不能判定，有可能于短时间内完全治愈，有可能死亡或丧失生产能力和经济价值，称预后慎重。如急性瘤胃臌气、重症马腹痛病、有机磷中毒等预后慎重。

4. 预后可疑

由于资料不全或疾病正在发展变化之中，结局尚难推断，只能做出可疑的预后判断，如额窦炎，可以治愈而预后良好，也可进一步波及脑膜继发脑膜炎而预后不良。

可靠的预后判断，必须建立在正确诊断的基础之上，这不仅要求具有丰富的临床经验和一定的专业理论水平，而且还要充分考虑具体病例的个体条件（如体质、膘情、年龄、品种、神经类型等）和有无并发病等。并且随时注意疾病发展过程中出现的新变化。对重症病例应注意心、呼吸、体温、血象等变化。如神志不清、步态跟跄、大汗淋漓、呼吸高度困难、体温降低、末梢厥冷、心功能不全、心动过速（马超过 100 次/min，牛、猪、羊超过 120 次/min）、脉搏不感于手、口色青紫无光、舌体如绵等，均提示预后不良。

判定预后要严肃认真，实事求是，持科学态度。不允许将小病夸大，也不应把重病说轻。预后良好，不要盲目乐观，预后不良，也不要草率了事。要向畜主说明情况，取得合作和支持。

四、病历记录

病历记录是有关病畜的登记、病史调查、现症检查、实验室检验、特殊检查以及诊疗过程中变化等全部资料的记载。病历记录对于总结诊疗经验,积累科学资料,指导生产科研实践等,都有重要意义。因此,在整个诊疗过程中,自始至终必须认真填写,妥善保存。

　　病历填写要全面而详细,包括病畜登记、病史调查和现症检查结果。对症状可按系统有序地叙述,避免零乱和遗漏;所用词句要简单确切,通俗而科学,字迹清楚,避免涂改;对诊断填写应如实,对一时不能确诊的疑难病症,可填写初步诊断或疑问诊断,甚至暂不填写病名,待确诊后再填写,对住院病例,在最后应做小结或讨论;所有实验室检验单及特殊检查诊断书等均应附在病历后。病历表参考格式如下。

××××××动物医院
病历记录表

门诊号		初诊日期	20 年 月 日		住院号		入院	月　日
							出院	月　日
单位名称			地址			联系电话		
畜别		性别		年龄		毛色		品种		用途	
体重	kg	其他标志			畜主姓名			结果	

病史

| 体温 | ℃ | 脉搏 | 次/min | 呼吸 | 次/min | 健康状况 | |

临床检查

诊断			实习生	主治兽医师

【考核评价】

任务名称:建立诊断

考核内容	评价标准	评价者与权重		技能得分	任务得分
		教师评价(80%)	学生评价(20%)		
病畜登记	登记内容全面、书写正确				
病历的填写	能正确地专业术语描述病变,处置方式记录清楚,符合处方要求				

模块二 治疗技术

给药技术

➤ 【学习目标】

　　掌握肌内注射、皮下注射、静脉注射及经口灌服药物的方法;掌握胃管投送方法、判别及注意事项;了解皮内注射、气管内注射、腹腔注射、胸腔注射的方法。

【学习内容】

　　1. 注射技术;

　　2. 投药技术。

注射是将药物直接注入动物体内,可避免胃肠内容物对药物吸收的影响和首过效应,能迅速发生药效,药量较准确且可节省药物。

注射的方法种类很多,其中皮下、肌内、静脉注射,是临床最常用的方法。个别情况下还可做皮内、胸腔、腹腔、气管、瓣胃及眼球结膜等部位的注射。注射时需要注射器及注射针头。

一、注射器及注射针头

1. 注射器

兽用注射器用玻璃、金属、PVC 等材料制成,按其容量有 1.0 mL、2.0 mL、5.0 mL、10.0 mL、20.0 mL、50.0 mL、100.0 mL 等不同规格(图 10-1)。大量输液时,则选用容量较大的输液瓶(吊瓶)。此外,还有连续注射器、注射枪等。

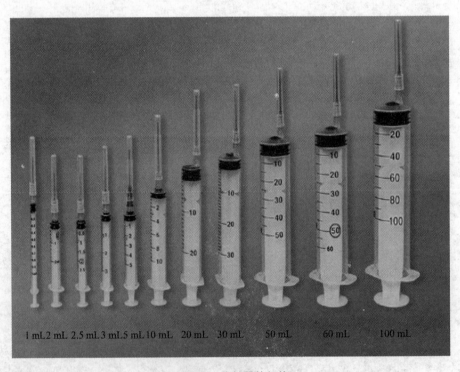

1 mL 2 mL 2.5 mL 3 mL 5 mL 10 mL　20 mL　30 mL　　50 mL　　60 mL　　100 mL

图 10-1　注射器的规格

(1)金属注射器　兽用金属注射器主要用于动物的皮下、肌内注射,亦可供少量药液静脉推注用。

在使用时,先将玻璃管置套筒内,插入活塞,拧紧套筒玻璃管固定螺丝,旋转活塞调节手柄至适当松紧度,即可使用(图 10-2)。

（2）玻璃注射器　玻璃注射器的构造比较简单，由针筒和活塞部分组成。通常在针筒和活塞后端有数字号码，同一注射器针筒和活塞的号码应相同，否则不能使用。有各种规格容量以及偏头、中头之分，用时将活塞套入针筒。玻璃注射器多用于猪的耳静脉注射及实验动物的注射。

（3）一次性使用无菌注射器　见图10-3。检查一次性注射器的灭菌日期、有无漏气、如针头脱落可给予衔接，从开口处撕开将注射器取出，将针头斜面与注射器刻度调到一个水平面旋紧、查注射器有无漏气、针头是否堵塞、带钩等；针管与基部连接处，用手拉拔，不应有松动现象；针的刃口，用手指接触，不应有毛刺；注射针套在注射器的接头上，经过90°旋转紧紧套上。当压缩注射器内液体时，应不漏水。

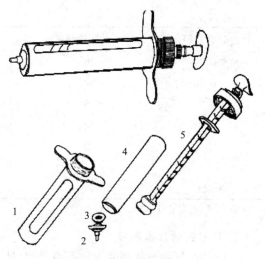

图 10-2　金属注射器结构
1. 金属外壳；2. 注射器头；3. 胶垫；4. 玻璃管；5. 注射器芯

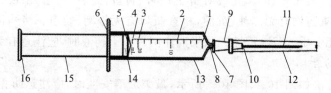

图 10-3　一次性无菌注射器结构示意
1. 零刻度线；2. 分度容量线；3. 公称容量刻度线；4. 总刻度容量线；5. 基准线；6. 外套卷边；7. 锥头孔；8. 锥头；9. 针座；10. 连接部；11. 针管；12. 护套；13. 外套；14. 活塞；15. 芯杆；16. 按手

（4）连续注射器　连续注射器的结构类似于金属注射器。不同之处在于手柄内有一弹簧装置，每注射一次，手柄可自动复位，并同时吸入药液至玻璃管内，故可做连续注射用。使用时，先将药液和注射器手柄以橡胶管连接，将注射器手柄连续压放数次，药液即可注满玻璃管，然后连接针头，即可连续注射。连续注射器主要用作预防注射用。

2. 注射针头

针头规格型号甚多，可根据用途选用（表10-1）。兽用一般以12号、14号针头供大家畜肌内注射和静脉注射，9号、7号针头供中、小家畜做肌内和皮下注射，5号、7号、9号供中、小家畜静脉注射。由于同种动物个体大小差异甚大，注射时深度亦各有差异，故应视具体情况选用。

表 10-1　注射针头外径及颜色

针的公称外径/mm	针栓颜色	针的公称外径/mm	针栓颜色
0.30	黄	0.45	褐
0.33	红	0.50	橙
0.36	蓝—绿	0.55	中紫
0.40	中灰	0.60	深蓝

续表 10-1

针的公称外径/mm	针栓颜色	针的公称外径/mm	针栓颜色
0.70	黑	1.8	蓝—灰
0.80	深绿	2.1	浅绿
0.90	黄	2.4	紫
1.1	奶油	2.7	淡蓝
1.2	粉红	3.0	绿—黄
1.4	红—紫	3.4	橄榄色
1.6	白		

(资料来源:YY/T 0296—1997)

3. 注射前的注意事项

①应检查针头与基部的连接是否牢固,针筒与活塞是否严密,针头有无弯曲、折裂痕迹,是否锋利。

②所有注射用具于使用前必须清洗干净并进行消毒(煮沸或高温消毒)备用。使用后,应立即清洗、擦干,置干燥处保存。

③注射前进行"七对三查"。先核对畜主姓名、病畜、药名、剂量、浓度、时间、用法;检查药物是否过期,检查药物有无浑浊、沉淀,检查瓶口有无松动、裂痕。将药液抽入注射器内,再次检查药品有无变质、浑浊、沉淀。如果混注两种以上药液时,应注意有无配伍禁忌。

4. 药液抽取方法

抽取药液的方法如图 10-4、图 10-5 所示,敲破玻璃安瓿时,应注意防止安瓿破碎及刺伤手指,同时防止玻璃碎屑掉入药中,禁止敲破玻璃安瓿底部抽取药液。抽完药液后,一定要排净注射器内的气泡。

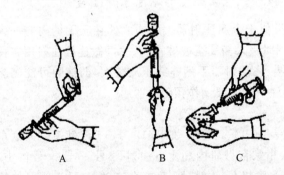

图 10-4 自密瓶药液抽取

A. 向瓶内注入空气;B. 抽取药液;C. 拔出针头

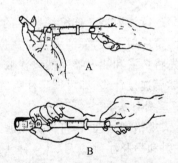

图 10-5 安瓿瓶内药液抽取姿势

A. 小安瓿瓶药液抽取姿势;

B. 大安瓿瓶药液抽取姿势

5. 注射部位的消毒

注射时,按照常规方法在注射部位进行剪毛和消毒,必须严格执行无菌操作规程。

注射的方法种类很多,其中皮下、肌内、静脉注射,是临床最常用的方法。个别情况下还可做皮内、胸腔、腹腔、气管、瓣胃及眼球结膜等部位的注射。选择用什么方法进行注射,主要应根据药物的性质、数量及牲畜和疾病的具体情况而定。

◆ 二、皮内注射

1. 应用

主要用于牛、羊、犬的结核菌素皮内变态反应试验、绵羊痘预防接种、炭疽 Ⅱ 苗预防接种、马鼻疽菌素皮内试验、药物过敏试验等。

2. 用具

常用结核菌素注射器或 1 mL 注射器、4～4.5 号针头。

3. 部位

牛在肩胛部或在颈侧中部 1/3 处。大耳朵犬可在耳背部。绵羊痘接种在尾根、腋下或股内侧。马鼻疽菌素皮内反应在眼睑皮内。

4. 方法

按常规消毒后，先以左手拇指与食指将术部皮肤捏起并形成皱褶；右手持注射器，使之与皮肤呈 15°角(图 10-6)，将针头斜面完全刺入皮内后，然后再向上挑起再稍平行刺入 0.5 cm，注入规定量的药液即可。如推注药液时感到有一定阻力且注入药液后局部形成一小球状隆突(图 10-7)，即为确实注入于真皮层的标志。拔出注射针，术部消毒，但应避免压挤局部。

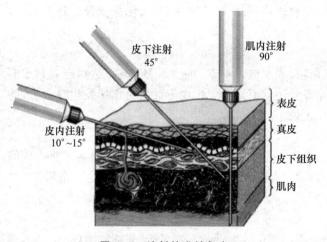

图 10-6 注射的进针角度

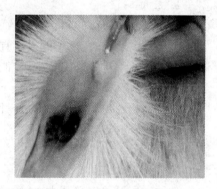

图 10-7 羊痘疫苗皮内注射

5. 注意事项

皮肤消毒忌用碘酊，进针勿过深，拔针不按压，以免影响结果的观察。

◆ 三、皮下注射

1. 应用

将药液注入于皮下结缔组织内，经毛细血管、淋巴管吸收而进入血液循环。因皮下有脂肪层，吸收较慢，一般需 5～10 min 才能显效，皮下注射比口服给药和直肠给药发挥药效快而持久。凡是溶解性好而且刺激性不大的药物、疫苗、菌苗、血清等，均可做皮下注射。

2. 用具

一般选用一次性注射器(2～10 mL)，9 号、10 号、12 号针头。

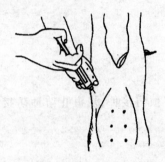

图 10-8　猪股内侧皮下注射

3. 部位

应选皮肤较薄而皮下疏松的部位,大动物多在颈侧;猪在耳根后或股内侧皮肤(图 10-8),羊在颈侧、肘后、股内侧,犬在颈侧、股内侧、背部两侧,猫在股内侧或背部两侧,禽类在翼下。

4. 方法

动物实行必要的保定,局部剪毛、消毒。术者用左手拇指与中指和食指配合捏起局部的皮肤,使之成一皱褶;右手持连接针头的注射器,使皮肤和针头呈45°角(图 10-6),由皱褶的基部刺入1~2 cm,刺入后针头可自由地活动;针头刺入后,放松左手,改用左手扶住注射器和针头尾部,注入需要量的药液后,拔出针头,局部按常规消毒处理。

5. 注意事项

刺激性强的药液不能做皮下注射;药量多时,可分点注射,注射后最好对注射部位轻度按摩或温敷。

四、肌内注射

肌肉内毛细血管丰富,药液注入后吸收较快,仅次于静脉注射;又因感觉神经较皮下少,疼痛较轻。

1. 应用

一般刺激性较强的和较难吸收的药液,如水剂青霉素、维生素 B_1,或需达到药效和不能或不宜经口服给药时,或不能或不宜作静脉注射而又要求比皮下注射更迅速发生疗效者,均可肌内注射。因肌肉组织致密,仅能注入较小的剂量。

2. 用具

根据动物的种类和注射部位不同,选用大小适当的注射针头,长度应以能刺入肌肉中间为宜。犬、猫一般选用 7 号(32 mm),猪、羊选用 10、12 号(38 mm),牛、马选用 12 号(38 mm)针头。

3. 部位

选肌肉层厚并应避开大血管及神经干的部位。大动物多在颈侧、臀部肌肉(图 10-9),猪在耳后、臀部或臂三头肌(图 10-10),禽类在胸肌、大腿部肌肉。

图 10-9　马肌内注射的部位

图 10-10　猪肌内注射的部位

4. 方法

保定,局部按常规消毒处理。术者左手固定于注射局部,右手持连接针头的注射器,与皮肤呈垂直的角度(图 10-6),迅速刺入肌肉,一般刺入深度为 2～3 cm;抽动针管活塞,无回血或气泡后即可缓慢注入药液,如有回血,可将针头拔出少许再行抽试,如有气泡进入针筒,应再次将针栓与锥头旋紧,见无回血或气泡进入后方可注入药液(图 10-11)。注毕,拔出针头,局部进行消毒处理。

图 10-11　猪肌内注射

为安全起见,对大家畜也可采用"二步法"进行。即先以右手持注射针头,直接刺入肌肉,然后连接注射器和针头,回抽无血或气泡进入后,再注入药液。

5. 注意事项

仔细检查药物,如有变质、沉淀、混浊、有效期已过或安瓿有裂痕等现象,则不能应用;根据药液量、黏稠度和刺激性的强弱选择合适的注射器和针头;选择合适的注射部位,防止损伤神经和血管,避开发炎、感染化脓、旧针眼处、硬疤痕及患皮肤病处;瘀血及血肿部位不宜进行注射;药物按规定时间临时抽取,立即注射。注射前,排尽空气;进针后,先抽有无回血,无回血方可注入药物;严格遵守无菌操作原则,防止感染。

进针动作必须轻、快而有力。为防止针头折断,刺入时应与皮肤呈垂直的角度并且用力的方向应与针头方向一致,不可将针头的全长完全刺入肌肉中,一般只刺入全长的 3/4 即可,以防折断时难于拔出;对刺激性强的药物(如水合氯醛、氯化钙、50％葡萄糖等)不能采用肌内注射;注射针头刺入后若动物持续骚动不安,则有可能是针头接触到了神经,应变换方向,再注药液。注射菌苗和疫苗时,按规定的注射部位注射。

▶ 五、静脉注射

药液直接注入静脉内,随血液循环快速分布到全身,可迅速产生药效,但其代谢和排泄也快,维持有效血药浓度时间短,因而作用时间较短;静脉注射能容纳大量的药液,并可耐受(被血液稀释)刺激性较强的药液(如氯化钙、水合氯醛等)。

1. 应用

主要用于大量的补液、输血;注入急需奏效的药物(如急救强心等);注射刺激性较强的药物等。

2. 用具

少量注射时可用较大的注射器,大量输液时则应用输液瓶和一次性输液器。

3. 部位及方法

依动物种类而不同。牛、羊、马多采用颈静脉注射(颈静脉上 1/3 处),猪多用耳静脉(耳背面血管)注射,有时也可采用前腔静腔注射,犬多在后肢外侧小隐静脉或前肢正中静脉实施,猫多用后肢内侧大隐静脉。

(1)牛、羊、马颈静脉注射　牛、马静脉注射针头一般以 18 号、长 6.5～7 cm 为宜,羊选择 12 号、长 3.8 cm 的针头。先检查针头有无堵塞、针尖是否锋利。具体操作步骤:局部剪毛、消毒,用左手在注射点下面约 10 cm 处,以拇指紧压颈静脉沟上,其余四指在右侧相应地抵住,必要时也可用绳、橡皮管(带)系住颈基部,使静脉鼓起。右手拇、食、中三指拿着针头,

图 10-12　牛静脉注射

对准静脉管刺入，针头与静脉呈 30~45°。针头如刺进血管，即可见到血液不断流出。此时排尽输液管内的空气后连接输液管或注射器，即可注入药液（图 10-12、图 10-13）。

（2）猪耳静脉注射　猪静脉注射选择 9 号、长 3.8 cm 的针头。将猪站立或横卧保定，耳静脉局部按常规消毒处理。先用一橡皮带或绳在耳根捆扎，也可由助手紧握

图 10-13　马静脉推注

耳根部，使静脉充盈、怒张（或用酒精棉反复于局部涂擦以引起其血管扩张）；术者用左手把持猪耳，将其托平并使注射部位稍高；右手持针头沿耳静脉使针头与皮肤呈 45°角，刺入皮肤及血管内，针头刺入血管流血后，立即用左手拇指按着针头，食、中二指托于耳的腹面，然后放松耳根部按压处，用右手连接注射器轻轻抽活塞手柄，如见回血即为已刺入血管，再将针头放平并沿血管稍向前伸入；解除结扎胶带或撤去压迫静脉的手指，术者用左手拇指压住注射针头，另手徐徐推进药液，注完为止（图 10-14）。

（3）猪前腔静脉注射　可应用于猪大量的补液或采血。注射部位在第 1 对肋骨与胸骨柄结合处的直前。由于左侧靠近膈神经而易损伤，故多于右侧进行注射。针头刺入方向呈近似垂直并稍向中央及胸腔方向，刺入深度依猪体大小而定。注射器为 5~10 mL。成年公母猪宜选用 16 号（50 mm）针头；30 kg 以上的育肥猪，宜选用 12 号（38 mm）针头；10~20 kg 仔猪，宜选用 9 号（25 mm）针头；10 kg 以下仔猪，宜选用 9 号（20 mm）针头。

注射时，猪可取站立保定或仰卧保定（图 10-15、图 10-16）。站立保定时，针头刺入部位在右侧由耳根

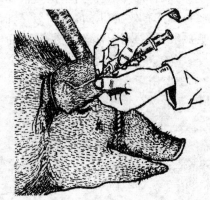

图 10-14　猪耳静脉注射

至胸骨柄的连线上，距胸骨端 1~3 cm 处，稍斜向中央并刺向第一肋骨间胸腔入口处，边刺入边回血，见有回血即标志已刺入并可注入药液。猪取仰卧保定时，可见其胸骨柄向前突出并于两侧第一肋骨与胸骨接合处的直前、侧方各见一个明显的凹陷窝，用手指沿胸骨柄两侧触诊时更感明显，多在右侧凹陷处进行穿刺注射。仰卧保定并固定其前肢及头部。局部消

动物诊疗技术

毒后,术者持接有针头的注射器,由右侧沿第1对肋骨与胸骨接合部前侧方的凹陷处刺入,并稍偏斜刺向中央及胸腔方向,边刺边回血,见回血后即可徐徐注入药液;注完后拔出针头,局部按常规消毒处理。

图 10-15　猪站立保定前腔静脉注射　　　　图 10-16　猪仰卧保定前腔静脉注射部位

(4)犬后肢外侧小隐静脉注射　此静脉在后肢胫部下的外侧浅表皮下。由助手将犬侧卧保定,局部剪毛、消毒。用胶皮带绑在犬股部,或由助手用手紧握股部,即可明显见到此静脉。右手持连有胶管的9号针头,将针头向血管旁的皮下先刺入,而后与血管平行刺入静脉,接上注射器回抽。如见回血,将针尖顺血管腔再刺进少许,撤去静脉近心端的压迫,然后注射者一手固定针头,一手徐徐将药液注入静脉(图 10-17)。

(5)犬前肢正中静脉注射法　此静脉比后肢小隐静脉还粗一些,而且比较容易固定,因此一般静脉注射或取血时常用此静脉(图 10-18)。注射方法同前述的后肢外侧小隐静脉注射法。

图 10-17　犬后肢外侧小隐静脉注射　　　　图 10-18　犬前肢正中静脉注射

(6)猫后肢内侧大隐静脉注射法　此静脉在后肢膝部内侧浅表的皮下。助手将猫背卧后固定,伸展后肢向外拉直,暴露腹股沟,在腹股沟三角区附近,先用左手中指、食指探摸股动脉跳动部位,在其下方剪毛消毒;然后右手取连有9号针头的注射器,针头由跳动的股动脉下方直接刺入大隐静脉管内。注射方法同犬的后肢小隐静脉注射法。

4. 注意事项

静脉注射时应严格遵守无菌操作规程,对所有注射用具、注射局部,均应严格消毒;要看清注射局部的脉管,明确注射部位,防止乱扎,以免局部血肿;要注意检查针头是否通顺,当反复穿刺时,针头常被血凝块堵塞,应随时更换;针头刺入静脉后,再顺入,并使之固定;注入药液前应排净注射器或输液胶管中的气泡。

六、腹腔注射

腹腔注射补液优点是腹膜面积大,密布血管和淋巴管,吸收能力特强,每小时可吸收占动物体重3‰~8‰的液体;且腹腔补液时间短,速度快,大号针头2 min即可输入500 mL药液,还不必考虑心脏超负荷。对于个体小的动物安全适用、省时省力。在注射的药液中可以加入如恩诺沙星、环丙沙星、庆大霉素、卡那霉素等药品,从而起到标本兼治的效果。

1. 应用

可做大量补液和注入药液作治疗之用,常用于猪、犬及猫。

2. 部位

牛在右侧肷窝部;马在左侧肷窝部;仔猪宜在两侧后腹部;犬在耻骨前缘,腹正中线旁2~3 cm处;兔在后腹部白线旁1 cm处。

3. 方法(以仔猪为例)

将仔猪两后肢提起,做倒立提举保定,局部剪毛、消毒;术者左手把握猪的腹侧壁,右手持连接针头(12号)的注射器(或仅取注射针头)于距耻骨前缘3~5 cm处的中线旁,垂直刺入2~3 cm,刺入针感有活动而无抵触、回抽活塞无气体和液体时即可注入药液;缓慢注入药液后,拔出针头,局部消毒处理(图10-19)。

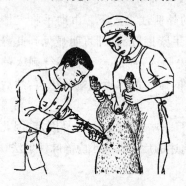

图10-19 仔猪腹腔注射

4. 注意事项

腹腔注射宜用无刺激性的药液;如药液量大时,则宜用等渗溶液,并将药液加温至近似体温的程度。补液的位置要避开中线,特别是公猪,以免伤及阴茎。严格的消毒及无菌操作:腹腔补液的位置要用碘酊消毒;注射用针头、注射器每次用后都要高温消毒;补液用水及加入的药物要现用现配,操作尽量保持无菌,剩余的要废弃。要进行确切保定,以免在挣扎中针尖划伤肠管及肝肾。

七、气管内注射

气管内注射是一种呼吸道的直接给药方法。

1. 应用

多用于抗生素或驱虫药液的注入来治疗肺脏与气管疾病及肺脏的驱虫。

2. 部位

注射部位一般在颈上部、腹侧面正中,两个气管轮软骨环之间。

3. 方法

动物站立保定,抬高头部;猪可行仰卧或侧卧保定,使前躯略高于后躯。局部剪毛消毒,左手握住气管,右手持连接针头并装好药液的注射器,在两个气管轮软骨环之间垂直刺入,摆动针头有空虚感时,即可慢慢滴入药液(图10-20)。注完后,用酒精棉球压住针孔,拔出针头,涂擦碘酊消毒。

4. 注意事项

气管内注射前宜将药液加温至与畜体同温,以减少刺激。严重呼吸困难的病畜,禁止进行气管内注射。注射过程中如遇动物咳嗽时,应暂停,待安静后再注入。注射速度不宜过快,最好慢慢滴入。为了防止注射诱发动物咳嗽或发病动物剧烈咳嗽时,可先注射 2% 盐酸普鲁卡因溶液 2～5 mL(大动物),而后再注入药液。

八、瓣胃内注射

将药液直接注入瓣胃中,使其内容物软化通畅。

1. 应用

主要用于瓣胃阻塞。

2. 准备

用 15 cm 长的(16、18 号)针头,100 mL 注射器。注射用药品有液体石蜡、25% 硫酸镁、生理盐水、植物油等。

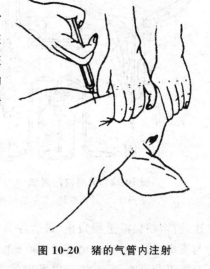

图 10-20　猪的气管内注射

3. 部位

瓣胃投影位置位于右侧第 7 至 11 肋间,其注射部位在右侧第 9 肋间与肩关节水平线相交点的上下 2 cm 处(图 10-21)。

4. 方法

注射时,动物站立保定,局部剪毛消毒,术者左手稍移动皮肤,右手持针头垂直刺入皮肤后,使针头朝向左侧肘头左下方,刺入深度 8～10 cm,先有阻力感,当刺入瓣胃内则

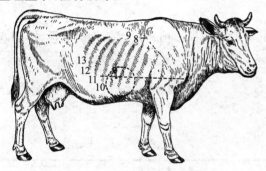

图 10-21　牛瓣胃注射位置

阻力减小,并有沙沙感。此时注入 20～50 mL 生理盐水,再回抽如有食糜混入的液体时,即为刺入准确。可开始注入所需药物(如 25%～30% 硫酸镁 300～500 mL,生理盐水 2 000 mL,液体石蜡 500 mL),注射完毕,迅速拔出针头,术部涂碘酊,以碘伏火棉胶封闭针孔。

5. 注意事项

操作过程中要将患畜确实保定,以防发生意外,注射中如患畜骚动时,要确实判定针头是否在瓣胃内,而后再行注射;在针头刺入瓣胃后,回抽注射器,如有血液或胆汁,是误刺入肝或胆囊,表明位置过高或针头偏向上方的结果。这时应拔出针头,另行转向下方刺入,注一次无效时,可每日注射 1 次,连续注 2～3 次,必要时,为兴奋瓣胃机能,可应用吐酒石 5～8 g,加水适量注入瓣胃内。

九、乳房内注射

1. 应用

将药液通过导乳管注入乳池内,主要用于治疗奶牛、奶山羊的乳房炎。有时也通过导乳

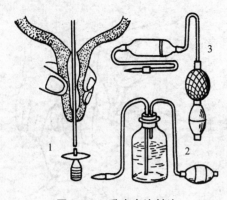

图 10-22 乳房内注射法

1. 插入乳导管;2. 注药瓶;3. 乳房送风器

管注入空气(乳房送风),治疗奶牛生产瘫痪。

2. 方法

将动物站立保定,挤净乳汁,清洗乳房,拭干后用 70%酒精消毒乳头。以左手将乳头握于掌内,轻轻向下拉,右手持消毒的导乳管(或尖端磨得光滑钝圆的采血针头),自乳头口慢慢插入,再以左手把握乳头及导乳管,右手持注射器与导乳管结合(或将输液瓶的乳胶管与导乳管连接),然后慢慢进行注入(图 10-22)。注完后拔出导乳管或针头,以左手拇指和食指捏闭乳头口,右手按摩乳房,使药液扩散。如果是洗涤乳池,将洗涤药液注入后即可挤出,反复数次,直至挤出液透明为止,最后注入抗生素溶液。如果是进行乳房送风,可将导乳管或针头与乳房送风器连接,也可将 100 mL 注射器接合端垫 2 层灭菌纱布后与导乳管或针头连接,4 个乳头分别充气,充气量以乳房的皮肤紧张,乳腺基部的边缘清楚变厚,轻叩乳房发出鼓音为标准。充气后拔出导乳管或针头,立即用手指轻轻捻转乳头肌,并结系纱布条,防止空气逸出,经 1 h 后解除。

3. 注意事项

乳房内注入时应注意无菌,以防感染;导乳管或针头插入前需涂以消毒的润滑油,插入时动作要轻,以防损伤乳头管黏膜。

【考核评价】

任务名称:注射技术

考核内容	评价标准	评价者与权重		技能得分	任务得分
		教师评价(80%)	学生评价(20%)		
注射前的准备	能正确识别、选择适宜的针具,针具检查、安装、调试方法正确,药液抽取方法正确				
肌内注射	能正确进行肌内注射,掌握操作注意事项				
皮下注射	能正确进行皮下注射,掌握操作注意事项				
皮内注射	能正确进行皮内注射,掌握操作注意事项				
静脉注射	能正确进行静脉注射,掌握操作注意事项				
腹腔注射	能正确进行腹腔注射,掌握操作注意事项				
气管内注射	能正确进行气管内注射,掌握操作注意事项				
瓣胃内注射	能正确进行瓣胃内注射,掌握操作注意事项				
乳房内注射	能正确进行乳房内注射,掌握操作注意事项				

【知识拓展】

兽用无针注射器

兽用无针注射器是最新开发的无针微创连续注射器,适合猪、羊、牛等规模养殖场动物注射。兽用无针注射器因其安全、迅速、高效的特性受到了广泛关注,使用无针注射器可防止针头污染而造成的交叉感染,防止针头断在动物体内的隐患,节省针头费用、疫苗费用、人工费用,有效地保护操作人员安全。兽用无针注射器的缺点是设备购置费用高,维护成本高。

兽用无针注射器,是一种通过压力注射的设备,通过注射器内的弹簧释放产生强大的动力,快速推动注射器前端容器内的药液,药液通过前端的微孔,以"液体针"的形式瞬间穿过表皮细胞,渗透入皮下组织,完成注射。无针注射器按动力装置划分,有弹簧机械动力、CO_2 气体动力和电动力;外观尺寸上有微型笔式和手持枪式,手持枪式主要是气动,用于集团群体的免疫注射,微型笔式主要以弹簧为动力,大量应用于胰岛素、干扰素、疫苗等小剂量液体药品的注射。兽用无针注射器的注射剂量为 2 mL、1 mL 两挡,其中 1 mL 为无针注射,2 mL 喷头中内含细微针头,喷射注射时刚刺破动物皮肤表皮,而不触及皮下组织。

气动无针注射器,由标准的、可重复使用的二氧化碳罐、压缩气体和压力充气放大器来供给能量,直接通过皮肤和相应的组织层注入液体。

充电式无针连续注射器采用动力缸技术,动力缸是由充电电池带动发电机提供能量,因为动力缸是可收缩的,当动力缸被释放时,通过使用双触发机制,气缸所产生的动力迫使注射器溶液通过注射孔,穿透动物皮肤,注射溶液到所需要的位置,通过气缸和剂量的选择,准确地进行皮下、皮内和肌肉注射。LCD 显示屏可为操作人员提供多种帮助,简化药液注入折射器,精确地剂量选择和注射,记录高达数千次的注射参数,便于下载注射数据到 U 盘和计算机上。

与传统的二氧化碳无针注射器相比,充电式无针注射器每年的使用费用及维护费用都要少很多。二氧化碳无针注射器在使用中,气瓶和注射枪的重量在 5.5~11.2 kg,不便操作;充电式无针注射器配有背带和腰带悬挂部件,设备总重量只有 3.5 kg,还可以固定在某一位置使用,充电式也比二氧化碳安全性高。

兽用无针注射器可以广泛应用于仔猪、成年猪的伪狂犬病疫苗、口蹄疫灭活苗、猪细小病毒灭活疫苗、流行性脑炎苗、猪传染性胃肠炎与猪流行性腹泻二联灭活疫苗、传染性萎缩性鼻炎灭活疫苗、气喘病疫苗、传染性胸膜肺炎灭活疫苗、梭菌性肠炎灭活疫苗、猪丹毒疫苗、猪败血性链球菌病活疫苗、猪繁殖与呼吸综合征等疫苗的接种中。

任务二 投药技术

治疗畜禽疾病的一些药物需经口投服。如病畜尚有食欲、药量少且无特殊气味,可将其混入饲料或饮水中使之自然采食。但药物大多味苦,且有特殊气味,病畜常不自愿采食,尤其是危重病畜,饮食欲废绝,故必须采用适宜的方法投服。

投药的方法很多,主要根据药物的剂型、剂量及有无刺激性和动物种类及病情的不同而选择不同的方法。

一、灌角及药瓶投药法

1. 应用

灌角及药瓶投药法是将药物用水溶解或调成稀粥样,以及中草药的煎剂等装入灌角或药瓶等灌药器内经口投服(图10-23、图10-24)。各种动物均可应用。

2. 用具

灌角,竹筒,橡皮瓶或长颈酒瓶,盛药盆等。

3. 方法

具体方法依动物种类及用具不同而异。

(1)牛的灌药法 多用橡皮瓶或长颈酒瓶,或以竹筒代用。助手牵住牛绳、抬高牛头或紧拉鼻环或握住鼻中隔使牛头抬起,必要时使用鼻钳进行保定。

术者左手从牛的一侧口角插入、打开口腔并轻压舌头;右手持盛满药液的药瓶自另侧口角伸入并送向舌背部;抬高药瓶后部轻轻振抖,并轻压橡皮瓶使药液流出(图10-23、图10-24);吞咽中继续灌服直至灌完。亦可由1人单独完成,一手握住鼻中隔使牛头抬起,另一手持灌药瓶从口角伸入口内(图10-25)。

图10-23 牛灌角灌药

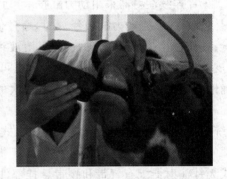

图10-24 牛灌药瓶灌药

(2)猪的灌药法 仔猪、保育猪灌服少量药液时可用药匙(汤匙)或注射器(不接针头)。育肥猪、种猪若药量大可用胃管投入。

仔猪灌药时令助手(畜主)将猪的两耳抓住做正立提举保定,把猪头略向上提,使猪的口角与内眼角连线近水平,并用两腿夹住猪背腰部。另一人用左手持木棒把猪嘴撬开,右手用汤匙或其他灌药器,从舌侧面靠颊部倒入药液,待其咽下后,再灌第二匙;如含药不咽,可摇动口里的木棒,刺激其咽下(图10-25)。

图10-25 猪灌药瓶灌药

保育猪、育肥猪、种猪灌药时,应行站立保定,一人抓住两耳,另一人用一根长1.5 m的细绳,绳中间打个环,乘猪张口吼叫时,将绳环套在猪的上颌中间后,放开两耳,拉紧绳子,人往前拉,猪往后退,待其安静后用小勺将药灌入口内,便可自然咽下。拉绳角度以45°为宜,过高药液容易误入气管,过低则易流出口外,绳要拉紧。

动物诊疗技术

（3）羊的灌药法　由一人跨骑在羊肩背部,用双手抱住羊头部或抓住羊角行站立保定。术者左手上托羊下颌部,使口角与内眼角处于同一水平线,右手拿盛药的投药器,使偏口向上,慢慢向口角插入,口随刺激即张开,即可将药物灌入(图10-26)。对片剂药物先在灌药器内灌入水后,再放入片剂,立即投药,不应先放药物,再灌水,这样药物表面易溶化贴于底部,不易倒出。

图10-26　羊胃管投药

（4）马属动物灌药法　马行站立保定,用吊绳系在笼头上或绕经上腭(上腭切齿后方),而绳的另一端经过栅栏的横杆后,使其拉紧,将马头吊起。术者一手持灌药器并盛满药液,自一侧口角通过齿槽间隙插入口中并送向舌根,反转并抬高灌药器将药液灌入,另一手手握笼头轻抬马头,取出灌药器,待其咽下,重复上述动作,直至灌完(图10-27)。马属动物有咀嚼下咽的习惯,在药物没有下咽前不能过早抽出灌角,否则药液被吐出或漏至口外。

图10-27　马灌药瓶灌药

4．注意事项

①灌药时切勿操之过急,每次灌药量不宜过多,药液稀稠适度。

②灌药过程中,当病畜发生强烈咳嗽、鸣叫时应暂停灌药,立即将头部放低,以防药液误入气管或肺中。

③猪在鸣叫时应暂停灌服,待安静后再灌服。

④头部吊起的高度,以口角与内眼角的连接线略呈水平为宜。若过高,易将药液灌入气管或肺中,轻者引起肺炎,重者可造成死亡;过低则药液易流出口外。

⑤当动物咀嚼、吞咽时,如有药液流出,应以药盆接之,以减少流失。

▶ 二、片剂、丸剂、舔剂投药法

1．应用

片、丸状或粉末状的药物以及中药的饮片或粉末,尤其是苦味健胃剂,常用面粉、糠麸等赋形剂混合后制成糊剂或舔剂,经口投服以加强健胃的效果。

2. 用具

舔剂一般可用光滑的木板或竹片喂给；丸剂、片剂可徒手投服，必要时可用特制的丸剂投药器。

3. 方法

动物一般站立保定。对牛、马，术者用一手从一侧口角伸入打开口腔，对猪则用木棍撬开口腔；另一手持药片、药丸或用竹片刮取舔剂自另侧口角送入其舌背部；取出木棒，口腔自然闭合，药物即可咽下；如有丸剂投药器，则事先将药丸装入投药器内；术者持投药器自动物一侧口角伸入并送向舌根部，迅即将药丸打（推）出；抽出投药器，待其自行咽下。必要时投药后灌饮少量的水。

三、胃管投药法

1. 应用

当水剂药量较多，或药品带有特殊气味，经口不易灌服时，一般都需用胃管投送。此外胃导管亦可用于食道探诊（探查其是否畅通）、瘤胃排气、抽取胃液或排出胃内容物及洗胃，有时用于人工喂饲。

2. 用具

软硬适宜的橡皮管或塑料管，依动物种类不同而选用相应的口径及长度；特制的胃管其末端闭塞而于近末端的侧方设有数个开口者，更为适宜。漏斗或打药用的加压泵，插胃管用的开口器。

3. 方法

（1）牛胃管投药 牛可经鼻或经口插入胃管（图10-28、图10-29）。经口插入时，先将牛进行必要的保定，并给牛戴上木质开口器，固定好头部；将胃管表面涂石蜡油后，自开口器的孔内送入，尖端到达咽部时，轻轻来回抽动，刺激牛吞咽动作，并乘势将胃管送下，确定胃管插入食管无误后（可用打气法判断，图10-30），接上漏斗先灌少许清水，若动物无异常再灌药（图10-31）；药物灌完后，再灌入少许清水并向胃管内吹气，使胃管内的药液完全进入胃内。灌完后将胃管折住后慢慢抽出，解下开口器，解除保定。

图 10-28　牛胃管投药

图 10-29　胃管插入

图 10-30　打气法判断胃管插入是否正确　　　　图 10-31　灌入药液

(2)猪胃管投药　猪经口插入胃管。先将猪进行保定,视情况而采取直立、侧卧或站立方式,一般多用侧卧保定;用开口器将口打开(无开口器时,可用一根木棒中央钻一孔替代),然后将胃管(可用大动物导尿管代替)沿孔向咽部插入;当胃管前端插至咽部时,轻轻抽动胃管,引起吞咽动作,并随吞咽插入食道;判定胃管确实插入食道后,接上漏斗即可灌药(图 10-32);灌完后慢慢抽出胃管,并解下开口器。

(3)马属动物胃管投药　将马牵至四柱栏内,确实保定好马头部,投药者抓住鼻翼,另一只手持涂上润滑油的胃导管,将胃导管前端沿动物下鼻道缓缓插入,当管端到达咽部时感觉有抵抗,此时不要强行推进,待动物有吞咽动作时,趁机向食管内插入。当动物无吞咽动作时,可揉捏咽部或用胃导管端轻轻刺激咽部而诱发吞咽动作。

当胃导管通过咽部后判断是否正确插入食管内。若判定已经准确在食道内,继续投送至胃内,胃导管外端连接漏斗把药液倒入漏斗内,举高漏斗超过动物头部将药液灌入胃内(图 10-33)。药液灌完后去掉漏斗,用橡皮球再向胃导管内打气,以排净残留在胃管内的药液,然后将胃导管外端折叠,缓缓抽出胃导管。

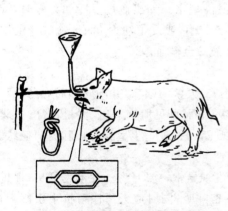
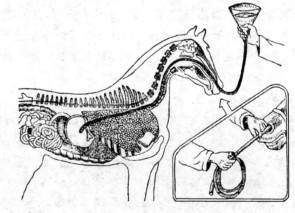

图 10-32　猪站立保定胃管投药　　　　　　图 10-33　马胃管投药

(4)犬的胃管投药　对犬、猫先进行安全保定后装上开口器。用较细的投药管经舌背面缓缓向咽腔插入,然后继续向深部插入即可顺利进入食管内,用连接胃导管的气球打气,可观察到颈部的波动,压扁气球后气球不会鼓起即可证明插入正确。连接漏斗灌入药液。

4.胃管插入食道的判断

如何判断胃管是否插进食道,检验方法很多,无论使用何种检查方法,都必须综合加以判定和区别,防止发生判断上的错误(表 10-2)。

模块二　治疗技术

表 10-2　胃管插入食道或气管的鉴别要点

鉴别方法	插入食道内	误入气管内
手感和观察反应	胃管前端到达咽部时稍有抵抗感,但易引起吞咽动作,随吞咽胃管进入食道,推送胃管稍有阻力感	无吞咽动作,无阻力,有时引起咳嗽,误入气管后推送胃管不受阻
观察食道变化	胃管前端在食道沟呈明显的波浪式蠕动下行	无
向胃内充气反应	随气流进入,颈沟部可见有明显波动;同时压挤橡胶球将气体排空后,不再鼓起;进气停止而有一种回声	无波动感;压橡胶球后立即鼓起;无回声
将胃管外端放在耳边听	听到不规则的"咕噜"声或水泡音,无气流冲击耳边	随呼吸动作听到有节奏的呼出气流音,冲击耳边
将胃管外端浸入水盆内	水内无气泡	随呼吸动作水内出现气泡
触摸颈沟部	手摸颈沟区感到有一硬的管状物	无
鼻嗅胃管外端气味	有胃内酸臭气	无

5. 注意事项

①胃管使用前要仔细洗净、消毒(可用 0.1% 的高锰酸钾);涂以滑润油或水,使管壁滑润;插入、抽动时不宜粗暴,要小心、徐缓,动作要轻柔。

②有明显呼吸困难的病畜不宜用胃管;有咽炎的病畜更应禁用。

③应确实证明插入食道深部或胃内后再灌药;如灌药后引起咳嗽、气喘,应立即停灌;如中途因动物骚动使胃管移动、脱出亦应停灌,待重新插入并确定无误后再行灌药。

④经鼻插入胃管,可因管壁干燥或强烈抽动,损伤鼻、咽黏膜,引起鼻、咽黏膜肿胀、发炎等;导致鼻出血(尤其在马多见),应引起高度注意。如少量出血,不久可自停;出血很多时,可将动物头部适当高抬或吊起,冷敷额鼻部,并不断淋浇冷水。如出血过多冷敷无效时,或用大块纱布堵塞一侧鼻腔;用 1% 鞣酸纱布条塞于鼻腔中,或皮下注射 0.1% 盐酸肾上腺素,或 1% 硫酸阿托品。必要时宜配合应用止血剂、补液乃至输血。

6. 药物误投入肺的表现及其抢救措施

药物误投入动物呼吸道后的表现突然出现骚动不安,频繁的咳嗽,并随咳嗽而有药液从口、鼻喷出;呼吸加快,呼吸困难,鼻翼开张或张口呼吸;继而可见肌肉震颤、大量出汗,黏膜发绀,心跳加快、加强;数小时后体温可升高,肺部出现啰音,并进一步呈异物性肺炎的症状。当灌入大量药液时,甚至可造成动物的窒息或迅速死亡。

抢救措施:在灌药过程中,应密切注意动物表现,发现异常,立即终止;使动物低头,促进咳嗽,呛出药物;应用强心剂,或给以少量阿托品以兴奋呼吸;同时应大量注射抗生素制剂;如经数小时后,症状减轻,则应按疗程规定继续用药,直至恢复。

四、混饲、混饮及气雾给药法

(一)混饲给药

混饲给药是现代集约化养殖业中最常用的一种给药方法。该法将药物均匀地拌入饲料中,让畜禽采食时,同时吃进药物。该法简便易行,节省人力,减少应激,效果可靠,主要适用

于预防性用药,尤其适应于长期给药。但对于病重的畜禽,当其食欲下降时,不宜应用。在应用这种方法时,通常应注意:

1. 准确掌握混饲浓度

按照混饲给药标准,准确、认真计算所用药物剂量,若按畜禽体重给药,应严格按照个体体重,计算出畜禽群体体重和采食量,再按照要求把药物拌进饲料内。应特别注意混饲用药标准与饲喂次数相一致,以免造成药量过小起不到作用或药量过大引起畜禽中毒的现象发生。

2. 分级混合确保均匀

在药物与饲料混合时,必须搅拌均匀,尤其是安全范围较小的药物,以及用量较少的药物,如喹乙醇等,一定要均匀混合。为了保证药物混合均匀,通常采用分级混合法,即把全部用量的药物加到少量饲料中,充分混合后,加到一定量饲料中,再充分混匀,然后再拌入到所需的全部饲料中。大批量饲料拌药更需多次逐步分级扩充,以达到充分混匀的目的。切忌把全部药量一次加入到所需饲料中,简单混合法会造成部分畜禽药物中毒而大部分畜禽吃不到药物,达不到防治疾病的目的或贻误病情。

3. 密切注意不良作用

有些药物混入饲料后,可与饲料中的某些成分发生拮抗作用。这时应密切注意不良作用,尽量减少拌药后不良反应的发生,如饲料中长期混合磺胺药物,容易引起鸡维生素 E、维生素 A 的缺乏,应适当补充。

(二)饮水给药

饮水给药也是比较常用的给药方法之一,它是指将药物溶解到畜禽的饮水中,让畜禽在饮水时饮入药物,发挥药理效应,这种方法常用于预防和治疗疾病。尤其在畜禽发病,食欲降低而仍能饮水的情况下更为适用,但所用的药物应是水溶性的,除注意拌料给药的一些事项外还应注意:

1. 药前停饮,保证药效

对于一些在水中比较稳定且溶解性好的药物,可以加入到饮水中,让畜禽长时间自由饮用,为保证畜禽在投药后一定时间内都饮入一定量的药物,多在用药前禁饮。一般寒冷季节停饮 4 h,气温较高季节停饮 2 h,然后给予加有药物的饮水,让畜禽在一定时间内充分喝到药水。

2. 准确计算,按量给水

为了保证全群内绝大部分个体在一定时间内都能喝到一定量的药水,不至由于剩水过多造成吸入个体内药物剂量不够,或加水不够,饮水不均,某些个体缺水,而有些个体饮水过多,就应该严格依畜禽一次饮水量,再计算全群饮水量,用一定系数加权重,确定全群给水量,然后按照药物浓度,准确计算用药剂量,把所需药物加到饮水中以保证药饮效果。因饮水量大小与畜禽的品种、畜禽舍内的温度、湿度、饲料含水量,饮水方法等因素密切相关,所以畜禽群体不同时期饮水量不尽相同。

3. 溶解均匀,加强疗效

一般来说,饮水给药主要适用于容易溶解在水中的药物,对于一些不易于溶解的药物可以采用适当的加热、加助溶剂或及时搅拌的方法,促进药物溶解,以达到饮水给药的目的。

(三)气雾给药

气雾给药是指使用能使药物气雾化的器械,将药物分散成一定直径的微粒,弥散到空间中,让畜禽通过呼吸作用吸入肺和呼吸道内或作用于畜禽皮肤、黏膜及羽毛的一种给药方法。也可用于畜禽群消毒。使用这种方法时,药物吸收快,作用迅速,节省人力,尤其适用于现代化大型养殖场,但需要一定的气雾设备,且畜禽舍门窗应能密闭。同时,使用药物时,不应使用有刺激性药物,以免引起畜禽呼吸道发炎。一般地讲,应用气雾给药时应注意:

1. 恰当选择气雾用药

为了充分利用气雾给药的优点,应该恰当选择所用药物。并不是所有的药物都可通过气雾途径给药,可应用于气雾途径的药物应该无刺激性,容易溶解于水。对于有刺激的药物不应通过气雾给药。同时还应根据用药目的不同,选用吸湿性不同的药物。若欲使药物作用于肺部,应选用吸湿性较差的药物,而欲使药物作用于呼吸道,就应选择吸湿性较强的药物。

2. 准确掌握气雾剂量

在应用气雾给药时,不要随意套用拌料或饮水给药浓度。为了确保用药效果,在使用气雾给药前应按照畜禽舍空间情况,使用气雾设备要求,准确计算用药剂量,以免过大或过小,造成不应有的损失。

3. 严格控制雾粒大小

在气雾给药时,雾粒直径大小与用药效果有直接关系。气雾微粒越细,越容易进入肺泡内,但与肺泡表面的黏着力小,容易随呼气排出,影响药效。但若微粒越大,则不易进入肺泡内,容易落在空间或停留在动物的上呼吸道黏膜,也不能产生良好的用药效果,微粒过大还易引起畜禽的上呼吸道炎症。应根据用药目的,适当调节气雾微粒直径。如要使药物达到肺部,就应使用雾粒直径小的雾化器;要使药物主要作用于上呼吸道,就应选用雾粒较大的雾化器。如治疗深部呼吸道或全身感染,微粒直径以 $0.5 \sim 5~\mu m$ 最合适;治疗上呼吸道感染,应控制在 $10 \sim 30~\mu m$;气雾免疫直径 $1 \sim 10~\mu m$。雾粒直径大小主要是由雾化设备的设计功效和用药距离所决定。

▶ 五、灌肠

1. 应用

灌肠是向动物直肠内注入大量的药液、营养液或温水,直接作用于肠黏膜,使药液、营养液被吸收或促进宿粪排出以及除去肠内分解产物与炎性渗出物,达到治疗疾病的目的。

2. 准备

大动物站立保定,吊起尾巴,中小动物可在网架上侧卧保定。准备好适宜的灌肠器、木质或球胆塞肠器及投药唧筒(图 10-34)和吊桶等。木质塞肠器可根据动物的大小自制,一般长 15 cm,表面光滑,前端钝圆,直径 $6 \sim 8$ cm,后端较前端略粗,直径10 cm,中央有直径 2 cm 的小孔,供插入灌肠器胶管,后端两边有 2 个拴上细绳的铁环,用于塞入直肠后将其系在笼头或颈部。球胆塞肠器是在排球内胆上剪 2 个相对的孔,中间插入一根直径 $1 \sim 2$ cm 的橡胶管,胶管两端各露出 10 ~ 20 cm,然后用胶密封剪孔,塞入直肠后,向球胆内打气,胀大的球胆堵住直肠膨大部,即自行固定。

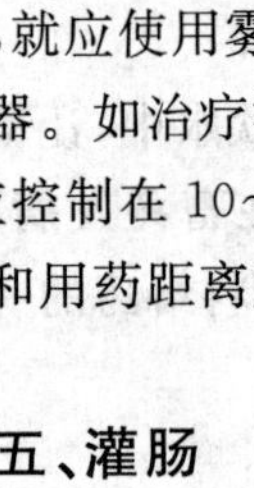

3. 方法

灌肠的一般方法是将微温的灌肠液或注入液盛于漏斗(吊桶)内,一

图 10-34　唧筒灌肠器

手捏紧胶管,吊挂在适当高处,另一手将胶管另端缓慢插入肛门直肠深

部,松开捏紧胶管的手,液体即可慢慢注入直肠,边流边向漏斗(吊桶)内倾加液体,并随时用手指刺激肛门周围,使肛门紧缩,防止注入液体流出。灌完后拉出胶管,放下尾巴,解除保定。中小动物灌肠时,使用小动物灌肠器,把胶管一端插入直肠,另一端连接漏斗或吊桶,将液体注入其内,适当举高即可流入,同时压迫尾根、肛门,以免液体排出。也可使用 100 mL 注射器连接在胶管另一端注入溶液,注完后捏紧胶管,取下注射器再吸取液体注入,直至注入需要量液体为止。

当马肠结石、毛球及其他异物性大肠阻塞、重危的大肠便秘时,应采用加压深部灌肠法。灌肠前先用 1%~2% 盐酸普鲁卡因溶液进行后海穴封闭,使肛门与直肠弛缓后插入塞肠器固定,然后将灌肠器胶管通过木质塞肠器的中央孔插到直肠内(或与球胆塞肠器的胶管连接),举高漏斗或吊桶,液体既可注入深部直肠内,也可用投药唧筒压入液体(图 10-35)。根据不同情况,一般每次平均可注入 10~30 L 液体。灌完后可将塞肠器保留 15~20 min 后取出,以防液体流出。

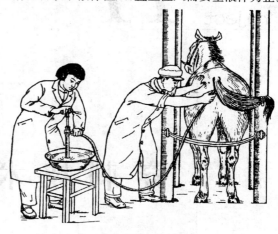

图 10-35 唧筒灌肠法

4. 注意事项

在灌肠时应细心操作,防止损伤肠黏膜,引起出血或穿孔,如直肠内存在宿粪,必须按直肠检查法取出宿粪后再行灌肠。

【考核评价】

任务名称:给药技术

考核内容	评价标准	评价者与权重		技能得分	任务得分
		教师评价(80%)	学生评价(20%)		
灌药瓶、灌角灌药	能正确保定动物,灌药方法正确,掌握操作注意事项				
胃管投药	能正确保定动物,胃管投送、判断方法正确,掌握操作注意事项				
混饲给药	药物用量计算正确,分级混合方法正确,掌握操作注意事项				
饮水给药	药物用量计算正确,混合方法正确,掌握操作注意事项				
气雾给药	药物用量计算正确,使用气雾发生器方法正确,掌握操作注意事项				
灌肠	灌肠方法正确,掌握注意事项				

模块二 治疗技术

Project *11*

穿刺技术

➤ 【学习目标】

　　能正确地进行瘤胃穿刺、腹腔穿刺，了解肠穿刺、胸腔穿刺。

【学习内容】

　　1. 瘤胃穿刺；

　　2. 肠穿刺；

　　3. 腹腔穿刺；

　　4. 胸腔穿刺。

穿刺技术是使用特制的穿刺器具(如套管针)刺入发病动物体内某个部位,排除内容物或气体,或者注入药液治疗,穿刺也是获取病畜体内某一特定器官或组织的病理材料,供做必要的实验室检查,从而使临床检查所得的资料能更加深入一步,有助于最终确定诊断;而当急性胃、肠臌气时,应用穿刺排气,可以迅速解除病象,在治疗上更具有重要的意义。但是,穿刺术在其应用范围上有严格的局限性,而且在实施中,也有损伤组织,可能引起局部感染等缺点,故在应用时,首先要有充分的诊断依据,避免轻率滥用。

根据不同的穿刺目的,选用适宜的穿刺器具,必要时也可用注射针头代之。所有穿刺用具均应严密消毒、干燥备用。在操作中,务必严格遵守无菌操作和安全措施,方能取得满意的结果。

一、瘤胃穿刺

1. 应用

当牛羊瘤胃臌气严重时,瘤胃穿刺术可作紧急排气或注入制酵剂。

2. 准备

大套管针或大号针头、一般静脉注射针头、外科刀和缝合器材。

3. 部位

瘤胃穿刺的部位在左肷窝部,由髋结节向最后肋骨所引水平线的中点,距腰椎横突 10～12 cm 处(牛),也可选在瘤胃隆起最高点穿刺。

4. 方法

牛(图 11-1),羊施行站立保定,术部剪毛、消毒。先在穿刺点旁 1 cm 处作一小的皮肤切口(有时也可不切口,羊一般不切口),术者再以左手将皮肤切口移向穿刺点,右手持套管针将针尖置于皮肤切口内,向对侧肘头方向迅速刺入 10～12 cm,左手固定套管,拔出内针,用手指不断堵住管口,间歇放气,如套管堵塞,可插入内针疏通,切忌拔出套管针。为了防止臌气继续发展,造成重复穿刺,因此,套管应继续固定,并留置经一定的时间后才可拔出。气体排出后,为防止复发,可经套管向瘤胃内注入制酵剂,1%～2.5%福尔马林溶液 300～500 mL,或乳酸、松节油 20～30 mL,注完药,插入内针,压住针孔周围的皮肤后,再拔出套管针,对皮肤切口进行1 针结节缝合,涂碘酊,以碘仿火棉胶封闭穿刺口。

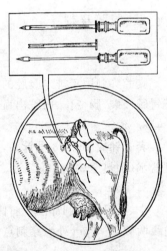

图 11-1 牛瘤胃穿刺术

5. 注意事项

①放气时应注意病畜的表现,放气速度不宜过快,以防止发生急性脑贫血;

②整个过程均应注意防止发生针孔局部感染和继发腹膜炎;

③需经套管注入药液时,注药前一定要确切地判定套管是在瘤胃内,才能注入药液。

二、肠穿刺

1. 应用

肠穿刺常用于马的盲肠或大结肠内积气的紧急排气治疗,也可向肠腔注射药液。

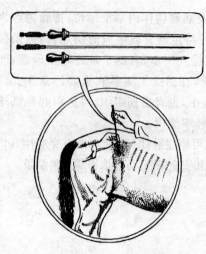

图 11-2 马盲肠穿刺术

2. 准备

套管针或大号注射针头。

3. 部位

马盲肠穿刺部位(图 11-2)在右侧肷窝的中心,即距腰椎横突约一掌处,或选肷窝最明显的突起点。马结肠穿刺部位,在左侧腹部膨胀最明显处。

4. 方法

术部剪毛消毒,用外科刀在术部旁皮肤切约 1 cm 切口,术者再以左手将皮肤切口移向穿刺点,右手持套管针将针尖置于皮肤切口内,向左侧肘头方向急速刺入 6~10 cm,固定套管,拔出内针,手指不断堵住管口,间歇放出气体,穿刺后将皮肤缝合一针,涂上碘酊,再用碘仿火棉胶封闭穿刺口。

5. 注意事项

放气速度不能过快,防止发生急性脑贫血,穿刺放气时,应注意术部,防止污染引起腹膜炎;根据病情,防止臌气继续发展,可暂时将套管针固定一段时间后,再拔出,注入药液时应判断套管确在肠内,方可注射药液。

▶ 三、腹腔穿刺

1. 应用

胸腔穿刺用于排出腹腔的积液和洗涤腹腔及注入药液进行治疗,或采取腹腔积液,以助于胃肠破裂、肠变位、内脏出血、腹膜炎等疾病的鉴别诊断。

2. 准备

套管针或 16~18 号针头,腹腔洗涤液,如 0.1% 雷佛奴尔溶液、0.1% 高锰酸钾溶液、生理盐水(加热至 38~40℃)等。并准备输液瓶。

3. 部位

牛、羊腹腔穿刺部位在右侧脐与膝关节连线中点位置;马在剑状软骨突起后 10~15 cm,白线两侧 2~3 cm 处为穿刺点;犬在脐至耻骨前缘的连线上中央,白线两侧。

4. 方法

站立保定,术部剪毛后严格消毒,必要时可用外科刀切一小口。术者蹲下,左手稍移动皮肤,右手控制套管针(或针头)的深度,由下向上垂直刺入 3~4 cm。其余的操作方法同胸腔穿刺。

当洗涤腹腔时,牛、鹿在右侧肷窝中央,小动物在肷窝或两侧后腹部,马属动物在左侧肷窝中央。右手持针头垂直刺入腹腔,连接输液瓶胶管或注射器,注入药液,再由穿刺部排出,如此反复冲洗 2~3 次。

5. 注意事项

腹腔穿刺时,刺入深度不宜过深,以防刺伤肠管,穿刺位置应准确,保定要安全;腹腔内有大量积液时,不可一次放净,以免引起虚脱,可隔日再放。其他参照胸腔穿刺的注意事项。

四、胸腔穿刺

1. 应用

胸腔穿刺主要用于排出胸腔的积液、血液，或洗涤胸腔及注射药物，进行治疗；也可用于检查胸腔有无积液及其性质，有助于诊断。

2. 准备

套管针或 16～18 号针头，胸腔洗涤液，如 0.1% 雷佛奴尔溶液、0.1% 高锰酸钾溶液、生理盐水（加热至 38～40℃）等。并准备输液瓶。

3. 部位

胸腔穿刺一般选择在右侧进行。牛、羊右侧胸壁第 5 肋间隙，左侧在第 6 肋间隙，马在右侧第 6 肋间，左侧第 7 肋间，猪、犬在右侧第 7 肋间。具体位置在与肩关节水平线相交点的下方 2～3 cm 处，胸外静脉上方约 2 cm 处。

4. 方法

行站立保定，术部剪毛后严格消毒，对性情暴烈的病畜可给予镇静药或做局部麻醉。如有必要，可用外科刀纵切开皮肤 1～1.5 cm。左手将术部皮肤稍向上移动 1～2 cm，右手持套管针用指头控制在 3～5 cm 处，在靠近肋骨前缘垂直刺入。

穿刺肋间肌时有阻力感，当阻力消失而有空虚感时，表明已刺入胸腔内，左手把持套管，右手拔去内针，即可流出积液或血液，放液时不宜过急，应用拇指不断堵住套管口，间断地放出积液，预防胸腔减压过急，影响心肺功能。如针孔堵塞不流时，可用内针疏通，直至放完为止。

有时放完积液之后，需要洗涤胸腔时，可将装有消毒药的输液瓶的橡胶管或注射器连接在套管口上（或注射针），高举输液瓶，药液即可流入胸腔，然后将其放出。如此反复冲洗 2～3 次，最后注入治疗性药物。操作完毕，插入内针，拔出套管针（或针头），使局部皮肤复位，术部涂碘酊，以碘仿火棉胶封闭穿刺孔。

5. 注意事项

穿刺或排液过程中，应注意防止空气进入胸腔内，排液及注洗涤时，应缓慢，注意观察病畜有无异常表现，穿刺时必须注意防止损伤肋间血管与神经，刺入时，应以手指控制套管针的刺入深度，以防刺伤心肺；穿刺过程中遇有出血时，应充分止血，改变位置再行穿刺。

五、心包穿刺

1. 应用

心包穿刺用于心包积脓时的排脓、冲洗和治疗。

2. 准备

16 号长针头、一般静脉注射针头、外科刀和缝合器材。

3. 部位

心包穿刺部位在左侧第 5 肋间，与肩端水平线相交下方。

4. 方法

动物施行站立保定，使其左前肢向前伸半步，充分暴露心区，将术部剪毛、消毒；左手将术部皮肤稍向前移动,用带胶管的 16 号长针头,沿第 6 肋前缘垂直刺入,然后连接注射器边抽边进针至抽出心包液为止;术后注意消毒。

5. 注意事项

①要防止针头晃动或过深而刺伤心脏;

②为防止发生气胸,抽液、注药前后应将附在针头上的胶管回转压紧,使管腔闭合。

【考核评价】

任务名称:穿刺技术

考核内容	评价标准	评价者与权重		技能得分	任务得分
		教师评价 (80%)	学生评价 (20%)		
瘤胃穿刺	能正确保定动物,穿刺方法正确,掌握操作注意事项				
肠穿刺	能正确保定动物,穿刺方法正确,掌握操作注意事项				
腹腔穿刺	能正确保定动物,穿刺方法正确,掌握操作注意事项				
胸腔穿刺	能正确保定动物,穿刺方法正确,掌握操作注意事项				

冲洗治疗技术

➤ 【学习目标】

掌握导胃和洗胃技术,膀胱冲洗技术,子宫冲洗技术;了解眼睛冲洗、口腔冲洗及其他冲洗。

【学习内容】

1. 眼睛冲洗;

2. 口腔冲洗;

3. 导胃和洗胃;

4. 尿道、膀胱冲洗;

5. 阴道、子宫冲洗;

6. 胸腔、腹腔、心包腔冲洗。

一、眼睛的冲洗

1. 应用

主要用于各种眼病,特别是结膜与角膜炎症的治疗。

2. 用具

①洗眼用器械:冲洗器、洗眼瓶、胶帽吸管等,也可用注射器代用。

②常备点眼药或洗眼药:0.5%硫酸锌溶液、3.5%盐酸可卡因溶液、0.5%阿托品溶液、0.1%盐酸肾上腺素溶液、2%～4%硼酸溶液、10%蛋白银溶液、0.1%高锰酸钾溶液、0.1%雷佛奴尔溶液及生理盐水等。还有抗生素配制的点眼药,或抗生素眼膏和其他药物配制的眼膏等。

3. 方法

动物于柱栏内站立保定,先固定好头部,用一手拇指与食指翻开上下眼睑,另一手持冲洗器(洗眼瓶、注射器等),使其前端斜向内眼角,徐徐向结膜上灌注药液冲洗眼内分泌物。或用细胶管由鼻孔插入鼻泪管内,从胶管游离端注入洗眼药液,更有利于洗去眼内的分泌物和异物。如冲洗不彻底时,可用硼酸棉球轻拭结膜囊。洗净之后,左手拿点眼药瓶,靠在外眼角上,斜向内眼角,将药液滴入眼内,闭合眼睑,用手轻轻按摩1～2下,以防药液流出,并促进药液在眼内扩散。如用眼膏时,可用玻璃棒一端蘸眼膏,横放在上下眼睑之间,闭合眼睑,抽去玻璃棒,眼膏即可留在眼内,用手轻轻按摩1～2下,以防流出。或直接将眼膏挤入结膜囊内。

4. 注意事项

①操作中防止动物骚动,点药瓶或洗眼器与病眼不能接触。与眼球不能成垂直方向,以防感染和损伤角膜。

②点眼药或眼膏应准确点入眼内,防止流出。

二、口腔的冲洗

1. 应用

主要用于口炎、舌及牙齿疾病的治疗。

2. 用具

大动物用橡皮管连接漏斗或注射器连接橡胶管,小动物可用吸管或不带针头的注射器。冲洗剂可用自来水或收敛剂与低浓度防腐消毒药等。

3. 方法

大动物于柱栏内站立保定,使病畜头部稍低并确实固定。中、小动物侧卧保定,使头部处于低位。术者一手持橡胶管一端从口角伸入口腔,并用手固定在口角上,另手将装有冲洗药液的漏斗(小吊桶可挂在柱栏上)举起,药液即可流入口腔进行冲洗。

4. 注意事项

①冲洗药液根据需要可稍加温防止过凉;

②插进口腔内的胶管,不宜过深,以防误咽或咬碎。

三、导胃与洗胃技术

导胃与洗胃即引导胃内积食或有毒有害物质使之排除的一种治疗方法。

1. 应用

①猪、犬、猫因误食毒物等可用催吐药,使其引吐将毒物排出。

②大家畜常用导胃、洗胃法来排出胃内容物,用于牛的瘤胃积食或瘤胃酸中毒时排除胃内容物、马的胃扩张,以及排除胃内毒物。或用于胃炎的治疗和吸取胃液供实验室检查等。

2. 导胃准备

大家畜于柱栏内站立保定,小动物可在手术台上侧卧保定。牛的导胃管较粗,内径应为2.5~3 cm。洗胃应用39~40℃温水,根据需要也可用2%碳酸氢钠溶液,或1%~2%盐水,或0.1%高锰酸钾溶液等。有条件时还可准备吸引器。

3. 方法

先用胃管测量到胃的长度,并做好标记。牛从唇至倒数第5肋骨,羊是从唇至倒数第2肋骨,马从鼻端到14肋间。然后将牛装着横木开口器,固定好头部,将胃管用温水洗后从口腔徐徐插入,到胸腔入口及贲门处时阻力较大,应缓慢插入,以免损伤食道黏膜。胃管前端经贲门到达胃内后,阻力突然消失,此时可有酸臭气体或食糜排出,如不能顺利排出胃内容物时,可装上漏斗灌入温水或药液,将头部低下,利用虹吸原理或用吸引器抽出胃内容物,反复多次,逐渐排出胃内大部分内容物,直至病情好转为止。冲洗完毕,缓慢抽出胃管,解除保定。

导胃时应注意操作中动物易骚动,要注意安全,根据不同动物种类,应选用适宜长度和粗度的胃管,牛瘤胃积食时,宜反复多次灌入大量温水,方能洗出胃内容物(每次灌入15~20 L温水后才能导出胃内容物,需灌3~4次反复冲洗才能达到治疗的目的);顽固性前胃弛缓病牛,冲洗瘤胃后,最好再将健康牛瘤胃内容物灌入0.5~1 L,以便尽快恢复其瘤胃的生物菌系的平衡。马胃扩张时,开始灌入温水不宜过多,以防胃破裂。

4. 注意事项

心衰体弱的病畜不可应用;怀孕或产后、失血过多的病畜慎用。

四、尿道与膀胱冲洗技术

1. 应用

尿道与膀胱的冲洗技术主要用于尿道炎及膀胱炎的治疗,也可用于导尿或采取尿液供化验诊断。母畜的尿道与膀胱冲洗操作容易,公畜只能用于马。

2. 器具

根据动物种类、体型大小选择不同类型的导尿管,用前将其放在0.1%高锰酸钾溶液或温水中浸泡5~10 min,前端蘸上液体石蜡。

3. 方法

母畜站立保定,外阴部及工作人员的手清洗消毒,畜主将尾巴拉向一侧或吊起,操作者左手按住臀部,右手将导尿管握于掌心,前端与食指同长,手呈圆锥形伸入阴道(大动物15~

20 cm），先用手指触摸尿道口，轻轻刺激或扩张尿道口，插入导尿管，将其慢慢推进膀胱，尿液即可自然流出。排完尿后，在导尿管另端连接洗涤器或注射器，注入冲洗药液，反复冲洗，直到排出药液透明为止，此后还可注入治疗药液，拔出导尿管。

公马站立保定，固定好两后肢，清洗消毒阴茎、尿道口和手后，操作者蹲于马的一侧，将阴茎拉出，左手握住阴茎前部，右手持导尿管，插入尿道口慢慢推进，当到达坐骨弓附近时则有阻力，推进困难，此时可在肛门下方触摸到导尿管前端，令助手轻轻按压辅助向上转弯，操作者同时继续推送导尿管，即可进入膀胱。冲洗方法与母畜相同。

4. 注意事项

尿道与膀胱冲洗插入导尿管时动作要轻，以免损伤尿道黏膜及膀胱壁，并注意随动物后躯摆动而移动，防止动物踢踏伤人。对个别比较敏感的动物可给以镇静剂后再行插管。当母畜尿道口难以确认时，可用开膣器开张阴道，即可看到尿道口，再行插管。

五、阴道与子宫冲洗

1. 应用

阴道与子宫冲洗主要用于阴道炎和子宫内膜炎的治疗，排出阴道与子宫内分泌物及脓液，注入治疗药液，促进黏膜修复和恢复生殖功能。

2. 器具

根据动物种类、病情选择不同类型的冲洗器具，用前洗净并严格消毒处理。

3. 方法

动物站立保定，用0.1%的高锰酸钾溶液充分清洗外阴部，操作者将手及手臂常规消毒后，把子宫冲洗管握于掌内，手呈圆锥形伸入阴道，然后将冲洗管插入子宫颈口，再缓慢推入子宫内，提高冲洗器或输液瓶或漏斗，冲洗液即可流入子宫内，待冲洗液大部分灌入时，迅速把冲洗器或输液瓶或漏斗放低，让子宫内液体自行排出。如此反复冲洗2～3次，直至流出液体与灌入液体的颜色基本一致为止。必要时可用开膣器开张阴道，用颈管钳和颈管扩张棒固定宫颈外口，扩张颈管后进行子宫冲洗。

阴道冲洗时把橡胶冲洗管的一端插入阴道内，提高漏斗，冲洗液流入阴道，借病畜努责冲洗液可自行排出，如此反复至冲洗液透明为止。也可用开膣器开张阴道后进行冲洗。阴道和子宫冲洗后，可放入抗生素或其他抗菌消炎药。

4. 注意事项

阴道与子宫冲洗时操作要认真细致，防止粗暴，插管时更需谨慎，防止子宫壁穿孔。在子宫蓄脓或子宫积水时，应先将子宫内积液排出后再行冲洗。冲洗液必须无强刺激性或腐蚀性，注入子宫内的冲洗液应尽量全部排出，必要时可通过直肠按摩子宫促使排出。

六、胸腔、腹腔和心包腔冲洗

胸腔、腹腔和心包腔冲洗一般都在穿刺检查后进行，若发现胸腔、腹腔和心包腔炎症、纤维素渗出、蓄脓等则需进行冲洗，冲洗后注入所需药液。胸腔、腹腔和心包腔冲洗的操作要领及注意事项同有关穿刺技术及冲洗技术。

【考核评价】

任务名称：冲洗治疗技术

考核内容	评价标准	评价者与权重		技能得分	任务得分
		教师评价（80%）	学生评价（20%）		
眼睛冲洗	能正确保定动物，冲洗方法正确，掌握操作注意事项				
口腔冲洗	能正确保定动物，冲洗方法正确，掌握操作注意事项				
导胃和洗胃	能正确保定动物，冲洗方法正确，掌握操作注意事项				
尿道、膀胱冲洗	能正确保定动物，冲洗方法正确，掌握操作注意事项				
阴道、子宫冲洗	能正确保定动物，冲洗方法正确，掌握操作注意事项				
胸腔、腹腔和心包腔冲洗	能正确保定动物，冲洗方法正确，掌握操作注意事项				

Project *13*

常用理疗技术

【学习目标】

掌握冷却疗法、温热疗法及其适应症，了解光、电疗法及激光疗法。

【学习内容】

1. 冷却与温热疗法；
2. 光与电疗法；
3. 激光疗法。

理疗即物理疗法,是指应用各种人工或自然的物理因子(如光、电、声、热等)及理疗器械进行疾病防治的一种技术。理疗技术种类很多,常用的有冷却疗法、温热疗法、光疗法、激光疗法等,此外还有冷冻疗法、烧烙疗法、直流电离子透入疗法、电针疗法和特定电磁波疗法等。

任务一　冷却与温热疗法

一、冷却疗法

冷却疗法是使患部在冷的刺激下,血管收缩,血管容量减少,降低局部充血制止出血,减少和阻止渗出物的渗出,缓解炎症的发展。此外,还能降低神经的兴奋性与传导性,有一定的镇痛作用。冷却疗法是应用比动物体温低的物理因子[冷水、冰或冷药液(如2%复方醋酸铅液)]刺激机体以达到治疗目的的一种传统物理疗法。近些年来,冷却疗法的应用研究日益增多,如低温麻醉、冷却手术治疗和低温治疗肿瘤等。

(一)作用与应用

1. 作用

(1)对局部组织温度的影响　冷却刺激可使组织温度下降。同一冷却条件下,不同部位不同组织降温幅度有异差。

(2)对神经系统的影响　局部冷却使周围神经传导冲动受阻,对运动神经和感觉神经皆有传导阻滞作用。因此,冷可以镇痛、麻醉和解痉。但瞬时的冷却刺激具有兴奋神经的作用,如冷水喷头部,可使昏迷动物苏醒等。

(3)对血液循环和组织代谢的影响　冷却刺激促使血管收缩,局部血流量显著减少,并降低血管壁的通透性,临床上用以减少急性炎症期的肿胀及渗出。冷却使局部组织细胞代谢活动降低,组织需氧量下降,可用于治疗某些微循环障碍性疾病。

(4)对胃肠道的影响　冷敷腹部可引起胃及大部分肠道反射性蠕动增加,同时促进胃液分泌。胃部冷却则显著抑制胃动力,使胃排空时间延缓,胃酸及胃蛋白酶原分泌受抑制。

(5)其他　冷却对肌肉、皮肤也具有一定的影响。如冷却可使肌肉的兴奋性减弱,具有解痉作用,可降低肌肉的痉挛状态,或使引起肌痉挛的冲动停止。

2. 应用

①常用于止痛、解痉,如腹痛、关节痛、烧灼痛、创伤痛等。

②治疗末梢血管疾病,如外伤性血管运动障碍、急性浅表性静脉炎等。

③软组织损伤,如肌肉和韧带扭伤、挫伤。

④止血,治鼻出血、胃出血、胃及十二指肠溃疡等。

⑤热烧伤、烫伤。

⑥急性炎症。

⑦其他,如早期蛇咬伤、胃胀、局限性急性皮炎等。

(二)方法

1. 冷敷法

分为干性冷敷和湿性冷敷两种。干性冷敷使用装有冷水、冰块或雪的胶皮袋（干冷）冷敷于患部,用绷带固定;湿性冷敷是用冷水浸湿布片、毛巾或麻袋片等置于患部。采用冷敷法进行治疗时,需经常换以冷水维持持冷的作用,一日数次,每次 30 min。为了防止感染和提高疗效,临床上常采用消炎剂(如 2%硼酸溶液、0.1%雷佛奴尔溶液、2%~5%氯化钠溶液等)进行冷敷。

2. 冷浴法

(1)泼浇法　将冷水盛入容器内,连接一根软胶管,使水流向体表治疗部位,或用一小容器不断向患部泼浇冷水,也可用冷水进行淋浴。

(2)冷脚浴法　用于四肢下部疾病的治疗。使患肢站立在盛有冷水或 0.1%高锰酸钾等防腐剂溶液的木桶或帆布桶内,也可将患肢站在冷水池或河水中。冷脚浴前宜将蹄及蹄底洗净,蹄壁上涂油,每 5~10 min 更换一次冷水或冷的药液。

(3)冷黏土外敷法　用冷水将黏土调成糊状,可向每升水中加入食醋 40~60 mL 以增强黏土的冷却作用,调制好的黏土涂布于患部进行外敷治疗。此法广泛应用于马的急性蹄叶炎、挫伤和关节扭伤等。

冷却疗法最好在急性炎症的前期 1~2 d 内进行,并经常保持冷的作用,否则效果不佳,但不宜长时间持续使用冷却疗法,以免发生局部组织坏死。冷却疗法应用的水温应视病情决定,冰冷水为 5℃以下,冷水 10~15℃,凉水 23℃左右。

(三)注意事项

①冰冷却时间不宜过长,以免引起冻伤。

②冬季使用冷却疗法时,注意保温,防止感冒。

③在进行冰贴疗法时,防止溶化后的冰水浸湿其他部位的被毛、皮肤。

④禁忌症(慢性炎症、末梢循环障碍、麻痹等病症)应禁用冷却疗法。

二、温热疗法

温热疗法可使患部温度立即提高,使局部血液循环旺盛,血管扩张,细胞氧化作用加强,促进机体的新陈代谢,并可加强局部白细胞的吞噬作用。由于淋巴管在温热条件下明显扩张,有利于新陈代谢产物、炎性产物及渗出产物的吸收。并有缓解疼痛和解除肌肉痉挛的作用。

(一)应用

温热疗法适用于急性炎症的后期和亚急性炎症,消散缓慢的炎性浸润,未出现组织化脓性溶解的化脓性炎症。用于治疗各种急性炎症的后期和慢性症状,如亚急性腱炎、腱鞘炎、肌炎及关节炎等,一般在发病 24~48 h 后应用。也可用于尚未出现组织化脓溶解的化脓性炎症的初期。

(二)方法

1. 水温敷法

一般水温敷法的敷料由四层组成。第一层是湿润层,直接被覆于患部,一般用两层毛巾或四层布片或脱脂棉等做敷布,要求比患部稍大一些;第二层是隔离层,不透水,防止散热,一般用油纸、油布,最好用塑料布制成,稍大于第一层;第三层是保温层(不良导热层),用普通棉花做成棉垫或毡垫,其大小同第二层;第四层是固定层,即用绷带将上述三层固定于患部。

施行水温敷时,先将患部洗净擦干,然后将湿润层敷料浸温水或温药液,适当拧挤后覆于患部,并加以固定,松紧要适宜,过松易滑脱,过紧妨碍局部血液循环,易引起局部疼痛。一般4~8 h更换一次。

2. 温浴法

具体方法与冷浴法相同,只是将冷水换成温水,其温度在42℃左右,时间为30~90 min。

3. 热敷法

具体方法与水温敷法相同,只是用热水浸润层。为加强热敷效果,可选用热药液,如醋酸铅液、10%硫酸镁溶液,也可应用中药,如栀子煎汤热敷,效果更好。也可将麸皮、酒糟或沙子炒热后装入布袋内,然后置于患部进行热敷。

4. 热熨

以醋或酒浸纱布敷于患部,再用烧热的烙铁热熨,每次20 min。

5. 酒精热绷带(酒精热敷法)

用40~95℃的酒精进行温敷,维持温热时间比水温敷法长,治疗作用可达10~12 h。其操作方法同水温敷法。为了增加疗效,可添加适量的碘酊、水杨酸或鱼石脂(将酒精100 mL、鱼石脂10~20 g,放入饭盒中,充分溶解后,再放入脱脂棉花浸泡,盖上饭盒盖在火上加热。然后取加热的浸有鱼石脂酒精的棉花,覆盖患部,外敷以塑料布和棉花,包扎绷带。必要时每日2次向塑料布内加入加热的酒精或白酒50~80 mL,以保持其温度)。

6. 石蜡热敷法

先将熔点为50~60℃的石蜡水浴加热到70~85℃,注意温度不要超过100℃,不能将水混入石蜡中。治疗前患部要剃毛、洗净、擦干,包扎一层螺旋纱布或绷带,然后用排笔蘸取65℃左右的融化石蜡,涂于皮肤上,连续涂刷至形成0.5 cm厚的石蜡"防烫层"为止。如局部皮肤有破溃或创口,应事先用高锰酸钾溶液清洗,待干燥后涂一层薄蜡膜,再涂"防烫层"。此后迅速涂布厚层热石蜡,使其厚度达1~1.5 cm,或用4~8层纱布按患部大小叠好,浸于融化的石蜡中,取出压挤多余石蜡,迅速敷于患部,外面包上胶布和保温层并加以固定。四肢末端热敷时,先做好"防烫层",然后从蹄子下面套上一个适当长的较患肢直径宽2~2.5 cm的胶布套,用绷带把胶布套下部扎紧,将熔化的石蜡从上口注入,让石蜡包围在患肢周围,扎紧上口,外面包上保温层并加以固定。

7. 黏土热敷法

用开水将黏土(矿泉泥、海泥、湖泥、池塘泥等)调成糊状,待其冷却到60℃后,迅速涂布于纱布或棉布上,覆盖患部,外面用胶布或塑料布包裹后,再包上棉垫并加以固定。此法常用于治疗关节僵硬、慢性滑膜囊炎、骨膜炎及挫伤等。

(三)注意事项

使用温热疗法时必须经常保持温热的作用,才能产生良好的疗效,同时应注意防止温度过高,将局部皮肤烫伤。温热敷法的水温分为:温水28~30℃、温热水30~40℃、热水40~42℃、高热水42℃以上,一般采用38~42℃的热水温敷。当局部出现明显水肿或进行性炎症浸润时,不宜采用酒精热敷。

当有恶性新生物和出血性病例,有伤口和坏死灶的炎症等,禁用温热疗法,因为可能导致病情恶化。

任务二　光与电疗法

▷ 一、光疗法

光疗法是指采用自然光线或人工产生的各种光辐射能（红外线、可见光、紫外线、激光）作用于局部或全身以治疗疾病的一种物理治疗方法。光线是一种波长较短的电磁波，其波长是以纳米（nm）计算。对现代化集约化舍饲动物和宠物而言，常因光照不足而出现各种异常现象，已引起畜牧兽医工作者的高度重视。在养禽生产中，人们利用光线照射时间和强度的改变，调节家禽的采食及产蛋，控制蛋的品质，提高生产率和繁殖率。在临床上用于治疗的红外线波长范围是 $760\sim3\,000$ nm，紫外线波长范围是 $200\sim400$ nm。一般临床常用的有红外线、紫外线和激光三种疗法，临床上可单独使用，也可与其他疗法配合使用。

(一)红外线疗法

红外线光谱位于 $400\sim760$ nm 可见红光之外，称为红外线。红外线主要由热光源产生，在医学上的生物学效应主要是热作用，因此又称为热射线。红外线在兽医临床治疗方面的应用较为广泛。应用红外线治疗疾病的方法称红外线疗法。

1. 红外线的治疗作用

红外线具有强大的穿透性和温热作用，可使照射部位广泛地充血，改善血液循环，提高局部组织的新陈代谢水平，促进炎性产物的吸收，加速炎症的愈合，同时具有镇痛作用。日光中约含有 60% 的红外线，人工红外线光源有红外线灯和人工太阳灯两种。

(1)对血液循环和组织代谢的作用　由于红外线的温热作用使局部皮肤毛细血管扩张充血，血流加快，形成红斑。照射后 $1\sim2$ min 即可出现红斑，照射停止约 30 min 后即可消失。由于组织温度升高，新陈代谢加强，加速组织的营养、再生能力，提高组织细胞活力，促进炎症产物和代谢产物的吸收，起到消肿止痛的治疗作用。

(2)消炎作用　红外线照射作用后，发生皮肤乳头层水肿，周围白细胞浸润，网状内皮系统吞噬能力增强，提高其免疫能力，具有消炎作用。

(3)镇痛解痉作用　红外线能降低机体神经末梢的兴奋性，对肌肉有松弛作用，可解除肌痉挛，起到镇痛作用。

(4)不良作用　红外线反复照射后，皮肤可形成明显的色素沉着，在被照射部位皮肤表层出现黑色沉着斑。红外线照射还可引起视力障碍，大剂量红外线照射可导致机体脱水和局部组织灼伤。

2. 临床应用

(1)适应症　红外线主要用于镇痛、改善局部血液循环、缓解肌肉痉挛及消炎等目的。如慢性炎症及亚急性炎症、外伤性软组织损伤、肌肉痉挛、风湿性关节炎、后躯瘫痪、慢性胃炎、子宫内膜炎、乳房炎后期、扭伤、挫伤、冻伤、骨折、术后粘连等疾病治疗中使用。

(2)禁忌症　高热病例、急性炎症、恶性肿瘤、急性血栓性静脉炎和可能有内出血危险的

动物诊疗技术

病症禁用。

3. 操作技术

动物保定确实,拟照射部位应清洁无污物,用厚纸板或红黑布遮挡动物头部,以保护眼睛。

图 13-1　红外线治疗仪

红外线疗法一般仅作局部照射,将红外线灯移至治疗部位的斜上方或旁侧,红外线灯照射距离为 60～75 cm,每日 2 次,每次 20～40 min;人工太阳灯照射距离为 40～60 cm,每日 1～2 次,每次 25～40 min;10～15 次为 1 个疗程。红外线治疗仪见图 13-1。

根据治疗部位的厚度,病情严重程度、皮肤反应和操作者手试照射相结合,调节红外线剂量。经验表明,当人手被照射 5 min 内有热感但无灼痛感时,照射剂量较为合适。或由小至大调节,以动物感觉舒适安静为度。

4. 注意事项

掌握最佳照射剂量,防止烫伤;避免红外线直接照射动物眼部。

(二)紫外线疗法

紫外线位于可见光谱中紫色光线之外,故称紫外线,它是光疗中应用比较广泛的一种光线。紫外线疗法是光疗中应用最广泛的一种方法。临床上常应用人工紫外线照射防治动物疾病。一般将紫外线分成长波(320～400 nm)、中波(275～320 nm)和短波(180～280 nm)三部分,其中短波和中波部分的光疗作用最强。短波紫外线具有较强的杀菌作用;中波紫外线具有红斑反应,色素沉着、加速再生过程,促进上皮形成和抗佝偻病的作用。

其生物学作用也比较活泼。用于医学上的紫外线包括短波紫外线(波长为 200～275 nm)和中波紫外线(波长为 275～300 nm)两种。短波紫外线有较强的杀菌作用,可用于室内空气消毒,不用于治疗。中波紫外线对皮肤的作用较大,可使皮肤内血管扩张,改善血液循环和新陈代谢。紫外线治疗仪见图 13-2。

图 13-2　紫外线治疗仪

1. 紫外线的治疗作用

(1)红斑反应　浅色皮肤经一定量紫外线照射 2～6 h 后,照射局部皮肤逐渐潮红,出现红斑。红斑反应的严重程度与照射剂量成正比,剂量愈大红斑愈明显。这种红斑反应对机体具有消炎、止痛作用,促进创口愈合和脱敏。

(2)抗维生素 D 缺乏作用　紫外线照射动物皮肤,皮肤中的 7-脱氢胆固醇转化成维生素 D_3,进入血管内经肝、肾进一步代谢生成活性维生素 D,参与体内钙、磷代谢,维持骨、牙的正常生长发育和代谢,起到预防和治疗维生素 D 缺乏症的作用。

(3)杀菌作用　一定强度的紫外线照射,能抑制细菌和病毒的生长,并可杀灭细菌和病毒。例如,在 200 cm 灯距,用 60 W 3.5 A 的水银石英灯照射,各种细菌致死时间如下:金黄色葡萄球菌为 10 min,大肠杆菌、痢疾杆菌、伤寒杆菌为 15 min,炭疽杆菌为 25 min。紫外线的杀菌作用可用于环境消毒和局部浅表消毒,尤其对皮肤浅层组织的急性炎症效果显著。

(4)紫外线多次照射有脱敏作用　紫外线能加强中枢神经系统的活动功能和提高机体代谢功能,同时具有免疫和保健作用。

2. 临床应用

(1)适应症　全身照射主要用于治疗矿物质代谢障碍、各种慢性病、贫血、营养不良等,局部照射常用于皮肤损伤、疖、湿疹、皮肤炎、肌炎、久不愈合的创伤、溃疡、炎性浸润、风湿症、骨及关节疾病等。

(2)禁忌症　进行性结核、恶性肿瘤、出血性素质、心代谢机能减退等禁用紫外光疗法。

3. 操作技术

临床上常用的紫外线光源是水银弧光灯和氩-汞-石英灯。紫外光照射分全身照射和局部照射 2 种。全身照射时光源距离动物 1 m,每日或隔日照射 10～15 min。局部照射时光源距离患部 50 cm,每日 1 次,6～7 次为一疗程,第 1 次照射时间 5 min,以后每日增加 5 min,但每次照射最长不超过 30 min。

4. 注意事项

在紫外线照射过程中工作人员需戴上有色护目镜。照射动物头部时需用眼绷带或面罩遮盖动物眼睛。照射创面时,先用生理盐水洗净油脂、痂皮,除去污物,但创面不可使用防腐剂及其他药物。

紫外光疗室应备有良好的换气设备,并保持安静,治疗中注意动物的监护,防止骚动而影响治疗效果和损坏器械。

二、电疗法

电疗是利用电流或电场作用于机体以达到治疗疾病的目的。临床上常用的有直流电疗法、直流电离子透入疗法等。

(一)直流电疗法

直流电疗法是使用低电压的平稳直流电通过畜体一定部位以治疗疾病的方法。在直流电的阴极下具有提高细胞渗透性和兴奋性作用,增加神经的应激性,同时能改变酸碱度,使之向碱性转变,因此在阴极下面具有兴奋作用和促进吸收的作用,刺激神经机能恢复和再生。在阳极下面能使细胞的兴奋性和渗透性降低,同时降低神经的应激性,使组织的酸碱度向酸性转移,因此在阳极下面就具有镇静、减少渗出和镇痛作用。目前,单纯应用直流电疗法较少,但它是离子透入疗法的基础。

1. 应用

(1)适应症　用于治疗亚急性和慢性炎症,如风湿病,肌、腱损伤,腱鞘炎、黏液囊炎,关节周围炎及神经麻痹等。

(2)禁忌症　湿疹、皮炎、溃疡、化脓性炎症及急性炎症等禁止使用电疗法。

2. 器械

直流电疗机或直流感应电疗机。后者既有直流电疗部分,也有感应电疗部分。附件有电极,为 0.55 mm 的镀锡铅板;衬垫用吸水性好的白绒布制成;输出导线,每条 2 m,分红、蓝色以区别阴阳极。图13-3示超短波电疗机。

3. 操作方法及配置

①电极放置。分为对置法、并置法和斜置法。对置法为将两个电极置于患部同一水平的相对两侧,并置法为将两个电极置于患部同一侧,斜置法为将两个电极斜向置于肢体两面。

②当电流的强度相同时,其电极上的电流密度大小与电极面积大小成反比。一般小电极为有效电极,大电极为无效电极。

③治疗前先将欲放置电极部位剪毛或剃毛,清洗干净,于患部放置有效电极,但要避开损伤面,在其他部位放置无效电极。用清洁的水湿润皮肤和衬垫,将衬垫置于皮肤上,于衬垫上再放铅板,衬垫要大于铅板边缘1～2 cm,然后压平铅板并以绷带固定妥当,用输出导线和电极联结,接通电源开始治疗。

图 13-3　超短波电疗机

④直流电疗时的剂量按有效电极的作用面积计算,每平方厘米0.3～0.5 mA,比如100 cm² 之衬垫则应给以30～50 mA电流。治疗时间一般为20～30 min,每天或隔天1次,一个疗程最多25～30次。

(二)直流电离子透入疗法

直流电离子透入疗法是直流电疗法的一种。它除了有直流电的治疗作用外,还加上药物离子的作用。该疗法利用直流电能电离的药物溶液,使带有正电荷或负电荷的离子向相反极性方向移动,从而使药物离子透入机体组织内。这种方法对皮肤没有任何损害,药物离子透入机体以后,仍能保持其固有的药理性质,并能集中发挥疗效。在患部积聚的浓度比全身用药要大,但用药量少、药效维持时间长,从而减少药用量、提高疗效。

1. 应用

与直流电疗法基本相似,但用离子透入法时主要应考虑药物离子的药理作用。

碘离子透入适用于治疗腱鞘炎、韧带剧伸、黏液囊炎、纤维性关节周围炎、骨膜炎及外伤性肌炎等。钙离子透入适用于治疗佝偻病、骨软症、促进骨折的骨痂形成等。水杨酸离子适用抗风湿;铜和锌离子用于系部腹侧疣状皮肤炎、愈合迟缓创;士的宁离子用于神经麻痹;普鲁卡因离子透入用于消除疼痛等。

禁忌症与直流电疗法相同。

2. 方法

①当选用治疗电极时,应根据药物离子的电荷,且将药物配成各种不同的浓度浸润衬垫以代替生理盐水。

②治疗电极应连接在与药物离子电荷相同的电极上,如碘离子透入则治疗电极是与碘离子所带的负电荷相同的负极;而在钙离子透入时,则应选择与钙离子的正电荷一致的正极;无效电极则以1%氯化钠溶液浸润衬垫。

③为了避免寄生离子的透入,应以蒸馏水配制,并保存于清洁的玻璃瓶中。

④衬垫要保持清洁,不同药物要固定专用衬垫,各种药物间不得混用,每次用后必须用温水冲洗,并煮沸消毒。

⑤病畜皮肤必须仔细清洗干净。

3．常用离子透入疗法的药物离子

常用离子透入疗法的药物离子见表13-1。

表 13-1　常用离子透入疗法的药物离子

透入离子	离子电荷	使用药物名称	浓度	透入的极性
碘	－	碘化钾或碘化钠	2%～5%	－
溴	－	溴化钾或溴化钠	2%～5%	－
氯	－	氯化钠	2%～5%	－
硫	－	鱼石脂	3%～10%	－
磷	－	磷酸钠	2%～5%	－
水杨酸	－	水杨酸钠	2%～5%	－
青霉素	－	青霉素钠盐	1 000 IU/mL	－
钙	＋	氯化钙	2%～5%	＋
镁	＋	硫酸镁	2%～5%	＋
铜	＋	硫酸铜	1%～2%	＋
钠	＋	重碳酸钠	2%～5%	＋
锌	＋	硫酸锌	2%～5%	＋
普鲁卡因	＋	盐酸普鲁卡因	1%～3%	＋
链霉素	＋	链霉素	1 000 IU/mL	＋
士的宁	＋	硝酸士的宁	0.5%	＋

任务三　激光疗法

激光疗法是目前越来越受重视的一种新疗法。激光对生物体的作用主要表现在热效应、光化效应、压强效应及电磁场效应等四个方面，至于对活组织发生作用时，哪个起主要作用，则需视激光器的种类和输出功率的大小而定。

一、应用

激光治疗外科疾病：如新鲜创、化脓创、炎性乳肿、挫伤、脓肿、蜂窝织炎、溃疡、瘘管、窦道、神经麻痹、关节挫伤、关节扭伤、关节炎、关节周围炎、黏液囊炎、腱及腱鞘炎、蹄钉伤、褥疮、阴囊水肿及风湿病等。利用二氧化碳激光切除肿瘤、奶牛乳头的乳头状瘤。

氦-氖激光照射治疗奶牛疾病性不育症，如卵巢机能不全、卵泡囊肿、黄体囊肿、持久黄体、卡他性及化脓性子宫内膜炎、隐性及显性乳房炎、阴道炎、阴道脱等。

二氧化碳激光、氦-氖激光都可以治疗仔猪黄痢、白痢，羔羊下痢，犊牛、驹下痢或消化不良，奶牛腹泻、瘤胃弛缓，马的胃肠卡他、肠闭结，犊牛支气管肺炎等。

二、激光器

在兽医临床常用的激光器有氦-氖激光器和二氧化碳激光器。

氦-氖激光治疗机:其输出功率在 20 mW 以下者为宜,因其便于携带,使用方便、简单、应用范围较广,且价格较低。而且输出功率大于 20 mW 乃至 30 mW 以上者,其激光管长达 1 m,不便携带,只限于固定在诊疗室内使用。

二氧化碳激光治疗机:常用小功率的,其功率在 1~8 W 之间可调,适于奶牛场或养猪场应用。功率在 30~100 W,能用于进行手术切割或汽化。图 13-4 示二氧化碳激光治疗机。

三、激光治疗法

(一)激光照射治疗

激光照射是激光疗法中最常见的一种方法,该方法简便易行,效果确实。根据照射部位可分为局部照射、穴位照射和神经经络照射。

1. 局部照射(患部照射)

采用激光原光束或扩焦或用光导纤维,直接对准病变部位进行照射,是治疗各种疾病的一种常用方法。

2. 穴位照射

穴位照射是将激光聚焦或用光导纤维对准传统穴位进行照射治疗的一种方法。此法也被称为激光针灸。

3. 神经、经络照射

神经、经络照射是将激光束经聚焦后或用原光束或用光导纤维,对准一神经经络进行照射的一种方法。如氦-氖激光麻醉即选用 7 mW 以上的氦-氖激光照射马、牛、羊、猪及犬的正中神经或胫神经,照射 20~30 min,即可达到麻醉。

从激光器射出窗口到照射部位之间的距离,一般应控制在 50~100 cm,每次照射 10~20 min,二氧化碳激光烧灼每次 0.5~1.0 min,每天照射一次,连续照射 10~12 d 为一个疗程,两个疗程之间应间隔一周为宜。照射剂量的计算方法:

图 13-4 二氧化碳激光治疗机

$$功率密度 = 输出功率/光斑面积$$
$$功率密度 \times 照射时间(s) = 能量密度$$

目前,治疗各种疾病的最佳剂量尚无统一标准。

(二)烧灼、止血

选用二氧化碳激光经聚焦后,其光点处能量高度集中,在几毫秒的时间内引起局部高温,使组织凝固、脱水和组织细胞被破坏,从而达到烧灼、止血的目的。

◀ **四、注意事项**

①照射前,对病畜要进行合理的保定,注意人、畜、机的安全。

②激光器必须合理放置,避免激光束直射人员的眼睛,操作人员应该戴护目镜。

③照射创面前,需用生理盐水清洗干净,除去污物,创面周围剪毛。

④照射穴位前,应先准确找好穴位,局部剪毛,除去皮垢污物,清拭干净并以龙胆紫做好标记。

⑤激光束(光斑)与被照射部位尽量保持垂直照射,使光斑呈圆形,准确地照射在病变部位或穴位。不便直接照射部位,可通过光纤或反射镜以保证准确垂直照射在治疗部位。

⑥照射时,应在专人监护下进行。照射时间系指准确地照射在被照射部位的时间。因此,病畜移动使光斑移开的时间应扣除,以确保准确的照射时间。

⑦激光器的使用,应严格按生产厂家所提供说明书中的使用操作方法和注意事项进行操作,以免发生意外。

⑧如用二氧化碳激光器进行照射时,需采用扩焦照射,照射距离一般为 $50\sim100$ cm,以局部皮肤有适宜之温热感为宜,勿使过热,以防烫伤;如为烧灼,则必须聚焦照射,越接近焦点越好。

⑨激光器一般可连续工作 4 h 以上,连续治疗,不必关机。

【考核评价】

任务名称:常用理疗技术

考核内容	评价标准	评价者与权重		技能得分	任务得分
		教师评价（80%）	学生评价（20%）		
冷却疗法	掌握冷却疗法的适用症,方法正确				
温热疗法	掌握温热疗法的适用症,红外线治疗仪使用方法正确				
电疗法	掌握电疗法的适用症,TDP(特定电磁光谱)治疗仪使用方法正确				
激光疗法	掌握激光疗法的适用症,激光仪使用方法正确				

参 考 文 献

[1] 沈永恕,吴敏秋.兽医临床诊疗技术[M].3 版.北京:中国农业大学出版社,2011.

[2] 王俊东,刘宗平.兽医临床诊断学[M].2 版.北京:中国农业出版社,2010.

[3] 中国兽医协会.2013 年执业兽医资格考试应试指南[M],北京:中国农业出版社,2013.

[4] 武瑞.兽医临床诊疗学[M].2 版.哈尔滨:东北林业大学出版社,2006.

[5] 吴敏秋,周建强.兽医实验室诊断手册[M].南京:江苏科学技术出版社,2009.

[6] 邓俊良.兽医临床实践技术[M].北京:中国农业大学出版社,2006.

[7] 东北农业大学.兽医临床诊断学实习指导[M].北京:中国农业出版社,2001.

[8] 汤德元,陶玉顺.实用中兽医学[M].北京:中国农业出版社,2005.

[9] 郑家三,夏成,张洪友.应用腹腔镜对奶牛进行腹腔探查[J].中国奶牛,2009(8):45-47.

[10] 刘志学,赵凯,王玉珠.心电图在动物疾病与麻醉中的应用[J].畜牧兽医科技信息,2005
　　(1):63-63.

[11] 邵景涛,王洪斌,张建涛,等.腹腔镜技术的小动物临床应用[J].中国兽医杂志,2008
　　(44):66-67.

[12] 耿永鑫.兽医临床诊断学[M].北京:中国农业出版社,2001.

[13] 邓干臻.兽医临床诊断学[M].北京:中国科学出版社,2013.

[14] 陈越,刘应义.兽医临床鉴别诊断[M].北京:中国林业出版社,1996.

[15] 高得仪.犬猫疾病学[M].北京:中国农业大学出版社,2001.

[16] 范国雄.动物疾病诊断图谱,北京:中国农业大学出版社,1995.

[17] 郭成裕,黄淑芬,史悠毅.实验动物微血管再充盈时间正常值的测定[J].云南农业大学
　　学报,1996,2:65-67.

[18] 郭成裕,李子龙,云南家畜微血管再充盈时间正常值的测定[J].云南农业大学学报,
　　1995,3:221-224.

[19] 韩博.动物疾病诊断学[M].北京:中国农业大学出版社,2005.

[20] 侯振江.临床检验医学[M].北京:军事医学科学出版社,2004.

[21] 李毓义,张乃生.动物群体病症状鉴别诊断学[M].北京:中国农业出版社,2002.

[22] 林德贵.动物医院临床技术[M].北京:中国农业大学出版社,2004.

[23] 王力光,董君艳.犬病临床指南[M].长春:吉林科学技术出版社,2000.